机械工程系列规划教材

AUTOCAD 2010 立体词典：机械制图

（第二版）

吴立军　庄　敏　何　军　陈敏捷　金　涛　编著

ZHEJIANG UNIVERSITY PRESS
浙江大学出版社

图书在版编目(CIP)数据

AUTOCAD 2010 立体词典:机械制图 / 吴立军等编著.
—2版. —杭州:浙江大学出版社,2014.9(2018.5重印)
ISBN 978-7-308-13658-7

Ⅰ.①A… Ⅱ.①吴… Ⅲ.①机械制图—AutoCAD软件
Ⅳ.①TP391.72②TH126

中国版本图书馆 CIP 数据核字(2014)第 179822 号

内容提要

本书仍以 AutoCAD 2010 为蓝本,详细介绍了 AutoCAD 绘制工程图样的基础知识和相关技巧。全书共 16 章,分别介绍工程制图基础知识、AutoCAD 操作基础、快速入门实例、AutoCAD 工程制图相关功能操作(第 4~11 章)、AutoCAD 在机械工程图中的应用及实例(第 12~16 章)。附录部分除更新了练习图集外,还新增了 AutoCAD 快捷命令、制图员国家职业标准、制图员(中级)模拟试题等。

本书将 AutoCAD 软件应用与机械制图的相关知识、国家制图员相关要求有机结合,并穿插大量的操作技巧和实例,以帮助读者切实掌握用 AutoCAD 绘制标准机械工程图的方法和技巧,让学习者不仅能用 AutoCAD 画图,而且能画好图。

针对教学的需要,本书由杭州浙大旭日科技配套提供全新的立体教学资源库(立体词典),内容更丰富、形式更多样,并可灵活、自由地组合和修改。同时,还配套提供教学软件和自动组卷系统,使教学效率显著提高。

本书可以作为培训机构和大专院校的 AutoCAD 教材,同时为从事工程技术人员和 CAD\CAM\CAE 研究人员提供参考资料。

AUTOCAD 2010 立体词典:机械制图(第二版)

吴立军 庄 敏 何 军 陈敏捷 金 涛 编著

责任编辑	杜希武
封面设计	刘依群
出版发行	浙江大学出版社
	(杭州市天目山路 148 号 邮政编码 310007)
	(网址:http://www.zjupress.com)
排　　版	浙江时代出版服务有限公司
印　　刷	浙江全能印务有限公司
开　　本	787mm×1092mm 1/16
印　　张	21.75
字　　数	529 千
版 印 次	2014 年 9 月第 2 版 2018 年 5 月第 3 次印刷
书　　号	ISBN 978-7-308-13658-7
定　　价	48.00 元

《机械工程系列规划教材》

编审委员会

立体词典使用简介

什么是立体词典

立体词典是新一代的立体教学资源库。"立体"是指资源结构的多样性和完整性,包括视频、电子教材、印刷教材、PPT、练习、试题库、教学辅助软件、自动组卷系统、教学计划等。"词典"是指资源组织方式,即把一个个知识点、软件功能、实例等作为独立的教学单元,就像词典中的单词。教师利用这些"单词",可灵活组合出各种个性化的教学资源。

版本说明

学习版:与教材配套的教学资源,供读者使用。其中包括电子教材、练习素材、视频动画等,以及立体词典学习软件。

教学版:仅供教师使用。在学习版基础上增加了更多的知识和实例,并附答案。同时,增配了 PPT 库、试题库、网上组卷系统等,使用时需要专用账号解密。

如何获得立体词典

读者可直接在 http://www.51cax.com 网站搜索并下载教材配套立体词典的学习版。选用本教材的任课教师可直接致电索取立体词典教学版及账号:0571-86691088。

立体词典教学软件的使用

学习软件主要功能有两个:一是供学生学习和使用教学资源,相当于立体词典的用户界面。二是供教师按课时配置教学资源,这一功能仅限教学版。学习软件的使用说明请参阅学习软件中的"帮助"文档。

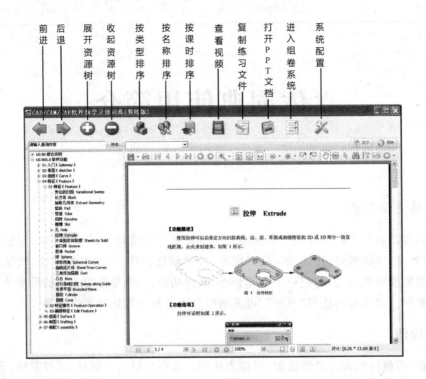

试题库与组卷系统

　　立体词典提供了一个庞大的、类型丰富的的网上试题库，以及快速、方便的组卷系统，供教师免费使用。教师可点击立体词典教学软件的"进入组卷系统"图标打开试题库网页，也可直接在网页浏览器中直接输入网址：http://www.51cax.com:8080/exam 打开该页面。然后凭我们提供的帐号和密码登录使用。组卷功能的具体操作方法请参阅网页上的帮助文档。

前　　言

工程图样被喻为"工程界的语言"，它是表达和交流技术思想的重要工具，是制造业工程师最常用的、必备的基本技术，也是所有高校机械及相关专业的必修基础课程。在科技突飞猛进、知识日新月异的今天，工程图样已经完全可以用计算机辅助绘图来代替手工绘制。与手工绘制工程图样相比，计算机辅助绘图速度快、精度高、而且在绘制过程中能够重用图形，更易于交流与管理。

AutoCAD 是由美国 Autodesk 公司开发的计算机辅助绘图软件，目前广泛应用于机械、建筑、城市规划、桥梁、化工、电器、模具、汽车、服装等工程领域，是目前计算机辅助绘图软件的杰出代表。本书以 AutoCAD 2010 版为蓝本，介绍 AutoCAD 二维绘图功能、相关基础知识及其在机械工程图样中的应用。

和手工绘制工程图样一样，用计算机辅助绘图软件绘制工程图样也必须遵守投影规则，但若利用手工绘制的思路和步骤来绘制工程图样，不仅无法发挥计算机辅助绘图的优势，而且绘制的速度可能反而更慢，更易出错。也就是说，在计算机辅助绘图软件中绘制工程图样有其特殊性。在计算机辅助绘图软件中，要高效、准确地绘制图形，需要对图形进行一定的分析，找到图形之间的关系，然后选择合适的工具进行绘制。如：绘制平行线，应使用偏移或复制命令；绘制水平或铅垂线时，应打开"正交"模式；对称图形可以先绘制一半，然后进行"镜像"；绘制均匀分布的图形，只需先绘制一个，然后使用阵列工具；等等。绘图过程中，还应充分利用辅助绘图工具，如对象捕捉、临时追踪等。为了让读者能真正理解掌握 AutoCAD 二维绘图功能，本书穿插了大量的技巧、提示及典型实例，以便读者能边学边练，细心体会，扎实掌握。

机械工程图样有其专业背景，要正确地绘制出机械工程图样，还必须了解相关国家标准、机械绘图规范及其在 AutoCAD 中的实现。本书 12～16 章介绍了 AutoCAD 绘制规范机械工程图的方法、技巧和典型实例。在附录中还列出了制图员国家职业标准，修订并增加练习图集，增加了制图员（中级）模拟试题等。目的是不仅让学习者能学会用 AutoCAD 画机械工程图，而且能更快更好地画好图。

此外，我们发现，无论是用于自学还是用于教学，现有教材所配套的教学资源库都远远无法满足用户的需求。主要表现在：1)一般仅在随书光盘中附以少量的视频演示、练习素材、PPT 文档等，内容少且资源结构不完整。2)难以灵活组合和修改，不能适应个性化的教学需求，灵活性和通用性较差。为此，本书特别配套开发了一种全新的教学资源：立体词典。所谓"立体"，是指资源结构的多样性和完整性，包括视频、电子教材、印刷教材、PPT、练习、试题库、教学辅助软件、自动组卷系统、教学计划等。所谓"词典"，是指资源组织方式。即把一个个知识点、软件功能、实例等作为独立的教学单元，就像词典中的单词。并围绕教学单元制作、组织和管理教学资源，可灵活组合出各种个性化的教学套餐，从而适应各种不同的教学需求。实践证明，立体词典可大幅度提升教学效率和效果，是广大教师和学生的得力助手。

本书由吴立军（浙江科技学院）、庄敏（杭州科技职业技术学院）、何军（湖北工业职业技术学院）、陈敏捷（杭州科技职业技术学院）、金涛（浙江大学）等编写。限于编写时间和编者的水平，书中必然会存在需要进一步改进和提高的地方。我们十分期望读者及专业人士提出宝贵意见与建议，以便今后不断加以完善。请通过 book@51cax.com 或致电 0571-28811226 与我们交流。

杭州浙大旭日科技开发有限公司为本书配套提供立体教学资源库（可在 www.51cax.com 网站下载）、教学软件及相关协助，在此表示衷心的感谢。

最后，感谢浙江大学出版社为本书的出版所提供的机遇和帮助。

编　者

2014 年 8 月

目　　录

第1章　绪论 ··· (1)
　　1.1　工程图:制造业的"世界语" ··· (1)
　　1.2　无处不在的工程图 ·· (1)
　　1.3　从手工绘图到 CAD ·· (3)
　　1.4　选择一款适合的绘图软件 ·· (5)
　　1.5　全球领先的工程制图软件:AutoCAD ····································· (5)
　　1.6　学习 AutoCAD 的几点建议 ·· (8)
　　1.7　小结 ··· (8)
　　1.8　习题 ··· (8)
第2章　AutoCAD 操作基础 ··· (9)
　　2.1　AutoCAD 2010 启动与退出 ··· (9)
　　2.2　AutoCAD 2010 工作空间 ·· (9)
　　　　2.2.1　什么是工作空间 ··· (9)
　　　　2.2.2　工作空间(界面)切换 ··· (10)
　　　　2.2.3　工作空间的组成 ··· (10)
　　2.3　图形文件的操作 ·· (16)
　　2.4　鼠标的操作 ·· (21)
　　2.5　命令的操作 ·· (21)
　　　　2.5.1　调用命令 ··· (21)
　　　　2.5.2　重复、放弃与重做命令 ·· (24)
　　　　2.5.3　透明命令 ··· (25)
　　　　2.5.4　命令执行方式 ··· (25)
　　2.6　数据的输入 ·· (26)
　　　　2.6.1　点的输入 ··· (26)
　　　　2.6.2　距离值的输入 ··· (28)
　　　　2.6.3　角度值的输入 ··· (29)
　　2.7　绘图辅助功能设置 ··· (29)
　　　　2.7.1　正交模式 ··· (29)
　　　　2.7.2　栅格和捕捉 ··· (29)
　　　　2.7.3　对象捕捉 ··· (30)
　　　　2.7.4　对象追踪 ··· (31)
　　2.8　绘图系统常用设置 ··· (34)

2.8.1 设置"快速新建的默认样板文件名" ·············· (34)

2.8.2 设置文件保存格式 ·············· (35)

2.8.3 设置显示精度 ·············· (35)

2.8.4 绘图区域背景 ·············· (36)

2.8.5 十字光标大小设置 ·············· (36)

2.8.6 设置尺寸关联 ·············· (37)

2.8.7 设置显示线宽 ·············· (37)

2.8.8 设置右键功能 ·············· (37)

2.8.9 捕捉设置 ·············· (38)

2.8.10 设置绘图单位和图形界限 ·············· (40)

2.8.11 设置图层样式 ·············· (42)

2.8.12 设置表格样式 ·············· (42)

2.8.13 设置文字样式 ·············· (42)

2.8.14 设置尺寸样式 ·············· (42)

2.9 视图操作 ·············· (42)

2.9.1 重生成与重画 ·············· (42)

2.9.2 平移视图 ·············· (42)

2.9.3 视图缩放 ·············· (43)

2.9.4 鸟瞰视图 ·············· (44)

2.9.5 使用视口 ·············· (44)

2.10 小结 ·············· (46)

2.11 习题 ·············· (46)

第3章 AutoCAD 入门实例 ·············· (47)

3.1 AutoCAD 绘制工程图样的流程 ·············· (47)

3.2 绘制一个简单的零件图 ·············· (47)

3.3 小结 ·············· (56)

3.4 习题 ·············· (56)

第4章 基本绘图工具 ·············· (57)

4.1 点 ·············· (57)

4.1.1 设置点样式 ·············· (57)

4.1.2 绘制单点 ·············· (58)

4.1.3 绘制多点 ·············· (58)

4.1.4 创建定数等分点 ·············· (58)

4.1.5 定距等分点 ·············· (59)

4.2 绘制直线类对象 ·············· (59)

4.2.1 直线 ·············· (59)

4.2.2 构造线 ·············· (60)

4.2.3 射线 ·············· (63)

4.2.4 多段线 ·············· (63)

4.3　绘制多边形图形 ·· (66)

4.3.1　矩形 ··· (66)

4.3.2　正多形 ··· (67)

4.4　绘制圆弧类对象 ·· (68)

4.4.1　圆弧 ··· (68)

4.4.2　圆 ·· (69)

4.4.3　圆环 ··· (71)

4.4.4　椭圆和椭圆弧 ··· (71)

4.5　样条曲线 ··· (73)

4.6　小结 ··· (74)

4.7　习题 ··· (74)

第5章　图形编辑工具 ·· (77)

5.1　选择对象 ··· (77)

5.1.1　选择对象的方法 ·· (77)

5.1.2　在选择集中添加或删除对象 ··· (78)

5.1.3　选择过滤器 ··· (78)

5.1.4　对象编组 ·· (81)

5.2　编辑图形对象的位置 ·· (83)

5.2.1　移动 ··· (83)

5.2.2　旋转 ··· (83)

5.3　删除与恢复 ·· (84)

5.3.1　删除 ··· (84)

5.3.2　恢复 ··· (84)

5.4　派生图形对象 ··· (85)

5.4.1　复制 ··· (85)

5.4.2　镜像 ··· (85)

5.4.3　偏移 ··· (86)

5.4.4　阵列 ··· (87)

5.5　调整对象尺寸 ··· (89)

5.5.1　缩放 ··· (89)

5.5.2　拉伸 ··· (90)

5.5.3　拉长 ··· (91)

5.5.4　修剪 ··· (92)

5.5.5　延伸 ··· (93)

5.6　重构对象 ··· (94)

5.6.1　打断 ··· (94)

5.6.2　倒角 ··· (95)

5.6.3　圆角 ··· (97)

5.6.4　分解 ··· (97)

5.7 特性修改与特性匹配 ·· (98)

5.7.1 "特性"选项板 ·· (98)

5.7.2 快捷特性选项板 ·· (99)

5.7.3 特性匹配 ·· (99)

5.8 编辑多段线 ·· (100)

5.9 编辑样条线 ·· (101)

5.10 利用夹点编辑图形 ·· (102)

5.10.1 夹点的显示 ·· (102)

5.10.2 使用夹点拉伸对象 ·· (102)

5.10.3 使用夹点移动对象 ·· (102)

5.10.4 利用夹点旋转对象 ·· (103)

5.10.5 利用夹点缩放对象 ·· (103)

5.10.6 利用夹点镜像对象 ·· (103)

5.11 典型实例 ·· (103)

5.12 小结 ·· (107)

5.13 习题 ·· (107)

第6章 图层 ·· (108)

6.1 图层的作用 ·· (108)

6.2 图层操作工具 ·· (109)

6.2.1 图层特性管理器 ·· (109)

6.2.2 图层面板 ·· (109)

6.2.3 特性面板 ·· (110)

6.3 设置图层 ·· (110)

6.3.1 创建图层 ·· (110)

6.3.2 设置图层颜色 ·· (111)

6.3.3 设置图层线型 ·· (112)

6.3.4 设置图层线宽 ·· (113)

6.3.5 设置线型比例 ·· (114)

6.4 管理图层 ·· (115)

6.4.1 图层的状态控制 ·· (115)

6.4.2 设置当前图层 ·· (116)

6.4.3 删除图层 ·· (116)

6.4.4 图层特性过滤器 ·· (116)

6.5 修改对象所属的图层 ·· (117)

6.6 图层转换器 ·· (117)

6.7 图层漫游 ·· (119)

6.8 典型实例 ·· (120)

6.9 小结 ·· (121)

6.10 习题 ·· (122)

第7章 图案填充与面域 ·· (123)

　7.1　图案填充 ·· (123)

　　7.1.1　什么是图案填充 ··· (123)

　　7.1.2　定义图案填充 ·· (123)

　　7.1.3　编辑图案填充 ·· (128)

　7.2　面域 ·· (128)

　　7.2.1　什么是面域 ··· (128)

　　7.2.2　创建面域 ··· (128)

　　7.2.3　面域的布尔运算 ··· (128)

　　7.2.4　面域的数据提取 ··· (129)

　7.3　小结 ·· (130)

　7.4　习题 ·· (130)

第8章 图形设计辅助工具 ·· (131)

　8.1　图块 ·· (131)

　　8.1.1　什么是图块 ··· (131)

　　8.1.2　创建图块 ··· (132)

　　8.1.3　保存图块 ··· (133)

　　8.1.4　插入单个图块 ·· (135)

　　8.1.5　块的多重插入 ·· (136)

　　8.1.6　插入其它图形文件中的图块 ·· (136)

　　8.1.7　编辑块 ··· (137)

　8.2　属性块 ·· (139)

　　8.2.1　创建属性 ··· (139)

　　8.2.2　编辑属性 ··· (140)

　8.3　动态块 ·· (143)

　　8.3.1　什么是动态块 ·· (143)

　　8.3.2　创建动态块 ··· (143)

　　8.3.3　创建参数化动态块 ·· (147)

　8.4　外部参照 ·· (147)

　　8.4.1　什么是外部参照 ·· (147)

　　8.4.2　附着外部参照 ·· (147)

　　8.4.3　管理外部参照 ·· (148)

　8.5　设计中心 ·· (149)

　　8.5.1　启动设计中心 ·· (149)

　　8.5.2　设计中心显示控制 ·· (150)

　　8.5.3　使用设计中心 ·· (151)

　8.6　工具选项板 ·· (152)

　　8.6.1　什么是工具选项板 ·· (152)

　　8.6.2　创建新的工具选项卡 ·· (153)

8.6.3　向工具选项卡添加工具 ································· (153)

8.7　获取图形信息 ·· (154)

8.7.1　列出图形的状态 ······································ (154)

8.7.2　列出对象信息 ·· (154)

8.7.3　查询距离 ·· (155)

8.7.4　查询坐标 ·· (155)

8.7.5　查询面积和周长 ······································ (156)

8.7.6　从"特性"选项板获取信息 ······························ (156)

8.8　典型实例 ··· (156)

8.8.1　创建表面粗糙度符号图块 ································ (156)

8.8.2　创建标题栏块 ·· (158)

8.8.3　复制现有文件的图层设置 ································ (160)

8.9　小结 ··· (161)

8.10　习题 ·· (161)

第9章　文本与表格 ··· (162)

9.1　文本标注基本规范 ·· (162)

9.2　文字样式 ··· (162)

9.2.1　什么是文字样式 ······································ (162)

9.2.2　文字样式设置 ·· (162)

9.2.3　创建文字样式 ·· (163)

9.2.4　修改文字样式 ·· (164)

9.2.5　删除文字样式 ·· (164)

9.2.6　重命名文字样式 ······································ (164)

9.2.7　指定文字样式 ·· (164)

9.2.8　使用注释性 ·· (164)

9.3　文本标注 ··· (165)

9.3.1　单行文本 ·· (165)

9.3.2　多行文本 ·· (167)

9.3.3　特殊字符的输入 ······································ (168)

9.4　编辑文本 ··· (169)

9.4.1　编辑单行文本 ·· (169)

9.4.2　编辑多行文本 ·· (169)

9.4.3　利用特性选项板编辑 ···································· (169)

9.4.4　查找与替换 ·· (169)

9.5　表格 ··· (170)

9.5.1　定义表格样式 ·· (170)

9.5.2　修改表格样式 ·· (173)

9.5.3　创建表格 ·· (173)

9.5.4　编辑表格 ·· (174)

9.6　典型实例 ·· (175)
　9.6.1　机械制图文字样式设置 ······················· (175)
　9.6.2　用多行文字编写技术要求 ··················· (177)
　9.6.3　利用表格工具设置标题栏 ··················· (177)
9.7　小结 ··· (181)
9.8　习题 ··· (181)

第10章　尺寸标注 ··· (182)
10.1　尺寸标注基本原则 ·· (182)
　10.1.1　尺寸标注基本要求 ·························· (182)
　10.1.2　尺寸标注的组成 ····························· (182)
　10.1.3　尺寸标注基本规则 ·························· (183)
10.2　尺寸标注样式 ·· (183)
　10.2.1　设置标注样式 ································· (184)
　10.2.2　新建标注样式 ································· (185)
　10.2.3　修改标注样式 ································· (186)
　10.2.4　删除标注样式 ································· (186)
　10.2.5　指定标注样式 ································· (186)
　10.2.6　重命名样式 ··································· (186)
10.3　标注线性尺寸 ·· (186)
　10.3.1　标注线性直尺寸 ····························· (187)
　10.3.2　对齐标注 ····································· (188)
　10.3.3　基线标注 ····································· (188)
　10.3.4　连续标注 ····································· (189)
10.4　标注径向尺寸 ·· (189)
　10.4.1　标注直径尺寸 ································· (190)
　10.4.2　标注半径尺寸 ································· (190)
10.5　标注角度型尺寸 ··· (191)
10.6　快速标注 ·· (191)
10.7　引线标注 ·· (192)
10.8　多重引线 ·· (195)
10.9　尺寸公差与形位公差标注 ······························ (196)
　10.9.1　标注尺寸公差 ································· (196)
　10.9.2　标注形位公差 ································· (197)
10.10　编辑尺寸标注 ·· (198)
　10.10.1　利用夹点调整标注位置 ··················· (198)
　10.10.2　修改尺寸标注文字 ························· (198)
10.11　典型实例 ·· (198)
10.12　小结 ·· (202)
10.13　习题 ·· (203)

第 11 章　图纸输出 ··· (205)

11.1　模型空间与图纸空间 ··· (205)

11.2　打印参数设置 ·· (206)

11.3　在模型空间输出图形 ··· (209)

11.4　在图纸空间输出图形 ··· (210)

11.4.1　图纸空间输出图纸步骤 ·· (210)

11.4.2　激活布局 ·· (210)

11.4.3　管理布局 ·· (211)

11.4.4　页面设置管理器 ·· (212)

11.4.5　创建浮动视口 ·· (212)

11.4.6　设置视口比例 ·· (214)

11.4.7　保存布局 ·· (214)

11.5　图纸集与批量打印 ·· (215)

11.5.1　什么是图纸集 ·· (215)

11.5.2　创建图纸集 ··· (216)

11.5.3　批量打印 ·· (216)

11.6　使用注释性对象 ··· (217)

11.6.1　为什么要使用注释性对象 ······································ (217)

11.6.2　注释性对象设置 ·· (218)

11.7　典型实例 ··· (220)

11.7.1　通过图纸空间打印例 11-1.DWG 图形 ······················ (220)

11.7.2　创建自己的布局样板 ··· (224)

11.8　小结 ··· (226)

11.9　习题 ··· (226)

第 12 章　AutoCAD 样板设置 ··· (227)

12.1　样板的作用 ·· (227)

12.2　机械制图图样相关规范 ··· (227)

12.2.1　图纸幅面和格式(GB/T14689—2008) ······················ (227)

12.2.2　标题栏 ·· (229)

12.2.3　比例(GB/T14690—1993) ···································· (230)

12.2.4　字体(GB/T14691—1993) ···································· (230)

12.2.5　图线(GB/T17450—1998,GB/T4457.4 —2002) ············ (231)

12.2.6　尺寸标注(GB/T 4458.4 —2003) ···························· (231)

12.3　机械制图图样样板设置 ··· (232)

12.4　小结 ··· (234)

12.5　习题 ··· (234)

第 13 章　AutoCAD 视图画法 ··· (235)

13.1　基本视图的绘制 ··· (235)

13.1.1　基本视图的概念 ·· (235)

13.1.2 基本视图的画法 ···································· (236)

13.1.3 实例 ·· (236)

13.2 剖视图的绘制 ·· (242)

13.2.1 剖视的概念与画法 ································ (242)

13.2.2 实例 ·· (243)

13.3 断面图的绘制 ·· (244)

13.3.1 断面图的基本概念 ································ (244)

13.3.2 断面图的画法 ···································· (245)

13.4 斜视图的绘制 ·· (245)

13.5 小结 ·· (247)

13.6 习题 ·· (247)

第14章 标准件与常用件的绘制 ···························· (249)

14.1 螺纹的绘制 ·· (249)

14.1.1 外螺纹的绘制 ···································· (249)

14.1.2 内螺纹的绘制 ···································· (252)

14.1.3 内外螺纹连接的绘制 ···························· (253)

14.2 螺纹紧固件的绘制 ······································ (253)

14.2.1 螺栓、螺母的近似画法 ·························· (253)

14.2.2 螺纹紧固件联接的绘制 ·························· (257)

14.3 键连接的绘制 ·· (258)

14.3.1 键的画法与标记 ·································· (258)

14.3.2 键和键槽的绘制 ·································· (258)

14.3.3 键连接的绘制 ···································· (258)

14.4 销连接 ·· (259)

14.5 滚动轴承 ·· (259)

14.5.1 滚动轴承及其标记 ································ (259)

14.5.2 滚动轴承的绘制 ·································· (259)

14.6 弹簧的绘制 ·· (262)

14.7 小结 ·· (263)

14.8 习题 ·· (264)

第15章 机械零件图的绘制 ································ (266)

15.1 零件图的内容与绘制步骤 ······························ (266)

15.1.1 零件图包含的内容 ································ (266)

15.1.2 零件图绘制的步骤 ································ (266)

15.2 零件视图选择原则 ······································ (267)

15.2.1 主视图的选择 ···································· (267)

15.2.2 其他视图的选择 ·································· (267)

15.2.3 选择视图的一般步骤 ···························· (267)

15.3 绘制轴套类零件 ·· (268)

15.4　绘制盘类零件 ……………………………………………………（273）

15.5　绘制叉架类零件 ……………………………………………………（281）

15.6　绘制箱体类零件 ……………………………………………………（282）

15.7　小结 …………………………………………………………………（288）

15.8　习题 …………………………………………………………………（288）

第16章　机械装配图的绘制 ………………………………………………（289）

16.1　装配图的主要内容 …………………………………………………（289）

16.2　装配图绘制要点 ……………………………………………………（290）

16.3　AutoCAD中零件序号标注 ………………………………………（291）

16.3.1　指引线端为水平线形式 ………………………………………（291）

16.3.2　指引线端为圆圈形式 …………………………………………（292）

16.4　装配图的绘制方法及步骤 …………………………………………（293）

16.4.1　装配图的绘制方法 ……………………………………………（293）

16.4.2　装配图的绘制步骤 ……………………………………………（293）

16.5　直接绘制装配图 ……………………………………………………（293）

16.6　根据已有零件绘制装配图 …………………………………………（293）

16.7　小结 …………………………………………………………………（298）

16.8　习题 …………………………………………………………………（298）

附录1　快捷命令 …………………………………………………………（299）

附录2　练习图集 …………………………………………………………（301）

附录3　制图员国家职业标准（编号：301020601）………………………（314）

附录4　制图员（中级）模拟试题 …………………………………………（322）

第 1 章　绪　论

工程图是表达设计意图和交流技术思想的重要工具,是工程技术部分的一项重要技术文件,作为工程技术人员,必须会绘制规范的、正确的工程图。随着计算机软、硬件的发展,工业界已经使用计算机辅助绘图取代手工绘图,掌握使用绘图软件进行计算机绘图已经成为工程技术人员必需的技能。

1.1　工程图:制造业的"世界语"

日常生活中,人们通过语言或文字来表达自己的思想,但用语言与文字来表达产品的设计意图和实施方案时就显得比较苍白。

在工程技术中,根据投影原理及相关标准规定,准确地表达物体的形状、大小及技术要求的图形称为工程图样。由于工程图样同时具有直观性、形象性和逻辑性等特点,它已经成为工程界表达设计思想、进行技术交流的重要工具,成为指导、组织、管理生产的重要依据和技术资料。因此工程图被誉为"工程界的语言"。

从某种意义上来说,工程图样还是一种"世界语"。根据 ISO(国际标准化组织)标准,工程图只能采用两种投影方法,即第一角投影和第三角投影。中国及大多数欧洲国家采用第一角投影法,而我国台湾、美国、加拿大等采用第三角投影。

随着世界经济的一体化发展,很多产品的设计是欧美等发达国家,而生产却是在中国。设计思想、加工要求等都是通过工程图样来交流的,因此掌握"世界语"工程图的绘制与阅读是工程技术人员必须掌握的一种技能,也越来越成为企业最为重视的基本功之一。在制造业岗位培训中,工程图的绘制与阅读也成为必修的课程之一。

1.2　无处不在的工程图

工程技术各领域,如机械、建筑、城市规划、桥梁、化工、电器、模具、汽车、服装等都无法离开工程图。如图 1-1 所示是机械零件支架的工程图。

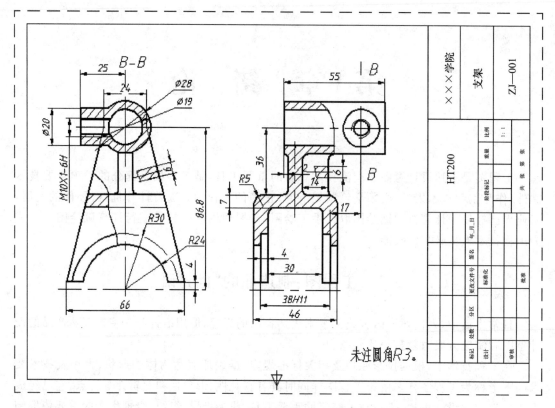

图 1-1　机械零件工程图样

如图 1-2 所示为房屋楼梯的工程图。

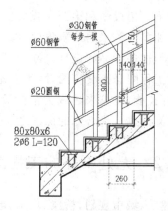

图 1-2　房屋楼梯的设计图样

如图 1-3 所示是电子线路的工程图。

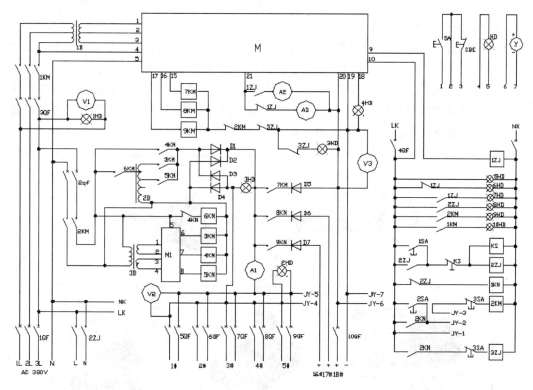

图 1-3　电子线路的设计图样

工程图还贯穿于草案、详细设计、加工等种个环节,即从设计到生产也都离不开工程图样。

1.3　从手工绘图到 CAD

从开创人类文明史以来,图形一直是人们认识自然,表达、交流思想的主要形式之一。但直到1795 年法国科学家蒙日系统地提出了以投影几何为主线的画法几何,工程图的表达与绘制才高度规范化、唯一化。绘制工程图开始成为工程设计乃至整个工程建设中的一个重要环节。在使用计算机辅助绘图之前,工程图只能采用手工绘制。众所周知,手工绘制工程图的效率低、准确度差、劳动强度大。

20 世纪 80 年代以来,越来越多的工程设计人员开始使用 CAD(计算机辅助绘图 Computer Aided Draft),即在计算机中而不是在纸质上绘制工程图样。和手工绘制纸质图纸相比,计算机辅助绘图不仅速度快、精度高、而且在绘制过程中能够重用图形,更易于交流与管理。例如在计算机辅助绘图软件 AutoCAD 中,可以:

1)很方便地利用现有图形。如绘制一组平行直线,可以先绘制一条直线,然后使用复制、偏移、阵列等工具,快速获得一组平行直线。

2)很方便地获得图形的特性(如计算图块的个数、线的长度等)。

3)很方便地修改图形的特性。如通过拉长、夹点编辑、修剪或延伸工具可以很方便地修改直线的长度,甚至修改标注在直线上的尺寸,直线的长度就会随之改变。

4)利用"图层"等工具分门别类的管理各种图形,用不同的颜色显示不同的对象;

5）不管几何体的大小，先以 1∶1 比例绘制图形，输出工程图时，再根据需要以指定出力比例；而且绘图过程中可以随时放大或缩小视图。

虽然使用计算机绘制工程图和手工制图相比，已经是质的飞跃，但二维工程图形来表达三维世界中的物体，需要经过制图和读图过程，这一过程复杂且易出错。上世纪 90 年代末，微机性能开始大幅提高，微机 CPU 的运算速度、内存和硬盘的容量、显卡技术等硬件条件足以支撑三维造型软件的硬件需求，因此三维造型软件开始实用化，三维造型技术开始在各个领域发挥着越来越重要的作用（如图 1-4 所示）。

图 1-4　三维造型技术应用举例

尽管，现在许多设计活动已经被 3D 技术替代，但基于二维图纸的产品设计、制造流程已沿用多年，数字化加工目前也还不能完全取代传统的加工方式，因此工程技术领域总离不开工程图，二维图纸及计算机二维绘图技术仍不可能完全退出企业的产品设计、制造环节。

1.4　选择一款适合的绘图软件

计算机辅助绘图软件由于应用广泛,呈现出百花齐放的局面。目前广泛使用的绘制工程图的软件有:美国 Autodesk 公司的 AutoCAD、德国的 ARES CAD 等。国产的 CAD 软件有中望 CAD、天正 CAD、北航海尔的 CAXA 电子图板、浩辰 CAD、纬衡 CAD 等。另外,通用的三维 CAD 软件,如 CATIA、UGNX、Pro/Engineer、Solidworks、Solid3000 等也都提供了绘制二维工程图的模块。

各 CAD 软件都各有其特点。如何选择软件呢? CAD 软件通常价格较高,一旦选定后不可能经常更换,因此选择软件是比较慎重的事情。主要应从以下几个方面考虑。

1)版权。近年来随着人们法律意识的不断增强以及知识版权保护力度的加大,企业在进行二维 CAD 选型时首先要考虑软件的版权问题。目前市场上二维 CAD 的软件开发平台主要有以下几种情况:完全自主知识产权开发平台(AutoCAD、CAXA 等)、基于 Intelli-CAD 的二次开发平台(中望、浩辰、纬衡等)、基于 AutoCAD 的二次开发平台(天正、天河、天瑜等)。推荐购买具有完全自主知识产权的开发平台。购买二次开发平台的软件,也需要先解决版权问题,以避免因版权问题不得不再次更换设计平台,导致企业时间、成本的浪费。

2)易用性、稳定性和高效性。

易用性主要是考虑软件的界面和布局、命令行和操作习惯。

软件的稳定可靠主要体现在成熟度和容错性以及可恢复性。在实际应用中,如果经常出现异常造成死机或退出,数据丢失将导致所做工作损失和时间浪费。

软件的高效性主要体现在绘图便捷、符合标准以及智能应用三方面:

• 绘图便捷:提供高效地绘制工具、编辑工具,能全面满足高效绘图需求。

• 符合标准:支持中国工程绘图的国家标准和行业标准,支持国标图库、构件库和技术要求库;提供最新标准的工程标注符号;图框、标题栏、序号和明细表等多种标准幅面管理手段;同时针对模具行业、电气行业陆续提供专业模块进行支持。

• 智能应用:智能标注工具,支持序号和明细表关联更新,自动汇总和输出 BOM,根据幅面信息查询图纸工具以及工程计算、转图工具和排版打印等辅助工具。

3)考虑软件的行业普及性。为大型企业提供外包和配套生产的企业,常常被要求采用与其相同的 CAD,选择软件时应特别注意。另一方面,应用面较广的软件在配套资料、软件培训、售后服务等方面通常也有较大优势。行业软件也会针对行业特点提供特点的功能。

4)注意软件的发展趋势,考虑软件提供商软件开发、升级方面的投入,尽量选择发展前景较好、可持续性发展的软件。

目前,AutoCAD 及 CAXA 电子图板是大中专院校 CAD 教育中首选的软件,也是企业技术、设计人员广为使用的绘图软件。

1.5　全球领先的工程制图软件:AutoCAD

1.AutoCAD 背景

计算机辅助绘图 (CAD -Computer Aided Drafting)诞生于 20 世纪 60 年代。由美国麻

省理工大学提出了交互式图形学的研究计划，但由于当时硬件设施的昂贵，只有美国通用汽车公司和美国波音航空公司使用自行开发的交互式绘图系统。70 年代，小型计算机费用下降，美国工业界才开始广泛使用交互式绘图系统。80 年代，由于 PC 机的应用，CAD 得以迅速发展。

美国 Autodesk 公司于 1982 年应用 CAD 技术开发了绘图程序软件包 AutoCAD，经过近三十年的发展与完善，它的版本经历了二十多次的升级，其功能日臻完善，现在可以使用 AutoCAD 绘制任意二维和三维图形。

AutoCAD 以其二维绘图方面功能强、使用方便、符合绘图习惯等特点，在航空航天、造船、建筑、机械、电子、化工、美工、轻纺等很多领域得到了广泛应用。

2. AutoCAD 发展历史

AutoCAD 几乎每年都会推出新的版本，较具代表性的版本及其特点如表 1-1 所示。

表 1-1　AutoCAD 发展历史

版本号	时　间	特　　点
AutoCAD R1.0	1982.11	正式出版，无菜单，执行方式类似 DOS
AutoCAD R 1.2	1983.4	具备尺寸标注功能
AutoCAD R 1.3	1983.8	具备文字对齐、颜色定义、图形输出功能
AutoCAD R 1.4	1983.10	图形编辑功能加强
AutoCAD R 2.0	1984.10	增加图形绘制及编辑功能
AutoCADR 2.17	1985	出现屏幕菜单
AutoCAD R 3.0	1987.6	增加了三维绘图功能，提供了二次开发平台。
AutoCAD R 9.0	1988.2	出现了状态行、下拉式菜单
AutoCADR 10.0	1988.10	进一步完善 R9.0
AutoCADR 11.0	1990.8	进一步完善 R10.0
AutoCADR 12.0	1992.8	采用 DOS 与 WINDOWS 两种操作环境，出现了工具条
AutoCADR 13.0	1994.11	新增 AME（Advanced Modeling Extension）
AutoCAD R14.0	1997.4	经典版本，操作更方便，运行更快捷
AutoCAD2000（R15）	1999.1	提供了更开放的二次开发环境，3D 绘图及编辑功能更强大
AutoCAD2002（R15.6）	2001.6	提高性能、改进图形绘制和编辑功能（快速选择、多义线编辑、延伸和修剪合并、完全关联的尺寸标注功能、直接双击编辑对象等）、增强三维功能
AutoCAD2004（R16.0）	2003.3	优化文件（文件打开更快，文件更小）、更新了用户界面、提高绘图效率
AutoCAD2005（R16.1）	2004.3	提供了更为有效的方式来创建和管理包含在最终文档当中的项目信息。其优势在于：显著地节省时间、得到更为协调一致的文档并降低了风险

续表

版本号	时　间	特　　点
AutoCAD2006(R16.2)	2006.3	推出新的功能:动态图块的操作、选择多种图形的可见性、使用多个不同的插入点、贴齐到图中的图形、编辑图块几何图形、数据输入和对象选择
AutoCAD2007(R17.0)	2006.3	有强大直观的界面,可以轻松而快速地进行外观图形的创作和修改,07 版致力于提高 3D 设计效率
AutoCAD2008(R17.1)	2007.3	将惯用的 AutoCAD 命令和熟悉的用户界面与更新的设计环境结合起来
AutoCAD2009(R17.2)	2008.3	软件整合了制图和可视化,加快了任务的执行,能够满足了个人用户的需求和偏好,能够更快地执行常见的 CAD 任务,更容易找到不常见的命令
AutoCAD2010(R18.0)	2009.3	完善三维自由形状概念设计工具、参数化绘图工具、注释比例、动态块,改进了条状界面、PDF 文件能作为底图添加到工程图中
AutoCAD2011(R19.0)	2010.3	增强 3D 功能和提高绘图效率

3.AutoCAD 特点

与其他 CAD 软件相比,AutoCAD 具有如下显著特点:

1)具有完善的图形绘制功能和强大的图形编辑功能。

2)可以采用多种方式进行二次开发或用户定制。

3)可以进行多种图形格式的转换,具有较强的数据交换能力。其 DWG 文件格式成为了二维绘图事实上的标准格式。

4)支持多种硬件设备和多种操作平台。

5)具有通用性、易用性,适用于各类用户。此外,从 AutoCAD 2000 开始,该系统又增添了许多强大的功能,如 AutoCAD 设计中心(ADC)、多文档设计环境(MDE)、Internet 驱动、新的对象捕捉功能、增强的标注功能以及局部打开和局部加载的功能,从而使 AutoCAD 系统更加完善。

6)专业性。Autodesk 还针对不同的行业,开发了行业专用的版本和插件,如:在机械设计与制造行业中发行了 AutoCAD Mechanical 版本;在电子电路设计行业中发行了 AutoCAD Electrical 版本;在勘测、土方工程与道路设计发行了 Autodesk Civil 3D 版本。而学校里教学、培训中所用的一般都是 AutoCAD Simplified 版本(一般没有特殊要求的服装、机械、电子、建筑行业公司都可使用 AutoCAD Simplified 版本)。

4.AutoCAD 基本功能

1)平面绘图。能以多种方式创建直线、圆、椭圆、多边形、样条曲线等基本图形对象。

2)绘图辅助工具。AutoCAD 提供了正交、对象捕捉、极轴追踪、捕捉追踪等绘图辅助工具。正交功能使用户可以很方便地绘制水平、竖直直线,对象捕捉可 帮助拾取几何对象上的特殊点,而追踪功能使画斜线及沿不同方向定位点变得更加容易。

3)编辑图形。AutoCAD 具有强大的编辑功能,可以移动、复制、旋转、阵列、拉伸、延长、修剪、缩放对象等。

4)标注尺寸。可以创建多种类型尺寸,标注外观可以自行设定。

5)书写文字。能轻易在图形的任何位置、沿任何方向书写文字，可设定文字字体、倾斜角度及宽度缩放比例等属性。

6)图层管理功能。图形对象都位于某一图层上，可设定图层颜色、线型、线宽等特性。

7)三维绘图。可创建 3D 实体及表面模型，能对实体本身进行编辑。

8)网络功能。可将图形在网络上发布，或是通过网络访问 AutoCAD 资源。

9)数据交换。AutoCAD 提供了多种图形图像数据交换格式及相应命令。

10)二次开发。AutoCAD 允许用户定制菜单和工具栏，并能利用内嵌语言 Autolisp、Visual Lisp、VBA、ADS、ARX 等进行二次开发

1.6 学习 AUTOCAD 的几点建议

要高效学习并能有效地使用 AutoCAD 绘制工程图，应注意以下几个方面：

1)要熟悉 AutoCAD 的操作环境，牢固掌握 AutoCAD 核心功能。要能根据实际情况定制出既符合需要，又要简洁的工作环境；不要贪多，"二八法则"提示 80％的任务只需要使用20％的功能，因此一开始应该首先学习核心功能，对于核心的功能和操作，要理解透彻；使用频率高的命令，要能熟悉灵活地运用，且应尽可能使用快捷键或命令别名。

2)多做多练多思考，提高应用水平。对照实例进行实战练习，在实战中掌握核心功能的使用，揣摩绘图的技术技巧与思路。

3)绘图要规范、规划要合理。绘制的工程图必须符合国家标准；要能灵活运用图层、组等工具规划、组织好工程图中的要素；要能灵活运用样板、设计中心等，提高绘图效率。

1.7 小结

通过本章的学习，主要是增强对工程图样和 AutoCAD 的认识，并达到以下学习目标：

(1)工程图样的作用、应用领域以及绘制工程图样手段的变迁(☆)

(2)如何选择合适的绘图软件(☆)

(3)AutoCAD 的背景、发展历史、特点及基本功能(☆☆)

(4)了解学习 AutoCAD 的方法(☆)

1.8 习题

1.什么是工程图？为什么说工程图是工程界的"世界语"？

2.什么是计算机辅助绘图？

3.AutoCAD 的主要功能有哪些？

4.选择一款适合的绘图软件主要应考虑哪些因素？

第 2 章　AutoCAD 操作基础

AutoCAD 之所以成为优秀的二维 CAD 软件,在于 Autodesk 公司能持之以恒的、不断地更新完善。近三十年来,特别是近二十年来,AutoCAD 更新的不是简单地增加二维绘图工具,而是提高 AutoCAD 的易用性、稳定性及高效性。要高效率的使用 AutoCAD,必须熟练掌握 AutoCAD 的工作界面、鼠标操作、命令操作、数据输入、辅助绘图工具的使用、视图操作等。

2.1　AutoCAD 2010 启动与退出

1.启动 AutoCAD 2010

可以通过以下几种方式启动 AutoCAD 2010:

• 在 Windows 桌面上双击 AutoCAD 2010 中文版快捷图标。

• 单击 Windows 桌面左下角的"开始"|"程序"|"Autodesk"|"AutoCAD 2010 － Simplified Chinese"|"AutoCAD 2010"。

• 在"我的电脑"或"资源管理器"中双击 AutoCAD 图形文件(＊.DWG 文件)。

2.退出 AutoCAD 2010

可以通过以下几种方式退出 AutoCAD 2010:

• 直接单击 AutoCAD 2010 主窗口右上角的"关闭"按钮 ⊠ 。

• 在命令行中输入 quit 或(exit)。

2.2　AutoCAD 2010 工作空间

启动 AutoCAD 2010 中文版后,新建一个图形文件,就会进入 AutoCAD 工作空间。

2.2.1　什么是工作空间

工作空间就是 AutoCAD 2010 提供的绘图环境,由菜单、工具栏、选项板和功能区控制面板组成。

AutoCAD 提供了三种基于任务的工作空间:

• 二维草图与注释

• 三维建模

• AutoCAD 经典

用户应根据当前的工作性质，切换到相应的工作空间。例如绘制二维图时，应切换到"二维草图与注释"或"AutoCAD 经典"工作空间，AutoCAD 将仅显示出与绘制二维图相关的工具栏及面板等，而隐藏一些不相关的界面元素（如三维绘制工具）。

"二维草图与注释"和"AutoCAD 经典"工作空间一样，适合于绘制二绘图，对于习惯于 AutoCAD 传统界面的用户来说，可以使用"AutoCAD 经典"工作空间。

2.2.2　工作空间（界面）切换

工作空间进行切换，有二种常用方法：

1）在菜单中选择"工具"|"工作空间"命令（如图 2-1 所示），在弹出的子菜单中选择相应的工作空间类型即可。

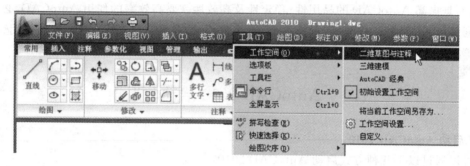

图 2-1　从菜单切换工作空间

提示：
如果 AutoCAD 没有显示主菜单，可以在"快速访问"工具栏中选择"显示菜单栏"命令（详见 P12）

2）在状态栏中单击"切换工作空间"按钮（如图 2-2 所示），在弹出的菜单中选择相应的工作空间类型即可。

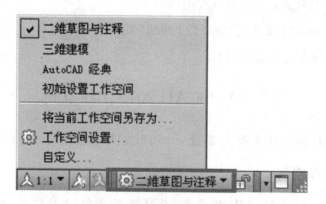

图 2-2　从状态栏切换工作空间

2.2.3　工作空间的组成

AutoCAD 的各个工作空间都包含"应用程序菜单"按钮、"快速访问"工具栏、标题栏、绘图窗口、文本窗口、状态栏和选项板等元素（提示：传统的菜单栏和工具栏默认是隐藏的）。

AutoCAD 2010 默认的工作空间是"二维草图与注释"空间,如图 2-3 所示。

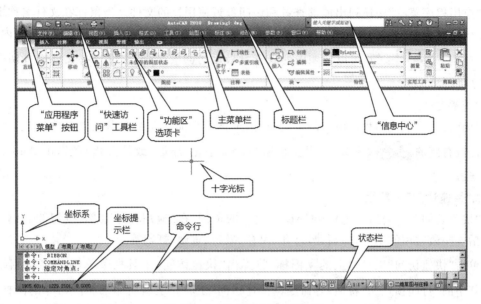

图 2-3 "二维草图与注释"空间

1．"应用程序菜单"按钮

"应用程序菜单"按钮位于 AutoCAD 操作界面左上角(如图 2-4(a)所示)。单击"应用程序菜单"按钮将打开"应用程序菜单"。通过该菜单,可以快速创建、打开或保存文件、访问图形实用工具(如图形特性、修改文件等)、打印或发布文件、访问"选项"对话框等。此外,双击"应用程序菜单"按钮可以关闭 AutoCAD 系统。

(a)   (b)

图 2-4 "应用程序菜单"按钮及弹出菜单

"应用程序菜单"中的查找工具能够查找关键项目的 CUI 文件(如图 2-4(b)所示),如在查找文本框中输入 LI 两个字母后,系统会动态过滤查找并显示所有包括 LI 单词的 CUI(如

LISP、LINE 等）。单击列表中的一个选项，即可调用相应的命令。

　　"应用程序菜单"中还列出能够查看和访问最近使用过的文件。当鼠标在文件名称上停留，系统会自动显示一个预览图形的窗口，并显示文件的途径、修改信息和版本信息等内容。单击 按已排序列表 ▼ 按钮，可以按顺序列表查看最近访问的文件，也可以将文件以日期或文件类型进行排序。

　　2.标题栏

　　"标题栏"位于应用程序窗口的最上面，用于显示当前活动的图形文件名称信息。利用标题栏最右侧的 ▬▢✕ 图标，可以实现窗口的最小化、还原（或最大化）和退出 AutoCAD 2010 系统。

　　3."快速访问"工具栏

　　"快速访问"工具栏位于 AutoCAD 主窗口的顶部，在"应用程序菜单"按钮的右侧。主要包括一些最常用的工具，如新建，打开、保存、撤销、重做、打印等。

　　单击"快速访问"工具栏上的 ▼ 图标，将弹出"快速访问"工具栏菜单（如图 2-5 所示）。选择其中的"打印预览"、"特性"等命令，"快速访问"工具栏上就将添加相应命令的图标；选择"更多命令"命令，将弹出"自定义用户界面"对话框，用于自定义"快速访问"工具栏；选择"显示菜单栏"命令，将显示 AutoCAD 主菜单（默认情况下，AutoCAD 2010 不显示主菜单）。

图 2-5　"快速访问"工具栏及工具栏菜单

　　【例 2-1】自定义"快速访问"工具栏：在"快速访问"工具栏添加"直线"图标。

　　1）单击"快速访问"工具栏上的 ▼ 图标，在弹出菜单中选择"更多命令"，弹出"自定义用户界面"对话框（如图 2-6 所示）。

2）在"命令列表"文本框中输入"直线"，系统会自动查找所有包括"直线"的命令，并显示在"命令"列表中。

3）在"命令"列表中，选取"直线"，按住鼠标不放，将其拖动至"快速访问"工具栏中，然后释放鼠标左键。

4）单击"自定义用户界面"对话框中的"确定"按钮。

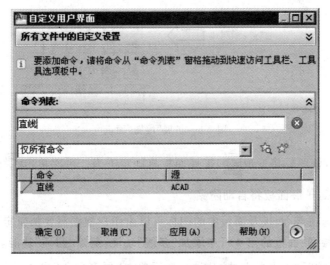

图 2-6 "自定义用户界面"对话框

提示：
要删除"快速访问"工具栏中的图标，只需在图标上单击鼠标右键，在弹出的快捷菜单中选择"从快捷访问工具栏中删除"命令即可。

4.功能区

AutoCAD 2010 将常用工具按任务标记到各面板（如"绘图"、"修改"等面板）中，各面板又被组织到各选项卡（如"常用"、"插入"、"注释"等）中，最后由各选项卡组成功能区（如图 2-7 所示）。功能区选项卡默认位于 AutoCAD 2010 绘图窗口上方。

图 2-7 功能区

单击"功能区"顶部的 图标，AutoCAD 将依次隐藏或恢复"功能区"的面板和选项卡。

一些面板还可以被扩展，以便可以访问更多的工具。单击面板的标题区域（如按钮），可以展开该面板完整的内容，如图2-8所示。

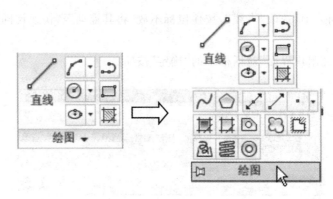

图2-8　扩展"绘图"面板

单击 图标，该图标将变成 ，扩展面板将固定下来。再次单击 图标，该图标重新变成 ，移开鼠标，扩展面板将自动隐藏。

功能区中的选项卡、面板及面板中的图标可以由用户根据需要加以定制的。

【例2-2】在"绘图"面板的第4行中添加"多线"功能，删除"圆环"功能。

1）单击"快速访问"工具栏上的 图标，然后单击"更多命令"或选择主菜单"视图"|"工具栏"，将弹出"用户自定义界面"对话框。

2）如图2-9（a）所示，单击"所有文件中的自定义设置"按钮，将展开列表；然后依次双击"功能区"|"面板"|"二维常用选项卡－绘图"|"第4行"。

3）在"命令列表"中输入"多线"，系统会自动查找包括"多线"的命令，并显示在列表框中。单击列表中的"多线"命令图标，按住鼠标不放，拖动到"功能区"|"面板"|"二维常用选项卡－绘图"|"第4行"中，释放鼠标，结果如图2-9（b）所示。

4）如图2-9（b）所示，在"圆环"上单击鼠标右键，在弹出的菜单中单击"删除"。

5）单击对话框中的"确定"按钮，即可在"绘图"面板的第4行中添加"多线"功能并删除"圆环"功能，如图2-9（c）所示。

提示：
在功能区的工具图标上单击鼠标右键，选择"添加到快捷访问工具栏"命令，即可以"快捷访问"工具栏中添加相应的图标按钮。

5.状态栏

状态栏用于反映当前的绘图状态，如当前光标的坐标，是否打开正交、栅格捕捉、栅格显示等功能以及当前绘图空间等。

状态栏主要分为三个部分：左侧的图形坐标区域（用于动态显示当前的坐标值）；中间的绘图辅助工具区（如对象捕捉、栅格、动态输入等，单击图标可启动该功能，再次单击该图标可关闭该功能）；右侧为模型、布局、导航工具以及用于快速查看和注释缩放的工具按钮。

在状态栏上，单击鼠标右键，会弹出快捷菜单，通过该菜单可以定制状态栏上的图标（命令名称前有√的将显示对应的图标，反之则隐藏图标）。

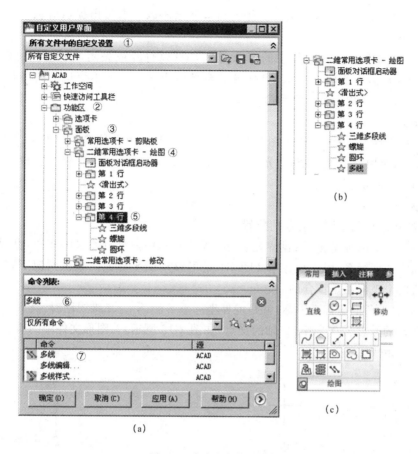

图 2-9 自定义"绘图"面板

6.绘图区

绘图区类类似于徒手绘图中的图纸,是 AutoCAD 中绘图、编辑和显示图形的区域。

7.文本窗口和命令行

"命令行"用于接收用户输入的命令,并显示 AutoCAD 的提示信息。

单击"命令行"窗口前的灰色区域,按住鼠标左键不放并拖动鼠标,可以将"命令行"窗口可以拖放为浮动窗口,如图 2-10 所示。

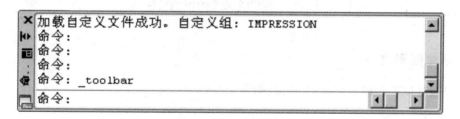

图 2-10 浮动的命令行窗口

提示:
按 Ctrl+9,可以关闭或显示命令行窗口。

命令执行过程中，AutoCAD 会在命令行窗口和绘图区动态给出提示信息，以提示用户下一步应进行的操作。

AutoCAD 文本窗口是一个浮动的窗口，按 F2 可以打开或关闭 AutoCAD 文本窗口。利用文本窗口可以查看当前 AutoCAD 任务的全部历史命令。文本窗口的内容是只读的，不能修改，但可以将历史命令复制到命令行中。

8.十字光标

AutoCAD 光标有三种形状，如图 2-11 所示。鼠标移动到绘图窗口时便会出现如图 2-11(a)所示光标；调用绘图类命令后，光标会变成图 2-11(b)所示；调用修改类命令后，光标会变成图 2-11(c)所示。

9.坐标系

坐标系的作用是确定图形对象的位置。

AutoCAD 采用两种坐标系：世界坐标系（WCS）和用户坐标系（UCS）。世界坐标系（WCS）是固定的坐标系，用户坐标系（UCS）是可移动的坐标系。默认情况下，新建的图形文件中，这两个坐标系是重合的。

绘图窗口左下角的坐标系图标，就是世界坐标系（WCS）。二维视图时，其 X 轴水平，Y 轴垂直。WCS 的原点为 X 轴和 Y 轴的交点（如图 2-12 所示）。图形文件中的所有对象（包括用户坐标）均由 WCS 坐标定义。

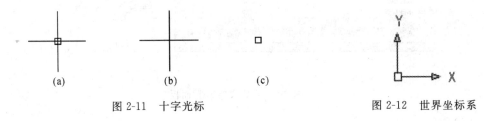

| (a) | (b) | (c) |

图 2-11　十字光标　　　　　　　　　　图 2-12　世界坐标系

用户坐标系（UCS）是可移动。通常，使用 UCS 是为了创建和编辑对象更方便。实际上，AutoCAD 中所有坐标输入以及其他许多操作，均参照当前的 UCS。如绝对坐标和相对坐标输入、水平标注和垂直标注的方向、文字对象的方向等。

UCS 工具位于菜单"工具"|"新建 UCS..."。

2.3　图形文件的操作

2.3.1　新建图形文件

可以通过以下几种方式调用"新建"图形文件命令：

- 在命令行中输入命令"NEW"；
- 单击快捷键 Ctrl＋N；
- 单击菜单"文件"|"新建"；
- 单击"快速访问"工具栏中的新建文件图标 ⬜；
- 单击"应用程序菜单"中的"新建"。

调用"新建"图形文件命令后,系统会弹出"选择样板"对话框(如图 2-13 所示)。从样板文件"名称"框中选择样板文件(如 acadiso.dwt),然后单击"打开"按钮,系统就会基于所选样板创建一个新的图形文件。

图 2-13 "选择样板"对话框

提示:

AutoCAD 默认的样板文件不符合国标,可将光盘文件 GBA.dwt 文件复制到该目录下:先复制 GBA.dwt 文件,然后在"选择样板"对话框列表框中单击右键,再在快捷菜单中选择"粘贴"。

2.3.2 打开图形文件

可以通过以下几种方式调用"打开"图形文件命令:

- 在命令行中输入命令"OPEN";
- 单击快捷键 Ctrl+O;
- 单击菜单"文件"|"打开";
- 单击"快速访问"工具栏中的打开文件图标 ;
- 单击"应用程序菜单"中的"打开"。

调用"打开"图形文件后,系统将弹出与图 2-13 相似的"选择文件"对话框,在"文件类型"列表中选择图形文件(*.dwg)、标准文件(*.dws)、DXF(*.dxf)、样板文件(*.dwt),然后选择欲打开的文件,单击"打开"按钮,即可打开所选文件。

在"应用程序菜单"的"最近使用的文件"列表中选择欲打开的文件或在"我的电脑"中双击 *.DWG 文件,也可打开所选文件。

2.3.3 局部打开文件

当处理大而复杂的图形时,用户可以基于视图或图层只打开图形中所关注的那部分图形，从而节省时间与内存空间。

按2.4.2节，进入"选择文件"对话框；选择欲打开的文件，然后单击 打开(0) ▼ 按钮右侧的 ▼，在弹出菜单中选择"局部打开"按钮；在随后弹出的"局部打开"对话框（如图2-14所示）中，选择视图或图层，单击"打开"按扭。

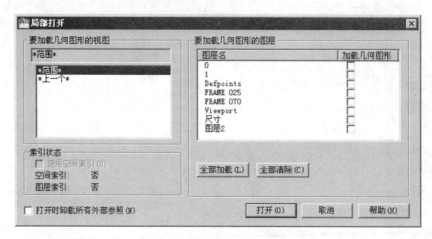

图2-14 "局部打开"对话框

2.3.4 存储图形文件

可以通过以下几种方式将图形文件存入磁盘：

• 以当前文件名保存图形，按快捷键Ctrl＋S或单击"快速访问"工具栏上的 按钮或选择菜单命令"文件"|"保存"或"应用程序菜单"中的"保存"。

• 指定新的文件名存储图形，按快捷键Ctrl＋Shift＋S或选择菜单命令"文件"|"另存为"或"应用程序菜单"中的"保存"。

2.3.5 创建和恢复备份文件

因软、硬件或操作失误等原因可能导致图形文件出现错误。如果用户设置了备份文件，则用户可以通过恢复图形备份文件降低损失。

备份文件设置步骤：单击菜单"工具"|"选项"或"应用程序菜单"中的"选项"，将弹出"选项"对话框；单击"打开和保存"选项卡，选择"自动保存"和"每次保存时均创建备份副本"复选框（如图2-15所示）；单击"确定"按钮。

设置后，每次保存图形时，图形的早期版本都将保存为具有相同名称并带有扩展名.bak的文件。备份文件与图形文件位于同一个文件夹中。

从备份文件恢复的方法：直接将＊.bak文件重命名为＊.dwg扩展名的文件。

提示：
若扩展名没有显示，在XP操作系统下，可在资源管理器窗口中选择"工具"|"文件夹选项"；在弹出的"文件夹选项"对话框中，切换到"查看"选项卡，然后单击"隐藏已知文件类型的扩展名"复选框，使其处于未选中状态，单击"确定"按钮。

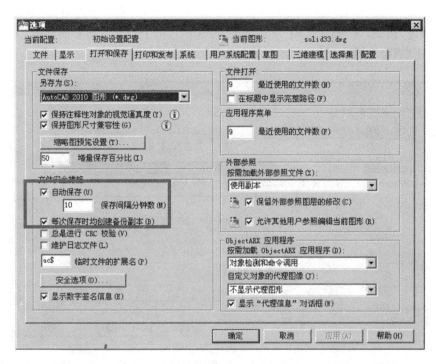

图 2-15 "选项"对话框

2.3.6 加密图形文件

加密图形文件的操作步骤如下：

1)在"图形另存为"对话框中，选择"工具"|"安全选项"（如图 2-16 所示），弹出"安全选项"对话框；

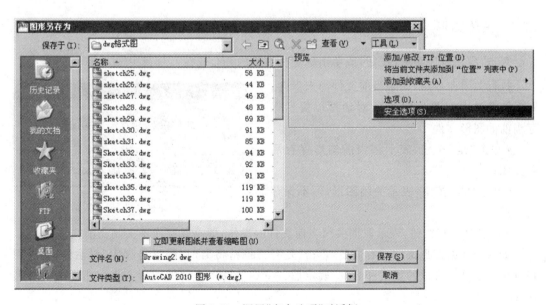

图 2-16 调用"安全选项"对话框

2）如图 2-17 所示，在"密码"选项卡的"用于打开此图形的密码或短语"文本框中输入密码，单击"确定"按钮；在"确认密码"对话框的"再次输入用于打开此图形的密码"文本框中输入密码，单击"确定"按钮，返回到"图形另存为"对话框。

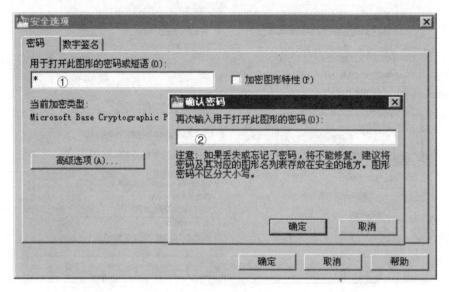

图 2-17　设置图形密码

提示：
- 打开有密码保护的图形文件时，系统将弹出"密码"对话框，必须输入正确的密码才能打开图形件。打开有密码保护的图形文件后，除非将密码删除，否则即使修改和保存文件，文件仍将继续使用该密码。
- 删除密码的步骤如下：打开图形文件；单击菜单"工具"|"选项"，弹出"选项"对话框；在"打开和保存"选项卡中，单击"安全选项"按钮，弹出"安全选项"对话框；清除"用于打开此图形的密码或短语"文本框中的密码，单击"确定"按钮；在弹出的"已删除密码"对话框中单击"确定"按钮。

2.3.7　关闭图形

双击"应用程序菜单"按钮，或单击标题栏右侧的 ⊠ ，或在命令行中输入 close。

执行关闭命令后，如果当前文件尚未保存，则系统会弹出如图 2-18 所示对话框以提示保存当前的图形文件。

- 单击"是"按钮，表示将当前图形保存后并关闭；

- 单击"否"按钮，表示关闭图形，但不保存改动；

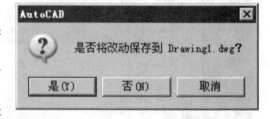

图 2-18　"保存文件"提示对话框

- 单击"取消"按钮，表示取消关闭当前文件的操作，即不保存也不关闭当前文件。

如果当前的图形文件没有命名，单击"是"按钮后，将出现"图形另存为"对话框，要求用户确定图形文件存放的位置和名称，确定后，AutoCAD 将当前的图形文件按指定的文件名保存后关闭。

2.3.8　修复图形文件

遇到损坏的图形文件,还可以尝试使用 RECOVER 命令来修复文件。

选择主菜单"文件"|"图形实用工具"|"修复"命令;在弹出的"选择文件"对话框中选择损坏的图形文件;单击"打开"按钮。系统将对图形文件进行核查,修复错误的数据。

提示:
"修复"命令只能修复或核查 DWG、DWT、DWS 文件,无法修复 DXF 文件。

2.4　鼠标的操作

鼠标一般具有左键、中键和右键,而且中键往往是一个滚轮。

1. 左键

左键一般作为拾取键。在选择状态下,将方框形光标移动到某个目标上,单击鼠标左键,即可选中该对象;在绘图状态下,在绘图区某个位置单击鼠标左键,可确定光标具体位置;在功能区工具图标或菜单上单击鼠标左键,即可调用该命令。

2. 滚轮(中键)

转动滚轮,将放大或缩小图形,默认情况下,缩放增量为 10%。按住滚轮并拖动鼠标,则平移图形。

3. 右键

通常单击右键将弹出快捷菜单。在不同的区域单击右键,弹出的快捷菜单是不同的。通过定制,系统可区分快速单击鼠标右键(单击鼠标右键后,快速释放)和慢速单击鼠标右键(单击鼠标右键后,250 秒后释放右键)。快速单击鼠标右键可相当于按<Enter>键(推荐方式),而慢速单击鼠标右键仍弹出快捷菜单。右键功能定制详见 2.7.7 节。

2.5　命令的操作

2.5.1　调用命令

可以通过以下几种方式调用 AutoCAD 命令:

- 直接在命令行中输入命令。
- 在主菜单中调用命令。
- 在功能区调用命令。
- 快捷菜单中调用命令。

提示:
初学者可通过菜单或功能区中调用命令,其中从功能中调用命令的效率较高。中高级用户应通过在命令行中直接输入命令名的方式。

1.直接在命令行中输入命令或命令别名

直接在命令行中输入命令名或命令别名,然后按<Enter>键或空格键。

AutoCAD 的命令执行过程是交互式的。当用户输入命令后，需按<Enter>键确认，系统才执行该命令。而执行过程中，系统有时要等待用户输入必要的绘图参数，如输入命令选项、点的坐标或其他几何数据等，输入完成后，也要按<Enter>键，系统才能继续执行下一步操作。

命令字符不区分大小写，如 CIRCLE 和 circle 是等效的。

如要绘制半径为 50 的圆，具体操作过程如下：

命令：CIRCLE ✓（✓表示按<Enter>键，下同）
CIRCLE 指定圆的圆心或 [三点(3P)/两点(2P)/切点、切点、半径(T)]：在绘图区中指定圆心
指定圆的半径或 [直径(D)] <189.6029>：50 ✓

命令提示信息中各符号基本含义如下：

• /：分隔命令提示中的各个选项。

• ()：圆括号中的字母为该选项的代号，输入该字母并按<Enter>键即可选择该选项。

• <>：尖括号中的内容是当前默认值。如果用户没有输入新选项（值）而直接按<Enter>键，则系统按默认选项（值）进行操作。

由于 AutoCAD 命令多而且长，绘图时输入很不方便，因此 AutoCAD 提供了命令别名。所谓命令别名就是用一个或几个字母来代替命令，如命令 OPTIONS 的命令别名是 OP。用命令别名输入命令更快捷，绘图效率更高。常用的命令别名如表 2-1 所示：

表 2-1　常用命令别名

功能	圆	线	复制	删除	放弃	修剪
命令名	CIRCLE	LINE	COPY	ERASE	UNDO	Trim
别名	C	L	CO	E	U	Tr

所有已定义的命令别名都保存在 AutoCAD 安装目录\UserDataCache\Support\acad.pgp 文件中，单击主菜单"工具"|"自定义"|"编辑程序参数 acad.pgp"命令可以打开 acad.pgp 文件（如图 2-10 图所示），用户也可以用 Windows 自带的"记事本"打开。

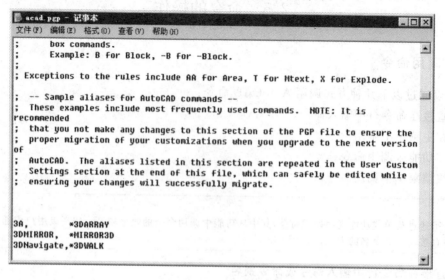

图 2-19　acad.pgp 文件

可以在该文件中查看命令别名,也可以通过修改该文件,为任意 AutoCAD 命令指定命令别名。命令别名的定义格式为:

别名, ＊命令

例如:CO, ＊COPY

通常使用命令英文单词的第一个或前两个字母来定义,一般不超过 3 个。如果有多个命令的第一个字母相同,则使用最频繁的命令取一个字母,其余依次取二个、三个字母。如用 C 表示 Circle、CO 表示 COpy、COL 表示 COLor。

2.单击菜单命令

从菜单中调用:单击菜单"绘图"|"圆"|"圆心、半径"(如图 2-20 所示)。

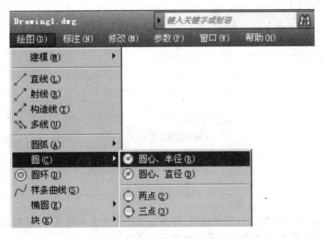

图 2-20　从菜单中调用"圆心、半径"圆命令

3.单击功能区上的命令图标

从功能区中调用:在"常用"选项卡的"绘图"面板中,单击 ⊘ 右侧的 ▾,然后选择 ⊘ 圆心,半径按钮(如图 2-21 所示)。

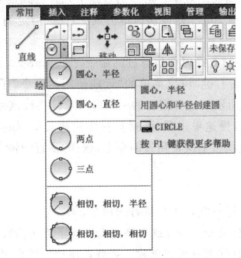

图 2-21　从工具栏中调用"圆心、半径"圆命令

　　鼠标停留在功能区图标按钮上，1秒钟后，系统会自动显示一个提示该图标功能的窗口；停留2秒后，系统还会扩展提示信息，如图2-22所示。

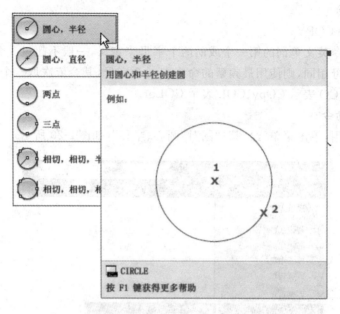

图2-22　"圆心、半径"扩展提示窗口

提示：
用户可以在"选项"对话框中控制工具提示选项：打开或关闭工具提示的显示，设置显示工具提示补充信息的时间间隔，以及指定要在工具提示中显示的预定义命令。

2.5.2　重复、放弃与重做命令

1.重复命令

重复执行命令可以提高绘图效率。可以通过以下几种方式重复执行过的命令：

• 按快捷键 Ctrl＋M 或 Enter 键或快速单击鼠标右键（需定制，下同），可重复执行上一条命令。

• 利用键盘上的 ↑、↓ 键选择以前执行过的命令，按＜Enter＞键即可执行所选命令。

• 在命令行中慢速单击右键，快捷菜单的"近期使用的命令"子菜单中储存有最近使用过的6个命令（如图2-23所示），选择需要的一项即可重复执行该命令。

• 在绘图区中空白处，慢速单击鼠标右键，弹出快捷菜单（如图2-24所示），选择"重复……"项，系统会立即重复执行上次使用过的命令；选择"最近的输入"子菜单中的命令，系统会重复执行所选的命令。

2.终止命令

按键盘左上角的 Esc 键可终止正在执行的命令。

快速单击鼠标右键或＜Enter＞键或空格键也可终止正在执行的命令。

例如：AutoCAD 中，直线工具可以创建一系列首尾相连的直线段，按 Esc 键或快速单击鼠标右键或＜Enter＞键或空格键均可退出正在执行的绘制"直线"的状态。

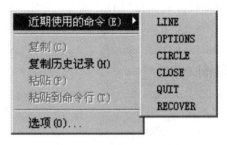
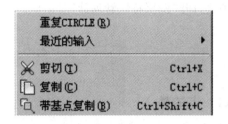

图 2-23　命令行中慢速单击右键快捷菜单　　图 2-24　绘图区中慢速单击鼠标右键捷菜单

3.放弃命令

可以通过以下几种方式取消已执行的操作效果：

- <Ctrl>＋Z；
- UNDO(或 U)命令；
- 单击菜单击"编辑"｜"放弃"或"快捷访问"工具栏上的 按钮。

4.重做命令

恢复上一个用 UNDO(或 U)命令放弃的效果。常用调用方式有：

- 用 REDO 命令；
- 单击"快捷访问"工具栏上的 按钮。

2.5.3　透明命令

　　AutoCAD 中有些命令可以在其它命令执行过程中插入执行,待插入的命令执行完毕后,系统继续执行原命令。"透明命令"一般多为修改图形设置或打开辅助绘图工具的命令。重复、放弃、重做等命令也适用于透明命令的执行。

　　可从菜单或功能区调用"透明命令",也可以在命令行中键入"透明命令"。从命令行中键入"透明命令"时,必须在在该命令前加一个""。例如在绘制直线过程中使用窗口缩放命令的过程如下：

命令：L↙
LINE 指定第一点：用鼠标在绘图区域指定一点
指定下一点或［放弃(U)］：(用鼠标在绘图区域指定一点)
指定下一点或［闭合(C)/放弃(U)］：'zoom(调用缩放命令)
＞＞指定窗口的角点,输入比例因子(nX 或 nXP),或者
［全部(A)/中心(C)/动态(D)/范围(E)/上一个(P)/比例(S)/窗口(W)/对象(O)］＜实时＞：w↙
＞＞指定第一个角点：(在绘图区域拾取放大区域的第一角点)
＞＞指定对角点：(在绘图区域中,拾取放大区域另一角点)
正在恢复执行 LINE 命令。
指定下一点或［放弃(U)］：(继续执行绘制直线)

2.5.4　命令执行方式

　　命令在执行过程中,需要指定一些参数。在 AutoCAD 中,有些命令的参数可以通过两种方式来给定：通过对话框或通过命令行输入。AutoCAD 根据用户输入的命令名前是否

加短划线来选择相应的方式。如"_Layer"表示用命令行方式执行"图层"命令，而"Layer"命令则会打开"图层特性管理器"对话框。

2.6 数据的输入

2.6.1 点的输入

在绘图过程，常常需要输入点的位置。可以通过以下几种方式输入点：

- 直接在绘图区域单击鼠标左键；
- 用目标捕捉方式捕捉已有图形上的特殊点（如端点、中点、中心点等）；
- 在命令行中输入点的坐标；
- 在动态输入框中输入点的坐标。

1.命令行输入点的坐标值

AutoCAD 中，点的坐标可以用直角坐标、极坐标、球坐标和柱坐标来表示。绘制二维图时使用直角坐标（笛卡儿坐标系）和极坐标。每种坐标又分别有两种坐标输入方式：绝对坐标和相对坐标方式。

绝对坐标是相对于当前的用户坐标系来说的，即直接给出点在当前坐标系中的坐标值。

相对坐标是相对于某一点（最近输入的点）的位移，即给出相对某一点的增量值。

1）直角坐标法

直角坐标系（笛卡儿坐标系）是由一个原点（坐标为(0,0)）和两条通过原点且相互垂直的坐标轴构成，如图 2-25 所示。水平方向的坐标轴为 X 轴，向右为正方向；垂直方向的坐标轴为 Y 轴，向上为正方向。平面上任何一点 P 都可以由 X 轴和 Y 轴的坐标所定义。

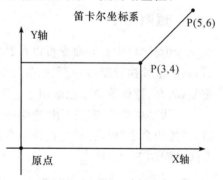

图 2-25 笛卡儿坐标系

笛卡尔坐标系的绝对坐标形式为：x,y（x y 间用逗号隔开，需注意的是不能在汉字输入模式下输入的逗号）。例如：

点 P(3,4)在 AutoCAD 命令行直接输入点的坐标值：3,4；
点 P(5,6)在 AutoCAD 命令行直接输入点的坐标：5,6。

笛卡尔坐标系的相对坐标形式为：@x,y。例如输入 P(3,4)后要输入点 P(5,6)，可以用相对坐标的形式。由于点 P(5,6)相对于点 P(3,4)在 X 轴方向的增量是 2，Y 轴方向的增量是 2，所以笛卡尔坐标系的相对坐标形式是@2,2。在命令行中输入：@2,2 即可确定点 P(5,6)点。

2）极坐标法

极坐标系是由一个极点和一个极轴构成，如图 2-26 所示，极轴的方向为水平向右。平面上任何一点 P 都可以由该点到极点的连线长度 L（>0）和连线与极轴的交角 a（极角，逆时针方向为正）来定义，即用一对坐标值(L<a)来定义一个点，其中"<"表示角度。

例如：图 2-26 中，P 点到极坐标原点的距离为 5，PO 与极轴的夹角为 30°，因此 P 点的极坐标系的绝对坐标形式为(5＜30)。Q 点到 P 点的长度为 2,PQ 连线与极轴的夹角为 45°,所以 Q 点可以用相对于 P 点的相对坐标来表示,其表示形式为:@2＜45。

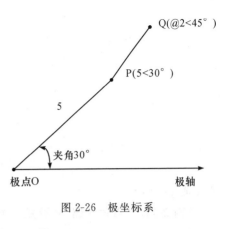

图 2-26　极坐标系

由此可见,坐标的输入方式是灵活多样的,用户可以根据自己的需要自行确定。例如某一直线的起点坐标为(5,5),终点坐标为(10,10),当需要指定终点时,可以直接用笛卡尔坐标系的绝对坐标:10,10来表示,或者用极坐标系 10＜45 来表示;当然也可以用笛卡尔坐标系下相对于起点的相对坐标(@5,5)或者用相对极坐标(@5＜45)来表示。

2.动态栏中输入点的坐标

单击状态栏上的 DYN 按钮![]，系统打开动态输入功能,需要输入点时,系统会动态显示动态输入框。例如绘制直线,在指定直线第一点时,光标附件会动态地显示"指定第一点"以及后面的坐标框,坐标框内的值是光标所有位置(如图 2-27 图所示),会随光标的移动而改变。两个坐标文本框之间可以通过单击键盘上的 Tab 键来切换。

默认设置下,第二个点和后续点的默认设置为相对极坐标,不需要输入@符号。如图 2-28 所示,指定长度与角度值即可确定直线的端点。长度与角度框文本间也通过单击键盘上的 Tab 键来切换。

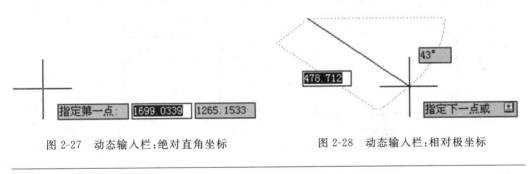

图 2-27　动态输入栏:绝对直角坐标　　　　图 2-28　动态输入栏:相对极坐标

提示:
角度框中的角度是图中圆弧(虚线)所对角度。

如果要使用绝对坐标方式,请使用♯号前缀。按下♯后,动态输入栏将由图 2-28 变成图 2-29 所示状态。

第二个框中的数字前带＜,表示是极坐标方式;反之则为直角坐标方式。如直线的第二个端点在世界坐标原点,可以输入♯0,0。

3.利用点过滤器输入点

"点过滤器"又称作 x、y、z 点过滤器或坐标过滤器。点的坐标不是直接输入,而是从已有的点提取指定的坐标。利用"点过滤器"可以快速地确定图形上的特殊点。

在要过滤的坐标名(x、y、z 及其组合)前加点,如.x,.yz 等均为合法的点过滤器,其含义为:x 表示过滤掉点的 x 坐标,.yz 表示过滤掉点的 yz 坐标,即从用户指定的点中提取相应

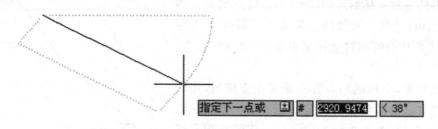

图 2-29   动态输入栏：绝对坐标

的 x 或 yz 坐标。

【例 2-3】用"点过滤器"获取矩形中心，并以该点为圆线，绘制半径为 20 的圆。

1)打开文件：2-1.dwg，如图 2-30 所示。

2)调用"圆"工具，然后按命令行提示操作：

命令：c↙（↙表示按＜Enter＞键操作，下同）

CIRCLE 指定圆的圆心或 [三点(3P)/两点(2P)/切点、切点、半径(T)]：.x↙

于：mid↙（中点）

于：(移动光标到底边中点附近，AutoCAD 将显示一个三角形符号，单击左键即可获得底边中点的 x 坐标值)

于（需要 YZ）：mid↙

于：(移动光标到铅垂边中点附近，同样会显示一个三角形符号，单击左键，即可获得铅垂线中点的 yz 坐标，二维图上点的 Z 坐标值为 0)

指定圆的半径或 [直径(D)] ＜21.57＞：20↙

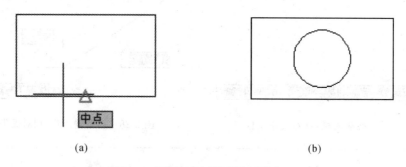

(a)   (b)

图 2-30   用"点过滤器"获取矩形中心

2.6.2   距离值的输入

对于长度、宽度、高度、半径等距离值，可以通过以下几种方式输入：

• 在命令行或动态输入栏中输入数值；

• 在屏幕上点取两点，以两点距离值作为所需的数值。

通常采用第 1 种方式。如图 2-28 中，在距离框中直接输入 50，即可准确在指定方向上绘制长度为 50mm 的直线段。

2.6.3　角度值的输入

角度值的输入和距离值的输入相似,可以通过以下几种方式:

- 在命令行或动态输入栏中输入数值;
- 在屏幕上点取两点,以第一点到第二点连线与 X 轴的夹角值作为所需的角度值。

通常采用第 1 种方式。如图 2-28 中,在角度框中直接输入 45,即可准确在指定方向上绘制指定长度直线段。

2.7　绘图辅助功能设置

2.7.1　正交模式

在绘图过程中,经常需要绘制水平直线或铅垂直线,但实际绘图时,有时很难保证直线水平或铅垂。启用"正交方式"后,画线时将只能沿水平方向或垂直方向移动光标,因此能确保所画的线平行于坐标轴。

单击状态栏图标 ⌐ 或快捷键(F8)可以打开或关闭"正交模式"。

2.7.2　栅格和捕捉

"栅格"就是绘图区域内的等间距网格(或网格点),类似于坐标纸。

启用"捕捉模式",AutoCAD 将在绘图区域生成一个"隐藏"的栅格,光标只能落在隐藏"栅格"的节点上。使用"捕捉模式"有助于用户精确地定位点。

"栅格"模式和"捕捉"模式各自独立,但经常同时打开。

使用快捷键(F7)或状态栏上的图标按钮 ▦ 可打开或关闭"栅格",使用快捷键(F9)可以打开或关闭捕捉功能。

"栅格"和"捕捉"的参数设置方法:

1)单击菜单"工具"|"草图设置"或在状态栏上的"栅格"或"捕捉"图标按钮上单击鼠标右键,在快捷菜单中选择"设置",可打开"草图设置"对话框;

2)单击"捕捉和栅格"标签,进入"捕捉和栅格"选项卡。如图 2-31 所示。

3)按需要设置捕捉间距和栅格间距。

4)单击"确定"按钮。

如果"栅格 X 轴间距"和"栅格 Y 轴间距"间距设置为 0,则 AutoCAD 会自动将捕捉间距应用于栅格,且其原点和角度总是和捕捉栅格的原点和角度相同。

提示:
栅格仅用于辅助绘图,出图时不会打印栅格。可以用 GIRD 命令在命令行中进行栅格间距设置。

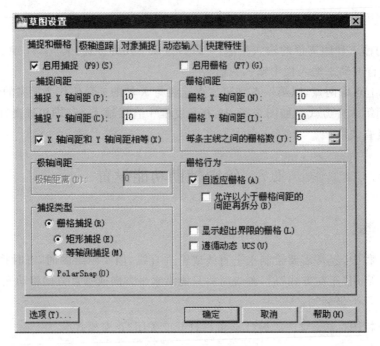

图 2-31　栅格和捕捉设置

2.7.3　对象捕捉

画图时经常需要用到一些特殊点，如线的端点、圆心、切点、圆弧的端点、中点等。使用"对象捕捉"可精确定位于这些特殊点。

1.对象捕捉设置

单击状态栏上的"对象捕捉"图标按钮 或使用快捷键（F3）可打开或关闭"对象捕捉"功能。

单击菜单"工具"|"草图设置"，然后在弹出的"草图设置"对话框中单击"对象捕捉"标签，进入"对象捕捉"选项卡，如图 2-32 所示；设置对象捕捉的模式，单击"确定"按钮退出对话框。AutoCAD 会根据设置的模式自动捕捉特殊点。

提示：

捕捉"垂足"和"交点"等项有延伸捕捉的功能，即如果对象没有相交，AutoCAD 会假想地把线或弧延长，从而找出相应的点。

2.临时捕捉

"对象捕捉"设置对话框中一般只选中常用的捕捉模式，特殊捕捉模式可通过"对象捕捉快捷菜单"或"对象捕捉工具栏"临时指定。临时指定的捕捉模式只对当前点有效，下一点就无效了。

"对象捕捉工具栏"调用：单击菜单"工具"|"工具栏"|"AutoCAD"|"对象捕捉"即可打开"对象捕捉工具栏"，如图 2-33 所示。

需要暂时取消捕捉，可在"对象捕捉快捷菜单"中单击 无(N) 或在"对象捕捉工具

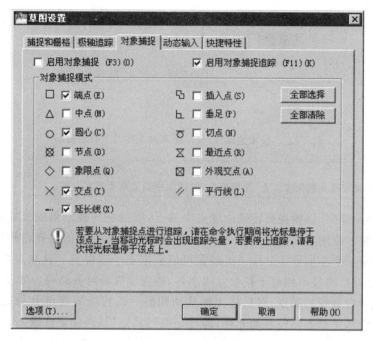

图 2-32　"对象捕捉"设置

图 2-33　对象捕捉工具栏

栏"中单击 。

"对象捕捉快捷菜单"调用：在提示输入点时，同时按下
Shift 键和鼠标右键，将弹出对象捕捉快捷菜单，如图 2-34
所示。

2.7.4　对象追踪

利用"对象追踪"，可以使用户在特定的角度和位置绘制
图形。

1.自动追踪

"自动追踪"可以帮助用户按照指定的角度或按照与其他
对象的特定关系绘制对象。当"自动追踪"打开时，临时对齐路
径（临时辅助线）有助于以精确的位置和角度创建对象。自动
追踪包括两个追踪选项：极轴追踪和对象捕捉追踪。

"极轴追踪"是指按指定的极轴角或极轴角的倍数对齐要
指定点的路径。启动"极轴追踪"，移动光标时，如果接近极轴
角，将显示对齐路径和工具提示，如图 2-35 所示。

图 2-34　对象捕捉快捷菜单

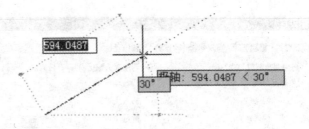

图 2-35 "极轴追踪"时显示距离和角度的工具栏提示

提示：
极轴角是与角度基准所夹的角度。在"图形单位"对话框中设置角度基准方向。

　　"对象捕捉追踪"是以捕捉到特殊位置点为基点，按指定的极轴角或极轴角的倍数对齐要指定点的位置。使用对象捕捉追踪，可以沿着基于对象捕捉点的对齐路径进行追踪。已获取的点将显示一个小加号（＋），一次最多可以获取七个追踪点。获取点之后，当在绘图路径上移动光标时，将显示相对于获取点的水平、垂直或极轴对齐路径。如图 2-36 所示：在 A 处单击左键确定直线的起点，然后将光标移动到另一条直线的端点 B 处获取该点（不要单击左键），再沿水平对齐路径移动光标，即可定位到 C 点（从而保证直线 AC 与已知直线的端点 B 在同一水平线上）。

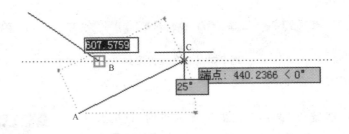

图 2-36 对象捕捉追踪

　　默认情况下，对象捕捉追踪将设置为正交。对齐路径将显示在始于已获取的对象点的 0°、90°、180°和 270°方向上。可以使用极轴追踪角代替。

提示：
与对象捕捉一起使用对象捕捉追踪。必须设置对象捕捉，才能从对象的捕捉点进行追踪。

　　使用快捷键(F10)或状态栏上的图标按钮 可打开或关闭极轴追踪功能。

　　使用快捷键(F11)或状态栏上的图标按钮 可打开或关闭对象捕捉追踪。

　　单击菜单"工具"|"草图设置"，在弹出的"草图设置"对话框中单击"极轴追踪"标签，进入"极轴追踪"选项卡，如图 2-37 所示。

　　可以在"增量角"下拉列表中选择一种角度值；也可以选中"附加角"复选框，并单击"新建"按钮，以设置任意附加角。AutoCAD 在进行极轴追踪时。可同时追踪增量角和附加角，可以设置多个附加角。

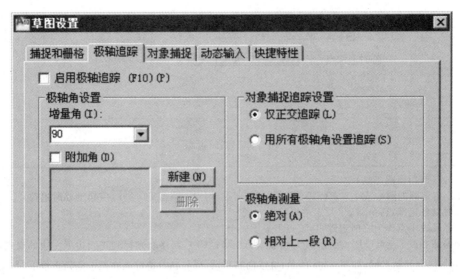

图 2-37　"极轴追踪"选项卡

2.临时追踪

除"自动追踪"外,还可指定临时点作为基点进行临时追踪:

1)在提示输入点时,输入 tt(或打开右键快捷菜单,选择"临时追踪点");

2)指定一个临时追踪点,该点上将出现一个小的加号（＋）;

3)移动光标时,将相对于这个临时点显示自动追踪对齐路径。

提示:

要删除除临时点,只需将光标移回到加号（＋）上面。

【例 2-4】绘制一条直线段,使其一个端点与已知点水平。

1)单击菜单"工具"|"草图设置",打开"草图设置"对话框;进入"极轴追踪"选项卡,将"增量角"设置为 90,"对象捕捉追踪设置"为"仅正交追踪";单击"确定"按钮。

2)按 F3 打开"对象捕捉";

3)调用"直线"工具,然后按命令行提示操作:

命令:line ↙
指定第一点:(在合适位置指定一点)
指定下一点或［放弃(U)］:tt ↙(启动临时追踪)
指定临时对象追踪点:(捕捉左边的点:按＜SHIFT＞键的同时单击鼠标右键,在快捷菜单中选择"节点",然后单击左边的点,该点上将显示一个"＋";移动鼠标,显示追踪线,如图 2-38a 所示)
指定下一点或［放弃(U)］:(在追踪线上适当位置指定一点)
指定下一点或［放弃(U)］: ↙

结果如图 2-38b 所示。

【例 2-5】利用"临时追踪"功能,定位正六边形中心,并以该为圆心,绘制半径为 30 的圆。

1)打开文件:2-3.dwg。

2)调用"圆"工具,然后按命令行提示操作:

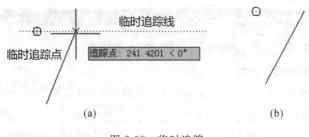

图 2-38　临时追踪

命令：c↙(调用画圆工具)
CIRCLE 指定圆的圆心或 [三点(3P)/两点(2P)/切点、切点、半径(T)]：tt↙(启动临时追踪)
指定临时对象追踪点：mid↙(限定中点捕捉方式)
于：(选择底边中点作为临时追踪点，该点上显示一个"＋")
指定圆的圆心或 [三点(3P)/两点(2P)/切点、切点、半径(T)]：(移动光标到正六边形左边的交点，当出
现 时，向右移动光标，如图 239a 所示；继续向右移动，当与临时追踪点在同一条铅垂线上时，交显示
一交点；单击左键，即可捕捉正六边形的中心，并作为圆心)
指定圆的半径或 [直径(D)] ＜20.00＞：30↙

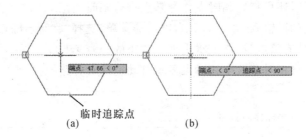

图 2-39　利用"临时追踪"功能，获取正六边形中心

2.8　绘图系统常用设置

绘图系统参数大多通过"选项"对话框设置。可通过以下几种方式调用"选项"对话框：
- 单击"应用程序菜单"按钮，然后在弹出的菜单中单击"选项"按钮；
- 命令行：OPTIONS 或 OP；
- 主菜单"工具"|"选项"。

2.8.1　设置"快速新建的默认样板文件名"

为了避免每次新建文件时弹出"选择样式"对话框，可以在"选项"对话框|"文件"面板，
选择"样板设置"|"快速新建的默认样板文件名"，然后单击右侧的"浏览"按钮，通过"选择文
件"对话框，选择默认的样板文件。如图 2-40 所示。

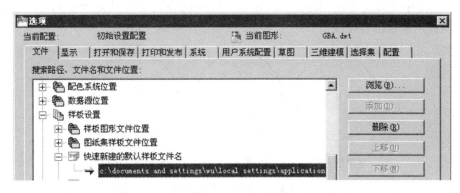

图 2-40　设置"快速新建的默认样板文件名"

2.8.2　设置文件保存格式

单击"选项"对话框中的"打开和保存"标签,进入"打开和保存"选项卡;在"另存为"下拉列表中可以设置文件保存的格式。系统默认为"AutoCAD 2010 图形(* . dwg)"。建议用户选择较低版本格式(如 2004 版),以方便与 AutoCAD 版本用户交流。

2.8.3　设置显示精度

计算机屏幕上的圆有时会显示为正多边形,这是由于在计算机屏幕上显示曲线时,AutoCAD采用有限条直线段来代替曲线,直线段越多,就越接近曲线的形状,显示就越平滑。在"选项"对话框"显示"选项卡中可以设置"显示精度",如图 2-41 所示。

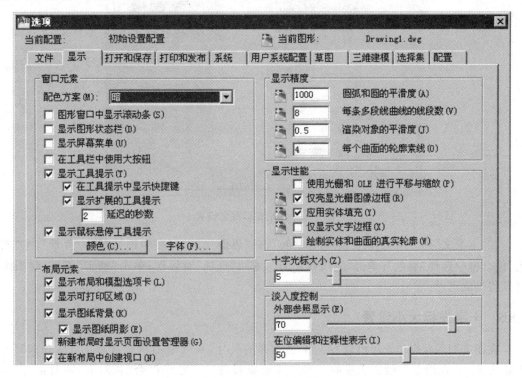

图 2-41　"显示"选项卡

从图 2-42 中可以发现，平滑度 1000 和 10000 的圆看起来没有多少差别，但平滑度 30时，就很明显示地看出直线段了。

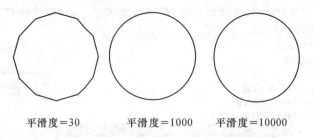

平滑度＝30　　　　平滑度＝1000　　　平滑度＝10000

图 2-42　圆的三种平滑度

平滑度越大，显示的圆越光滑，但也越消耗计算机的资源，因此，平滑度一般设定在1000 即可，需要时再进调整。

2.8.4　绘图区域背景

在图 2-41 中，单击"颜色"按钮，系统将弹出如图 2-43 所示对话框。

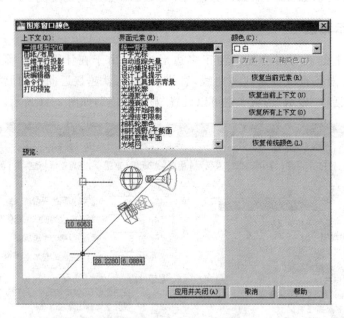

图 2-43　图形窗口颜色设置

在"上下文"列表中选择"二维模型空间"，在"界面元素"列表中选择"统一背景"，在"颜色"组合框中选择"黑色"；单击"应用并关闭"，返回"选项"对话框；单击"确定"按钮，绘图区背景将变成黑色。

2.8.5　十字光标大小设置

在图 2-41 中，拖动滑块可以控制十字光标的尺寸，有效范围从全屏幕的 1％～100％。默认为 5％。在绘制有投影关系的工程图或要查看各视图是否符合"长对齐、宽对正、高相等"时，可将十字光标值调得 100％（设置为 100％时，十字光标将充满整个绘图区域），用十字光标的水平线和铅垂线来查看对齐情况，如图 2-44 所示。

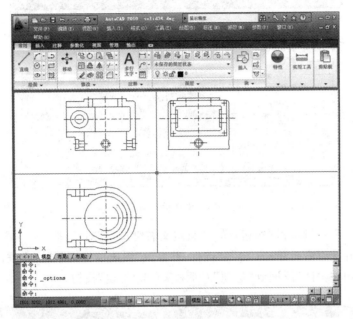

图 2-44　十字光标大小＝100 时

2.8.6　设置尺寸关联

尺寸和标注对象之间建立关联后，修改标注对象，标注尺寸会发生相应变化。

设置方法：单击"选项"对话框中的"用户系统配置"标签，进入"用户系统配置"选项卡；在"关联标注"区选中"使新标注可关联"；单击"确定"按钮。

提示：

查看尺寸标注是否为关联标注，可以双击尺寸对象，打开"特性"对话框；"关联"项若为"是"，则说明该尺寸标注是关联标注。

2.8.7　设置显示线宽

如果要使图形对象的线宽在模型空间中显示得更宽或更窄一些，可以调整线宽比例。

在"选项"对话框中单击"用户系统配置"标签，进入"用户系统配置"选项卡；单击"线宽设置"按钮，打开"线宽设置"对话框，如图 2-45 图所示；选择"显示线宽"，然后在"调整显示比例"分组框中移动滑块来改变显示比例值；单击"应用并关闭"按钮，返回"选项"对话框。

2.8.8　设置右键功能

合理设置右键功能，可有效提高绘图效率。一般应使右键同时具有 Enter 键和快捷菜单功能：快速单击右键，相当于按下 Enter，慢速单击右键，则弹出快捷菜单。

鼠标右键功能定制方法如下：

1)在"选项"对话框中单击"用户系统配置"标签，进入"用户系统配置"选项卡，如图 2-46 所示；

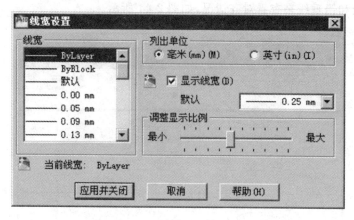

图 2-45　线宽设置对话框

2)单击"自定义右键单击"按钮,弹出"自定义右键单击"对话框;

3)选中"打开计时右键单击(T)"复选框,并修改"慢速单击期限"文本框内的值;

4)单击"应用并关闭"返回到"选项"对话框,单击"确定"按钮。

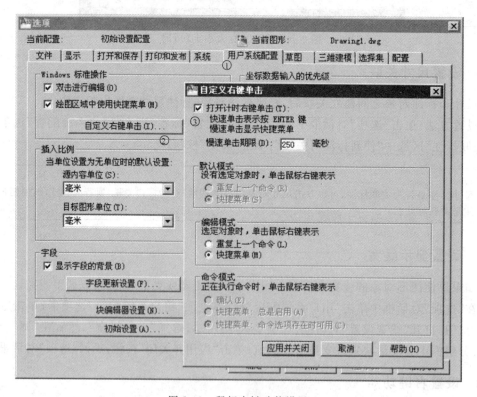

图 2-46　鼠标右键功能设置

2.8.9　捕捉设置

捕捉设置在"选择"对话框中的"草图"和"选择集"中进行。

1)在"选项"对话框中单击"草图"标签,进入"草图"选项卡,如图 2-47 所示。选中"标记"、"磁吸"和"自动捕捉工具提示"复选框,然后拖动滑块调节自动捕捉标记大小。选中AutoTrack(自动追踪)设置组中全部复选框,并拖动滑块调节靶框大小(即设置捕捉半径)。

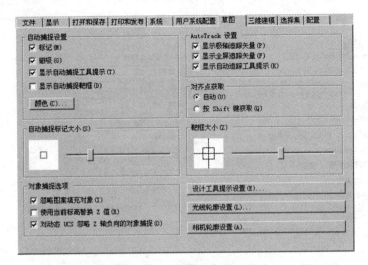

图 2-47 "草图"设置选项卡

- 标记:当十字光标移到捕捉点上时显示的几何符号。
- 磁吸:打开磁吸,则十字光标会自动移动并锁定到最近的捕捉点上。
- 显示自动捕捉工具提示:工具提示是一个标签,用来描述捕捉到的对象部分。

如图 2-48 所示,在选择点状态下,若选中"标记"、"磁吸"及"显示自动捕捉工具提示",则当光标移动到交点或端点等特殊点附近时,系统会自动捕捉到特殊点,并显示特殊点的符号及名称。

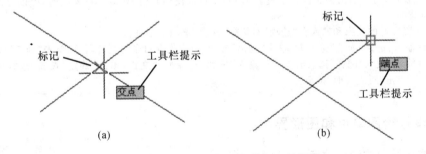

图 2-48 捕捉点时的标记与捕捉工具提示

2)在"选项"对话框中单击"选择集"标签,进入"选择集"选项卡(如图 2-49 图所示),并作如下设置:

- 拖动滑块调节拾取框大小;
- 拖动滑块调节控制夹点的大小。
- 选中"启用夹点"

若选中"启用夹点",则选择图形对象后,对象上将显示夹点(即一些小方块,如图 2-50所示)。AutoCAD 中,可以通过"夹点"快速编辑对象,详见 5.10 节。

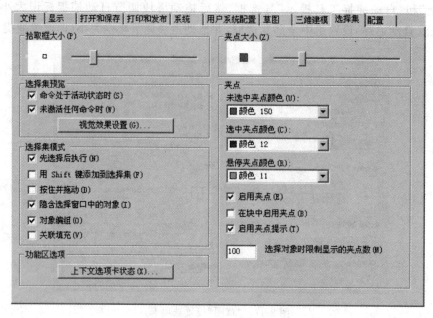

图 2-49 "选择集"选项卡

图 2-50 夹点

提示：

上述参数配置后，可以输出到文件。在重装 AutoCAD 或使用其他 AutoCAD 系统时，可以导入配置文件，无需重新配置。

系统参数配置文件的输出和输入在"选项"对话框"配置"选项卡中进行：

- 配置文件输出：进入"配置"选项卡；单击"输出"按钮，指定保存目录与文件名后，单击"确定"按钮。
- 配置文件输入：进入"配置"选项卡；单击"输入"按钮，选择配置文件，单击"确定"按钮；选择刚输入的配置文件后，单击"置为当前"按钮。

2.8.10　设置绘图单位和图形界限

1.设置绘图单位和精确度

设置图形长度单位尺寸和角度单位尺寸的格式以及对应的精度等。可以通过以下几种方式调用绘图单位和精度设置工具：

- 命令行：UNITS；
- 菜单："格式"|"单位"。

执行上述命令后，将弹出如图 2-51 所示对话框。

- 在"长度"组"类型"列表框中选择"小数"；"精度"下拉列表中选择 0.0；
- 在"角度"组"类型"列表框中选择"十进制度数"；"精度"下拉列表中选择 0.0。

单击"确定"按钮，完成设置绘图单位和精确度。

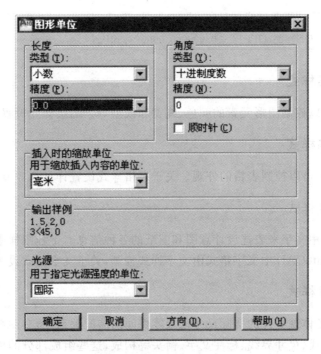

图 2-51　图形单位与精度设置

2.设置图形界限

机械制图国家标准对图纸幅面作了严格的规定,每一种图纸幅面都有唯一的尺寸。在绘制图形时,设计者应根据图形的大小和复杂程度,确定图纸的幅面。为避免绘图时,图形对象的大小超出图纸幅面,可以指定图形界限。

可以通过以下几种方式调用图形界限工具:

• 命令行:LIMITS;
• 菜单"格式""图形界限"。

【例 2-6】设置 A4(图纸的幅面为 297×210)图形界限,并使绘图范围充满绘图区域。

命令:_limits ↙
指定左下角点或［开(ON)/关(OFF)］<0.0000,0.0000>:↙(按<Enter>键,接受默认设置)
指定右上角点 <420.0000,297.0000>:297,210 ↙(输入右上角坐标)
命令:↙(按<Enter>键,直接调用上一个命令:limits)
指定左下角点或［开(ON)/关(OFF)］<0.0000,0.0000>:on ↙(打开图形界限检查)
命令:zoom ↙
指定窗口的角点,输入比例因子 (nX 或 nXP),或者
［全部(A)/中心(C)/动态(D)/范围(E)/上一个(P)/比例(S)/窗口(W)/对象(O)］<实时>:a ↙(执行"全部(A)"选项,使绘图范围充满绘图区域)
正在重生成模型。

3.操作说明

打开图形界限检查(ON),将使所设置的绘图范围有效,当用户绘图所图形超出范围时,系统会提出"＊＊超出图形界限"并拒绝绘图。

要关闭图形限界检查,只需执行 Limits 命令,然后设置为 OFF 即可。

命令：limits ↙
指定左下角点或［开(ON)/关(OFF)］<0.0000,0.0000>：off ↙

2.8.11　设置图层样式

利用"图层"可以控制图形元素的颜色、线宽和线型等。图层样式设置详见第6章。

2.8.12　设置表格样式

利用表格样式，可以控制表格的外观。关于表格样式设置详见9.5节。

2.8.13　设置文字样式

工程图样需要用文字来表述设计意图和图纸的各种信息。工程图样中的文字应符合我国的制图标准。AutoCAD中文字格式由文字样式控制，关于文字样式设置详见9.2节

2.8.14　设置尺寸样式

工程图中，为了体现零件的实际尺寸以及零件间的装配关系，所有图纸都必须进行尺寸标注。尺寸由尺寸线、尺寸界线、标注文字、箭头等构成，这些组成部分的格式都由尺寸样式来控制。关于尺寸样式设置详见10.2节。

2.9　视图操作

2.9.1　重生成与重画

"重画"(Redraw)：系统重新刷新图形的显示。在AutoCAD中，删除图形对象后，屏幕上有时会留下点标记，通过"重画"可删除这些点标记。

可以通过以下几种方式调用"重画"命令：

• 菜单："视图(V)"|"重画(R)"；

• 命令行：redraw 或别名 R。

"重生成"(Regen)：系统重新计算并绘制所有对象，包括重新创建图形数据库索引，以优化显示和对象选择的性能。

可以通过以下几种方式调用"重生成"：

• 菜单："视图(V)"|"重生成(G)"

• 命令行：regen 或别名 RE。

2.9.2　平移视图

平移视图相当于移动图纸。平移视图操作不会改变图形对象在坐标系中的位置。

可以通过以下几种方式调用"平移视图"命令：

• 主菜单："视图"|"平移"|"实时"；

• 单击"状态栏"上的 按钮；

- 在功能区"视图"标签|"导航"面板| 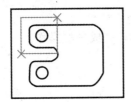 按钮；

按钮；

- 命令行：PAN 或别名 P；

- 快捷菜单：没有选定对象状态下，在绘图区域空白处单击鼠标右键并选择"平移"。

调用"平移"命令后，绘图区域中的光标变成手形形状，表示进入实时平移模式。按住鼠标并移动，图形将随鼠标的移动而移动。

按 Esc 或 Enter 键可退出平移状态。

2.9.3　视图缩放

"视图缩放"就是改变图形在视窗中显示的大小，以便地观察太大或太小的图形。"视图缩放"不会改变图形中对象的绝对大小，它仅改变图形显示的比例。

可以通过以下几种方式调用"视图缩放"命令：

- 主菜单："视图"|"缩放"|"实时(R)"；

- 单击"状态栏"上的 按钮；

- 在功能区"视图"标签|"导航"面板的"缩放"下拉式菜单中选择 ；

- 命令行：Zoom 或别名 Z；

- 快捷菜单：没有选定对象时，在绘图区域空白处单击鼠标右键并选择"缩放"。

调用命令后，命令行中提示信息如下：

命令：zoom ↙
指定窗口的角点，输入比例因子 (nX 或 nXP)，或者
[全部(A)/中心(C)/动态(D)/ /上一个(P)/比例(S)/窗口(W)/对象(O)]＜实时＞：

根据缩放的目的，选择相应的选项。

1)局部放大图形

输入 W (即"窗口"选项)，指定放大区域(矩形)的两个角点，系统将把矩形窗口框定的图形放大到充满整个视图窗口，如图 2-52 图所示。

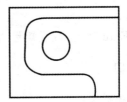

图 2-52　局部放大图形

2)将图形全部显示在视图窗口

- 输入 E (即"范围"选项)并按＜Enter＞键，图形将全部显示在视图窗口(系统根据图形对象的最大尺寸进行缩放)。

- 输入 A (即"全部"选项)并按＜Enter＞键，所有对象(包括图形、坐标系、栅格界限等)将全部显示在视图窗口中(提示：图形对象不一定充满视图窗口)。

3)返回上一次的显示

输入 P(即"上一个"选项)并按<Enter>键,将快速返回到上一次显示的视图。

4)缩放所选对象

输入 O(即"对象"选项),选择对象后按<Enter>键,系统将尽可能大地显示选定的对象并使其位于视图的中心。

提示:

"窗口"方式类似"对象"方式,只是窗口方式是用一矩形框选对象,而对象方式是使用鼠标左键拾取对象。

---

5)实时缩放图形

实时缩放图形通常采用鼠标滚轮的方式:向上滚动滚轮为放大,向下滚动滚轮为缩小。

2.9.4 鸟瞰视图

"鸟瞰视图"工具主要用于大型图形中,以便掌握当前视图在整个图形中的位置,并可以迅速将视图平移到目标位置。

可以通过以下几种方式调用"鸟瞰视图":

• 选择菜单"视图(V)"|"鸟瞰视图(W)";

• 命令行:dsviewer

调用"鸟瞰视图"命令后,屏幕上将出现"鸟瞰视图"窗口。"鸟瞰视图"窗口显示的是当前视图中的图形。"鸟瞰视图"窗口内有一个粗线矩形,代表当前视口中视图边界。

1)要缩放或全部显示图形,可以单击"鸟瞰视图"窗口工具栏上的相应图标按钮:

2)单击"放大"图标,鸟瞰视图中的视图将放大一倍显示;

3)单击"缩小"图标,鸟瞰视图将缩小一半显示;

4)单击"全局"图标,鸟瞰视图将显示全图。

5)要平移视图,可以按以步骤进行:

(1)在"鸟瞰视图"窗口内单击鼠标左键,会临时显示一细线矩形框;

(2)移动鼠标,将移动细线矩形框,当前视图将实时显示细线矩形框内的图形对象;

(3)移动到目标区域后,单击鼠标左键;再移动鼠标,可以改变矩形的大小,至合适大小后单击鼠标左键。

(4)单击<Enter>键,细线矩形将变成粗线矩形框,完成平移操作。

2.9.5 使用视口

1.为什么要使用视口

"视口"操作是指把绘图区域拆分成一个或多个相邻的矩形区域(即"视口"),从而创建多个不同的绘图区域。不同的视口可以显示同一图形的不同部分;可以对各个视口进行单独缩放、平移等命令,以控制该视口中的图形显示范围和大小而不影响其它视口。

如图 2-53 所示的是"三个:上"类型的三视口,上面的视口显示的是零件的整体图形,下面的两个视口各显示零件的一个剖视图。对上视图中的图形进行缩小,更易于从整体上把握,对下面两个视口中的图形进行放大,更易于绘制。可见,大而复杂的图形中,使用多个视口更为方便。

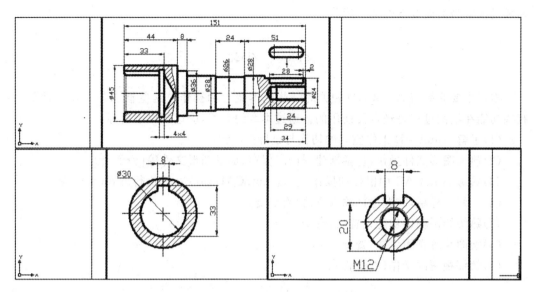

图 2-53 "三个:上"类型的三视口

但无论采用多少个视口,显示的都是同一个图形文件,所以:对单个视口内图形的编辑,在其它视口内的图形会有相应的变化;图层的可视性同时影响所有的视口,不能分开控制。

2.创建"视口"

可以通过以下几种方式调用"视口"命令:

• 命令行:VPORTS;

• 主菜单:"视图"|"视口"|"新建视口"。

执行命令后,将弹出如图 2-54 所示对话框。

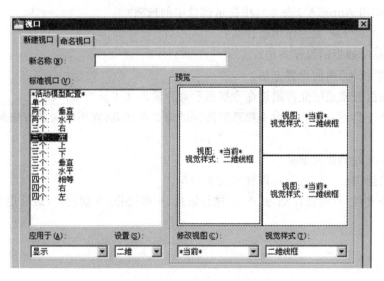

图 2-54 "新建视口"对话框

该对话框包括"新建视口"和"命名视口"选项卡。"新建视口"选项卡中,"新名称"文本框用于输入新建视口的名称,"标准视口"选项区域用于设置新建视口的数目和位置,"预览"

区域是预览当前设置下的视口形状。

2.10 小结

本章主要介绍与 AutoCAD 相关的一些基本概念和操作。这些概念与操作非常重要，有些功能在绘图过程是经常要使用的。通过本章的学习，应达到以下目标：

(1)了解 AutoCAD 工作空间的切换与设置(☆☆)

(2)熟练图形文件操作，包括新建、打开、保存、加密图形文件等(☆☆☆)

(3)熟练 AutoCAD 中鼠标的操作、掌握 AutoCAD 命令及其执行方式(☆☆☆)

(4)了解坐标系，掌握坐标输入方法(☆☆☆)

(5)熟练绘图辅助功能设置(☆☆☆)

(6)绘图系统常用设置(☆☆☆)

(7)熟练视图的操作(☆☆☆)。

2.11 习题

1.什么是工作空间？AutoCAD 2010 有哪几种工作空间？

2.AutoCAD 2010 的用户界面由哪几部分组成？要显示或隐藏菜单栏应如何操作？

3.如何查看命令执行的详细过程？

4.怎样能快速执行上一个命令？

5.调用 AutoCAD 命令的方法有哪些？

6.要指定一个绝对位置(50,100)，应如何输入？

7.如何调用 AutoCAD 命令行中提示信息中的选项？

8.操作中，按 Esc 键的作用是什么？

9.简述临时捕捉的操作方法。

10.简述"极轴"角的设置方法。

11.如何打开或光闭光标附近命令提示和命令输入文本框？

12.了解工具栏或功能区中不熟悉的图标的命令和功能，常用的两种方法是：

   1)(　　　　　　　　　　) ;2)(　　　　　　　　　　　　　)。

13.保存文件的快捷键是(　　　　　)。

14.按快捷键(　　　　　)可以弹出文本窗口。

15.打开文件:视图操作练习.dwg，进行缩放、平移操作，观察图形，最后退出。

第 3 章 AutoCAD 入门实例

AutoCAD 是目前应用最为广泛的二维 CAD 软件,在于其提供了丰富的二维绘图工具、编辑工具、图形对象管理工具、高效的辅助设计工具等。在 AutoCAD 中绘制工程图与手工绘制工程是有一定的差异的。本章通过一个简单的入门实例,让读者初步了解应用 AutoCAD 绘制工程图的大致流程,体会 AutoCAD 与手工绘制工程图的差异。

3.1 AutoCAD 绘制工程图样的流程

使用 AutoCAD 绘制工程图样的一般流程主要包括以下步骤:

1)调用样板文件。样板文件是根据相关规定和习惯设置了各种参数和绘图环境的图形文件。基于样板文件创建的图形文件,就具有与样板文件相同的绘图环境及各种参数。因此,使用样板不仅可以避免绘制创建新图形时设置绘图环境等重复操作,而且还能保证图形符合相同的规范。

2)绘制和修改图样:利用 AutoCAD 绘图工具和修改工具绘制二维平面图形。在 AutoCAD 绘制平面图形,一般是:先画基准线、定位线;再画已知线段和中间线段;然后画连接线段;最后整理全图。与手工绘图最大的差异是,AutoCAD 中可以利用、重用已有图形。

3)标注尺寸:利用尺寸标注工具给图形标注尺寸。

4)填写相关信息:利用文本工具填写技术要求、标题栏等信息。

5)保存文件。

3.2 绘制一个简单的零件图

本节将通过绘制图 3-1 所示的简单图形,详细描述在 AutoCAD 中绘制工程图样的一般流程,使读者对用 AutoCAD 绘制工程图有一个初步的认识。

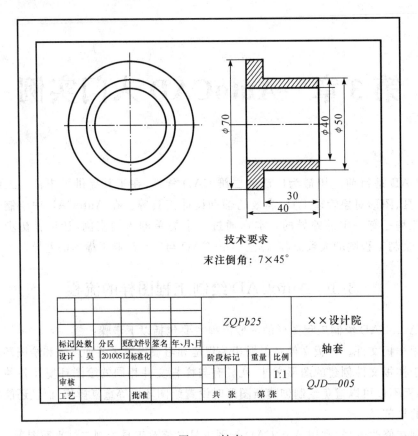

技术要求

末注倒角：7×45°

						ZQPb25			××设计院	
标记	处数	分区	更改文件号	签名	年、月、日				轴套	
设计	吴	20100512	标准化			阶段标记	重量	比例		
审核								1:1	QJD—005	
工艺			批准			共 张		第 张		

图 3-1　轴套

3.2.1　新建图形

1.基于样板文件建立一张新图

1）启动 AutoCAD,然后按<Ctrl>＋N 或在命令行中输入 new 并按<Enter>键,打开"选择样板"对话框。

2）选择样板文件 GBA.dwt 文件。

提示：
由于样板文件 GBA.dwt 中已经设置好了图层、文字样式、标注样式、图框和标题栏等,所以基于该样板文件创建的文件里含有设置好的图层、文字样式、标注样式、图框和标题栏等,无需再进行设置。

3）单击"打开"按钮,进入工作界面。

2.插入 A4 图框和标题栏块

在命令行中输入 i,按<Enter>键后,将弹出"插入"对话框,按如图 3-2 所示设置参数后,单击"确定"按钮。

3.将图形全部显示在视图窗口

在命令行中输入 zoom,按<Enter>键;输入 all,再按<Enter>键。

4.保存文件

为避免因计算机故障、操作错误或其它原因,新建文件后就应该保存文件,而且在绘图

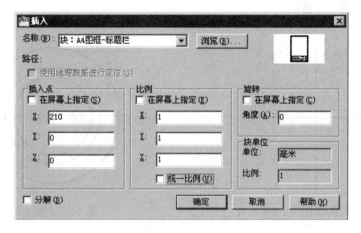

图 3-2　插入 A4 图框和标题栏块

过程中,应常按快捷键〈Ctrl〉+S 保存图形文件。

第一次按快捷键〈Ctrl〉+S,系统将弹出"图形另存为"对话框。指定图形文件的保存目录及文件名后,单击"保存"按钮。

3.2.2　绘制和修改图形

1.绘制主视图

1)绘制中心线。

(1)单击"常用"选项卡|"图层"面板|"图层控制"下拉列表,选择"中心线"图层,如图 3-3所示。

图 3-3　切换到"中心线"层

(2)调用直线工具,然后按命令行提示操作:

命令:L ↙(调用 Line 工具,L 是直线 Line 的命令别名,↙表示按键盘上的〈Enter〉键)
LINE 指定第一点:18,160 ↙(用绝对坐标方式,指定水平中心线的起始点)
指定下一点或 [放弃(U)]:@74＜0 ↙(用相对坐标方式,指定水平中心线的终点)
指定下一点或 [放弃(U)]:↙(输入〈Enter〉键,结束直线命令)
命令:↙(在等待命令输入状态下,输入〈Enter〉键可以重复刚执行过的命令:直线)
LINE 指定第一点:55,123 ↙(指定铅垂中心线的起始点)
指定下一点或 [放弃(U)]:@74＜0 ↙(指定铅垂中心线的端点)

绘制结果如图 3-4 所示。

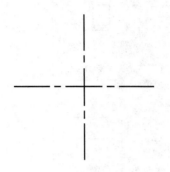

图 3-4　主视图上的两条中心线

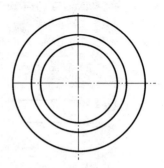

图 3-5　绘制主视图

提示：

本例中直线的起始点是通过指定绝对坐标的形式，第二个点是通过相对坐标的形式给出的。实际绘图时，可以根据目测和经验在绘图区域通过拾取点的方式确定点，如果图形的位置不合适，再通过"移动"命令来改变其位置，如果线的长度不够，再通过"夹点"或"修剪"工具改变线的长度。

2）绘制主视图上的轮廓线

主视图上的轮廓线很简单，仅仅是 3 个同心圆。

（1）切换到"粗实线"层。

（2）调用圆工具，然后按命令行提示操作：

命令：C↙（调用圆工具，C 直线 Circle 的命令别名）
circle 指定圆的圆心或［三点(3P)/两点(2P)/切点、切点、半径(T)］：（选择圆心：中心线交点）
指定圆的半径或［直径(D)］：20↙（输入圆半径，并按＜Enter＞键，创建圆并结束画圆命令）
命令：↙（输入＜Enter＞键，再次调用圆工具）
CIRCLE 指定圆的圆心或［三点(3P)/两点(2P)/切点、切点、半径(T)］：（选择圆心：中心线交点）
指定圆的半径或［直径(D)］＜20.00＞：25↙（输入圆半径，并按＜Enter＞键）
命令：↙（输入＜Enter＞键，再次调用圆工具）
CIRCLE 指定圆的圆心或［三点(3P)/两点(2P)/切点、切点、半径(T)］：（选择圆心：中心线交点）
指定圆的半径或［直径(D)］＜25.00＞：35↙

结果如图 3-5 所示。

2.绘制左视图

1）绘制中心线

（1）将"中心线"层置为当前层。

（2）调用直线工具（在命令行中输入 L↙），然后用对象追踪的方法确定左视图水平中心线的左端点：将光标移动到主视图水平中心线的右端，等出现 ⊞ 符号后，再沿水平方向移动光标（AutoCAD 会动态显示一条追踪线），在合适位置处单击左键；继续向右水平移动光标，AutoCAD 会自动显示一条虚线表示的极轴，当"长度"框内的数值大于 50 时，单击左键。

2）绘制左视图垂直线。

（1）将"粗实线"置为当前层。

（2）绘制直线。调用直线工具，然后依命令行提示操作：

命令:L↙(调用直线工具)
LINE 指定第一点:(在左视图恰当位置拾取一点,参照图 3-7)
指定下一点或［放弃(U)］:(沿垂直方向确定另一点,可先单击状态栏上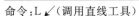图标按钮打开正交功能)
指定下一点或［放弃(U)］:↙(按<Enter>键,结束直线命令)

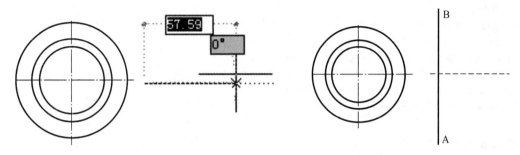

图 3-6 绘制左视图水平中心线　　　　　　图 3-7 绘制左视图第一条垂直直线

提示:
要绘制与大圆直径相等的 AB 直线,可以先绘制任意长度的 AB 直线,然后通过"修剪"或"延伸"命令改变直线长度;也可以通过追踪大圆与垂直中心线的交点来绘制与大圆直线相等的 AB 直线。

(3)偏移直线。

调用"偏移"工具,然后按命令行提示操作:

命令:o↙(调用偏移命令 OFFSET)
指定偏移距离或［通过(T)/删除(E)/图层(L)］<通过>:10↙(指定偏移距离)
选择要偏移的对象,或［退出(E)/放弃(U)］<退出>:(拾取 AB 直线)
指定要偏移的那一侧上的点,或［退出(E)/多个(M)/放弃(U)］<退出>:(直线右侧单击左键)
选择要偏移的对象,或［退出(E)/放弃(U)］<退出>:↙(结束偏移命令)
命令:↙(重复调用偏移命令)
指定偏移距离或［通过(T)/删除(E)/图层(L)］<10.00>:40↙(指定偏移距离)
选择要偏移的对象,或［退出(E)/放弃(U)］<退出>:(拾取 AB 直线)
指定要偏移的那一侧上的点,或［退出(E)/多个(M)/放弃(U)］<退出>:(直线右侧单击左键)
选择要偏移的对象,或［退出(E)/放弃(U)］<退出>:↙(重复调用偏移命令)

结果如图 3-8 所示。

3)绘制辅助线。

调用"直线"工具,从主视图向左视图绘制辅助线(直线的起点分别选择圆与垂直中心线

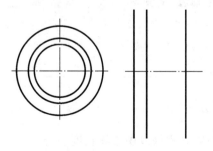　　　　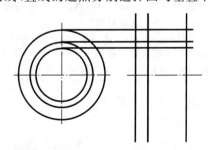

图 3-8 偏移直线　　　　　　　　　　图 3-9 绘制辅助线

的交点,水平移动鼠标,超过最右边的直线后单击左键),结果如图 3-9 所示。

4)修剪。

调用"修剪"工具,然后按命令行提示操作:

命令:tr↙(修剪命令 Trim 或命令别名 Tr)

选择剪切边...

选择对象或 <全部选择>:(拾取图 3-9 左视图中间距为 10 的两条垂直直线及最上方的水平辅助线)

选择对象:↙

选择要修剪的对象,或按住 Shift 键选择要延伸的对象,或

[栏选(F)/窗交(C)/投影(P)/边(E)/删除(R)/放弃(U)]:(在左视图需要剪掉的部位单击左键)

选择要修剪的对象,或按住 Shift 键选择要延伸的对象,或

[栏选(F)/窗交(C)/投影(P)/边(E)/删除(R)/放弃(U)]:↙(结束修剪命令)

结果如图 3-10 所示。

提示:

按住<Shift>键,可以一次拾取多条直线时。

"修剪"直线时,首先选择修剪的边界,然后在剪掉的部位单击左键。

用同样的方法,修剪左视图中的垂直直线和铅垂直线,结果如图 3-11 所示。

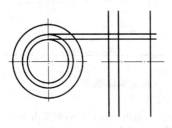   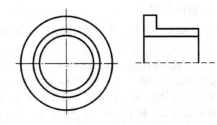

图 3-10　修剪直线　　　　　　　　　　图 3-11　修剪结果

5)镜像。

由于左视图是关于水平中心线对称的,因此只绘制左视图水平中心线上方的图形,然后使用"镜像"命令,即可完成左视图整个图形。

在命令行中输入镜像命令 Mirror 或命令别名 Mi,按<Enter>键,然后按命令行提示操作:

命令:mi↙

选择对象:(按住<Shift>键,然后拾取要镜像的 6 条直线:框选 6 条直线)

选择对象:↙(结束选择对象)

指定镜像线的第一点:(捕捉水平中心线上的一个端点)

指定镜像线的第二点:(捕捉水平中心线上的另一个端点)

要删除源对象吗?[是(Y)/否(N)] <N>:↙

结果如图 3-12 所示。

6)后处理

左视图中,水平中心线太长,本例通过"夹点"编辑方式修改中心线长度。

在中心线上单击左键,中心线上将出现三个夹点,如图 3-13 所示;单击右边的夹点,

AutoCAD将显示极轴;水平移动鼠标,总长矩形框内数据 52.56,相对长度矩形框内数据 0 将发生变化,在合适位置处单击左键(也可以直接在总长或相对长度矩形框内直接输入数值,然后按<Enter>键)。

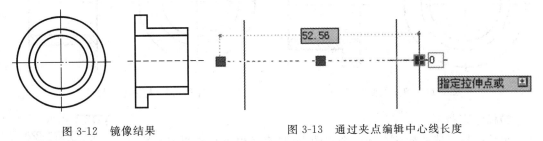

图 3-12　镜像结果　　　　　图 3-13　通过夹点编辑中心线长度

提示:

在相对长度矩形框内输入正的数值表示延长、负的数值表示缩短;单击键盘上的<Tab>键可以在相对长度和总长矩形框间切换。

直线上的三个夹点,首尾两个端点用于改变直线的长度和角度,中间的夹点用于平移直线。选择端点,然后上下移动鼠标,0所在的矩形框内的数据将代表角度而不是相对长度。

如果图形较小,不易操作,可以先放大图形。

3.填充剖面线

1)将"剖面线"图层置为当前层。

2)在命令行中输入"图案填充"命令 bhatch 或命令别名 h,按<Enter>键,将弹出"图案填充和渐变色"对话框。

3)设置参数:在"图案"下拉列表中选择 ANSI31,"填充角度"文本框中输入 0;单击"添加:拾取点"图标按钮 ▣ ,AutoCAD 将临半关闭对话框。

在左视图需要填充剖面线的区域内单击左键,然后按<Enter>键,返回到"图案填充和渐变色"对话框。

4)单击对话框中的"确定"按钮,完成剖面线的填充,结果如图 3-14 所示。

4.标注尺寸

1)将"尺寸标注"图层置为当前层。

2)标注水平尺寸

调用"线性"标注命令:在命令行中输入 DIMLINEAR 然后按<Enter>键,或在"常用"选项卡|"注释"面板|"标注"下拉式菜单中单击"线性"图标 ⊢⊣;然后按命令行提示操作:

命令：DIMLINEAR ↙(调用"线性"标注命令)
指定第一条延伸线原点或 <选择对象>:(捕捉左视图左垂直线的下端点)
指定第二条延伸线原点:(捕捉左视图右垂直线的下端点)
指定尺寸线位置或
[多行文字(M)/文字(T)/角度(A)/水平(H)/垂直(V)/旋转(R)]:(拖动鼠标,在合适位置单击左键)

AutoCAD 将按自动测量值(40)标注出对应的尺寸,如图 3-15 所示。

用同样的方法,完成图 3-1 中水平尺寸(30)的标注。

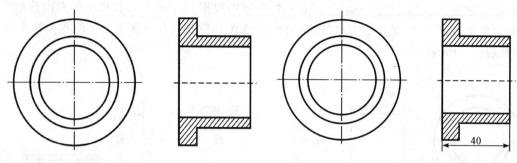

图 3-14 填充剖面线   图 3-15   标注水平尺寸

3）标注直径

尺寸应尽可能的标注在同一个视图上，且直径也可在非圆表示的视图上标注。

（1）调用"线性"标注工具（在命令行中输入 DIMLINEAR，然后按 Enter 键）；

（2）拾取 A 点作为第一尺寸界线的起始点，拾取 B 点作为第二条尺寸界线的起始点；

（3）在命令行中输入 T 以调用"文字 T"选项，再输入"％％C〈〉"；

（4）拖动鼠标，在合适位置处单击左键以放置尺寸线，结果如图 3-16 所示。

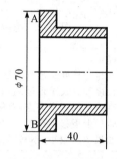

图 3-16   在非圆视图上标题直径

用同样的方法，完成另两个直径的标注，结果如图 3-1 左视图所示。

提示：

％％C〈〉中％％C 是 AutoCAD 中直径符号的控制码，<>代表取测量值。

5.标注文字

1）将"文本"图层置为当前层。

2）在命令提示行中输入"多行文本"命令 Mtext 或命令别名 mt，按 Enter 键，然后按命令行提示操作：

命令：mt↙（调用"多行文本"命令）

MTEXT 当前文字样式："工程字 35"文字高度： 3.5   注释性： 否

指定第一角点：（在标注位置拾取一点）

指定对角点或［高度(H)/对正(J)/行距(L)/旋转(R)/样式(S)/宽度(W)/栏(C)］：（指定另一点）

3）AutoCAD 将弹出多行文本编辑器，从中输入要标注的文字（提示：°用％％d 控制码代替），如图 3-17 所示。

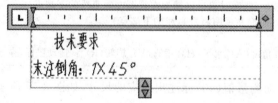

图 3-17   利用"多行文本"编辑器输入文字

)单击"多行文本"编辑器中的"确定"按钮,或在绘图区域空白处单击左键,退出多行文本编辑器,完成文字标注。

6.填写标题栏

双击标题栏(要双击在标题的图线上),将弹出"增强属性编辑器"对话框,如图 3-18 所示。

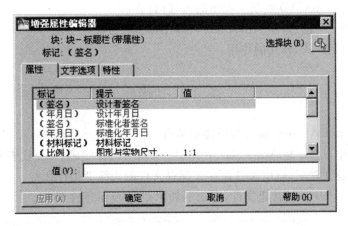

图 3-18 "增强属性编辑器"对话框

根据实际情况,在"值"文本框中输入相应的属性值。空缺的属性值可直接按<Enter>键。结果如图 3-19 所示。

							ZQPb25			××设计院
标记	处数	分区	更改文件号	签名	年、月、日					轴套
设计	吴	20100512	标准化				阶段标记	重量	比例	
									1:1	QJD—005
审核										
工艺			批准				共　张		第　张	

图 3-19 填写后的标题栏

7.保存图形

1)使整个图形显示在绘图区

命令:z↙(或 ZOOM,调用"缩放"命令)
指定窗口的角点,输入比例因子(nX 或 nXP),或者
[全部(A)/中心(C)/动态(D)/范围(E)/上一个(P)/比例(S)/窗口(W)/对象(O)]<实时>:a↙

2)保存图形

按 Ctrl＋S 保存图形。

9.退出

在命令行中输入 Exit,按<Enter>键;或单击 AutoCAD 右上角的 ✕ 图标按钮。

3.3 小结

本章通过绘制一个简单的零件图,介绍基于 AutoCAD 绘制工程图的流程。通过本章的学习应达到以下学习目标:

(1)了解使用 AutoCAD 绘制工程图的流程(☆☆)。

(2)认识到同一个图形,在 AutoCAD 可以用很多种方法来实现(☆)。

(3)了解什么是样式,样式的作用。

3.4 习题

1.简述在 AutoCAD 中绘制工程图样的流程。

2.％％C〈〉中％％C 是 AutoCAD 中(　　　)符号的控制码,<>代表取(　　　)。

3.为什么新建文件后,就应文件保存。保存文件的快捷键是什么?

4.基于 GBA.dwt 样板新建文件,并绘制如图 3-20 所示零件图。

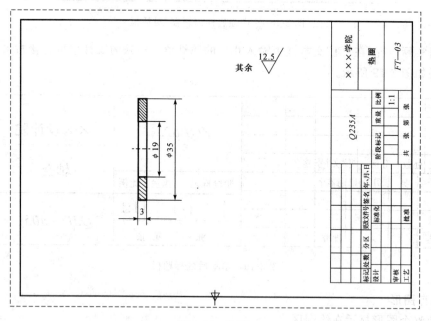

图 3-20　垫圈

第4章 基本绘图工具

二维图形是工程图的主要内容。最复杂的二维图形都是由直线、圆(弧)、椭圆(弧)、样条曲线等基本图形对象(又称为图元)构成的,因此熟练掌握绘制基本图元的工具是快速、准确绘制工程图的前提。

4.1 点

点是最基本的图元,在绘制直线、构造线、矩形、圆、椭圆等几何对象时都需要输入点。AutoCAD 中,使用"点"工具可以创建点(称为"节点")。除"节点"外,图元的特征点(如圆心、线段的端点和中点等)、交点、垂足点、切点等也是点。

4.1.1 设置点样式

AutoCAD 提供了 20 种点的显示形状,并由"点样式"控制点的显示形状和大小。

选择菜单"格式"|"点样式",将弹出如图 4-1 所示"点样式"对话框;指定点的样式及点的大小后,单击"确定"按钮。

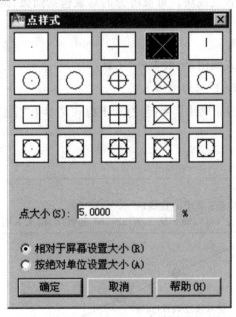

图 4-1　点样式

4.1.2 绘制单点

所谓"单点"工具，就是调用命令一次只能创建一个点。

选择菜单"绘图"|"点"|"单点"即可调用"单点"工具。

调用"单点"工具后，在命令行（或动态输入框）中输入点的坐标并按<Enter>键即可在该坐标创建一点。

调用"单点"工具后，在绘图区域单击鼠标左键，在单击处也将创建一点。

提示：

输入点的坐标时，可以指定点的全部三维坐标。如果省略 Z 坐标值，则假定为当前标高。

4.1.3 绘制多点

所谓"多点"工具，就是调用一次可以创建多个点，直到退出"多点"命令。

可以通过以下几种方式调用"多点"工具：

- 选择菜单"绘图"|"点"|"多点"
- 功能区："常用"选项卡|"绘图"面板|"点"下拉式菜单中"多点"图标
- 命令：point

调用"多点"工具后，每单击鼠标左键一次或输入坐标并按<Enter>键后都将创建一个点，并以当前的点样式显示。

4.1.4 创建定数等分点

沿选定对象等间距放置点或块。可被等分的对象包括圆弧、圆、椭圆、椭圆弧、多段线和样条曲线。

1.调用"定数等分"工具

可以通过以下几种方式调用"定数等分"工具：

- 选择菜单"绘图"|"点"|"定数等分"
- 功能区："常用"选项卡|"绘图"面板|"点"下拉式菜单中"定数等分"图标
- 命令：divide

2.操作示例

命令：DIVIDE↙

选择要定数等分的对象：(选择图 4-2 中的直线)

输入线段数目或［块(B)］：3↙(可以输入从 2 到 32,767 的数字，输入 b 则可插入块)

输入线段数目4，得到均匀分布的5个点（包括两个端点）

图 4-2 创建定数等分点

提示：
定数等分点并不能将对象等分成单独的对象，仅仅是标明定数等分的位置。

4.1.5 定距等分点

沿选定对象按指定测量值放置点或块。

1. 调用"定距等分"工具

可以通过以下几种方式调用"定距等分"工具：

- 选择菜单"绘图"|"点"|"定距等分"

- 功能区："常用"选项卡|"绘图"面板|"点"下拉式菜单中"定距等分"图标

- 命令：measure

2.操作示例

命令：measure ↙
选择要定距等分的对象：（选择图 4-3 中的直线）
指定线段长度或［块(B)］：30 ↙（直线长 100，指定长度 30 后，创建 3 个点，剩余长度为 10）

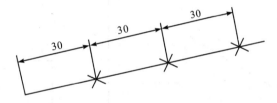

图 4-3　创建定距等分点

提示：
系统以距离鼠标拾取位置最近的端点作为起始端点。

4.2　绘制直线类对象

4.2.1　直线

直线是绘图中最常用、最简单的一类图形对象。

1.调用"直线"工具

可以通过以下几种方式调用"直线"工具：

- 功能区："常用"选项卡|"绘图"面板|"直线"图标

- 菜单："绘图(D)"|"直线(L)"

- 命令条目：line

2.操作示例

【例 4-1】绘制简单直线。

命令：_line,指定第一点：63,42 ↙　（输入第一点的坐标）
指定下一点或[放弃(U)]：@40＜30 ↙　（第二点以极坐标下的相对坐标方式给出）
指定下一点或[放弃(U)]：↙　　　（结束绘制）

【例4-2】绘制如图4-5所示的图形。

命令：line ↙
指定第一点：40,40 ↙　　　　　　　　　　　（输入A点绝对坐标）
指定下一点或[放弃(U)]：140,40 ↙　　　　　（输入B点绝对坐标）
指定下一点或[放弃(U)]：140,140 ↙　　　　　（输入C点绝对坐标）
指定下一点或[闭合(C)/放弃(U)]：240,140 ↙　　（输入D点绝对坐标）
指定下一点或[闭合(C)/放弃(U)]：240,40 ↙　　（输入E点绝对坐标）
指定下一点或[闭合(C)/放弃(U)]：340,40 ↙　　（输入F点绝对坐标）
指定下一点或[闭合(C)/放弃(U)]：340,300 ↙　　（输入G点绝对坐标）
指定下一点或[闭合(C)/放弃(U)]：40,300 ↙　　（输入H点绝对坐标）
指定下一点或[闭合(C)/放弃(U)]：c ↙　　　　（闭合图形）

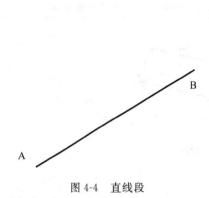

图4-4　直线段

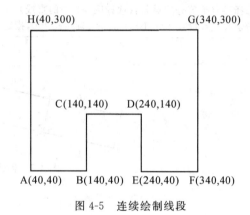

图4-5　连续绘制线段

3.选项说明

1)最初输入的两点确定第一条直线,若继续输入点,则将绘制一系列连续的直线段,但每条直线段都是一个独立的对象。

2)在"指定下一点或[放弃(U)]"处可输入：

• ＜Enter＞键：结束命令。

• U：取消最后一次画的一条线

• C：从最后一条线段的终点回到起始点,即形成封闭图形。

3)在"_line,指定第一点："处直线输入Enter键表示：

• 若上一次绘制的是线,则从其终点开始绘图。

• 若上一次绘制的弧,则从其终点及其切线方向作图,并要求输入长度。

4.2.2　构造线

"构造线"用来创建无限长的直线,常用来作辅助线。

1.调用"构造线"工具

可以通过以下几种方式调用"构造线"工具：

- 功能区:"常用"选项卡|"绘图"面板|"构造线"图标

- 菜单:"绘图(D)"|"构造线(T)"

- 命令条目:xline

2.操作示例

【例 4-3】绘制通过指定点且与指定直线成 70°角的构造线,如图 4-6 所示。

命令:xline↙
指定点或[水平(H)/垂直(V)/角度(A)/二等分(B)/偏移(O)]:a↙
输入构造线的角度(0)或[参照(R)]:r↙(选择"参照"方式)
选择直线对象:(选择直线 b)
输入构造线的角度<0>:70↙
指定通过点:(选择点 A)
指定通过点:↙

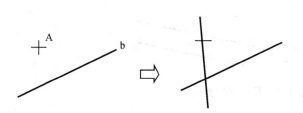

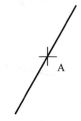

图 4-6 "参照"方式创建构造线 　　　　图 4-7 绘制一条与 X 轴与 60 度角的构造线

提示:
为了精确选择点 A,应选中"草图设置"对话框"对象捕捉"页面中的"节点"复选框。

【例 4-4】绘制一条与 X 轴与 60 度角的构造线,如图 4-7 所示。

命令:xline↙
指定点或[水平(H)/垂直(V)/角度(A)/二等分(B)/偏移(O)]:a↙
输入构造线的角度(0)或[参照(R)]:60↙
指定通过点:(如选择 A 点)
指定通过点:↙

【例 4-5】 绘制一条角平分线,如图 4-8 所示。

命令:xline↙
指定点或[水平(H)/垂直(V)/角度(A)/二等分(B)/偏移(O)]:b↙
指定角的顶点:(选择角的顶点 A)
指定角的起点:(选择角的起始边上的一点,如 B 点)
指定角的端点:(选择角的起始边上的一点,如 C 点)
指定角的顶点:↙

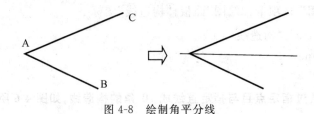

图 4-8　绘制角平分线

【例 4-6】绘制一条平行于直线 a 且距离为 50 的构造线，如图 4-9 所示。

命令：xline↙
指定点或[水平(H)/垂直(V)/角度(A)/二等分(B)/偏移(O)]：O↙
通过偏移距离或[通过(T)]：50↙
选择直线对象：(选择直线 a)
指定向哪侧偏移：(用鼠标左键在直线 a 的上方点击一下)
指定向哪侧偏移：↙

图 4-9　指定距离方式绘制平行直线

【例 4-7】绘制一条平行于直线 a 且通过指定点 A 的构造线，如图 4-10 所示。

命令：_xline,指定点或[水平(H)/垂直(V)/角度(A)/二等分(B)/偏移(O)]：O↙
通过偏移距离或[通过(T)]：T↙
选择直线对象：(选择直线 a)
指定通过点：(选择点 A)
选择直线对象：↙

图 4-10　指定所通过的点方式绘制平行直线

3.选项说明

命令：_xline,指定点或[水平(H)/垂直(V)/角度(A)/二等分(B)/偏移(O)]：

• 默认方法是通过指定的两点定义构造线。
• 水平(H)或垂直(V)：创建通过指定点且平行于当前坐标系的 X 或 Y 轴的构造线。
• 角度(A)：创建与指定直线成指定角度的构造线，如例 4-4 所示。
• 选择二等分：创建角平分线，如例 4-5 所示。
• 偏移：创建与指定直线平等，且通过指定点的构造线；或者与指定直线平等，且相距指定距离的构造线。如例 4-6、例 4-7 所示。

4.2.3 射线

射线是一端固定,另一端无限延伸的直线。

1. 调用"射线"工具

可以通过以下几种方式调用"射线"工具:

• "常用"选项卡|"绘图"面板中的"射线"图标 ╱

• 菜单"绘图"|"射线"

• 命令:ray

2.操作示例

命令:ray↙

指定起点:(选择一点,作为射线的起点)

指定通过点:(选择另一点,作为射线的通过点)

指定通过点:↙(结束射线命令)

起点和通过点定义了射线延伸的方向,射线在此方向上延伸到显示区域的边界。

4.2.4 多段线

"多段线"用于绘制一组相连的具有宽度的直线段或圆弧线,这组相连的直线段或圆弧线在 AutoCAD 中是作为一个对象看待的。直线段或圆弧段的首尾宽度还可以不同。

1. 调用"多段线"工具

可以通过以下几种方式调用"多段线"工具:

• "常用"选项卡|"绘图"面板中的"多段线"图标

• 菜单"绘图"|"多段线"

• 命令:pline

2.操作示例

【例 4-8】绘制如图 4-11 所示的封闭轮廓线。

命令:_pline

指定起点:指定起点(选择点 1)

当前线宽为 0.000

指定下一点或 [圆弧(A)/闭合(C)/半宽(H)/长度(L)/放弃(U)/宽度(W)]:@150,0↙(点 2)

指定下一点或 [圆弧(A)/闭合(C)/半宽(H)/长度(L)/放弃(U)/宽度(W)]:a↙(绘制圆弧)

指定圆弧的端点或 [角度(A)/圆心(CE)/闭合(CL)/方向(D)/半宽(H)/直线(L)/半径(R)/第二个点(S)/放弃(U)/宽度(W)]:a↙ (指定用"圆弧包角"的方式创建圆弧)

指定包含角:180↙

指定圆弧的端点或[圆心(CE)/半径(R)]:r↙

指定圆弧的半径:50↙

指定圆弧的弦方向<0>:90↙

指定圆弧的端点或 [角度(A)/圆心(CE)/闭合(CL)/方向(D)/半宽(H)/直线(L)/半径(R)/第二个点(S)/放弃(U)/宽度(W)]:L↙(切换到绘制直线状态)

指定下一点或 [圆弧(A)/闭合(C)/半宽(H)/长度(L)/放弃(U)/宽度(W)]:@150,180↙

指定下一点或 [圆弧(A)/闭合(C)/半宽(H)/长度(L)/放弃(U)/宽度(W)]:c↙(封闭线段)

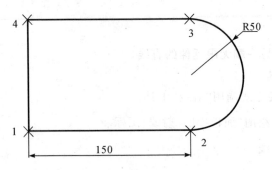

图 4-11   用多段线绘制封闭轮廓线

【例 4-9】绘制如图 4-12 所示的箭头。

命令：_pline

指定起点：指定起点(选择 A 点)

当前线宽为　0.000

指定下一点或［圆弧(A)/闭合(C)/半宽(H)/长度(L)/放弃(U)/宽度(W)］:w↙

指定起点宽度：5↙

指定端点宽度：5↙

指定下一点或［圆弧(A)/闭合(C)/半宽(H)/长度(L)/放弃(U)/宽度(W)］:(选择 B 点)

指定下一点或［圆弧(A)/闭合(C)/半宽(H)/长度(L)/放弃(U)/宽度(W)］:w↙

指定起点宽度：20↙

指定端点宽度：0↙

指定下一点或［圆弧(A)/闭合(C)/半宽(H)/长度(L)/放弃(U)/宽度(W)］:(选择 C 点)

指定下一点或［圆弧(A)/闭合(C)/半宽(H)/长度(L)/放弃(U)/宽度(W)］:↙(结束命令)

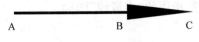

图 4-12   用多段线绘制箭头

3.选项说明

调用多段线工具后，命令行显示如下信息：

指定下一点或［圆弧(A)/闭合(C)/半宽(H)/长度(L)/放弃(U)/宽度(W)］:

---

1)闭合：从当前位置到多段线起点绘制一条直线或圆弧以闭合多段线，如图 4-13 所示。

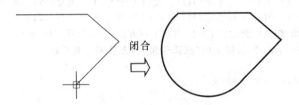

图 4-13   闭合多段线

2)半宽：指定多段线线段的中心到其一边的宽度。

3)长度：在与前一线段相同的角度方向上绘制指定长度的直线段。如果前一线段是圆弧,AutoCAD 将绘制与该弧线段相切的新线段。

4)放弃:删除最近一次添加到多段线上的弧线段。

5)宽度:指定下一弧线段的宽度。

6)圆弧:切换到绘制圆弧状态。在命令行中输入 a,并按<Enter>键后,系统接着会显示:

指定圆弧的端点或［角度(A)/圆心(CE)/闭合(CL)/方向(D)/半宽(H)/直线(L)/半径(R)/第二个点(S)/放弃(U)/宽度(W)］:

• 圆弧端点:指定端点并绘制弧线段。弧线段从多段线上一段的最后一点开始并与多段线相切,如图 4-14 所示。

• 角度:指定弧线段从起点开始的包含角,如图 4-15 所示。需要注意的是:输入正数将按逆时针方向创建弧线段。输入负数将按顺时针方向创建弧线段。

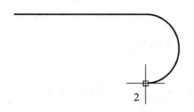

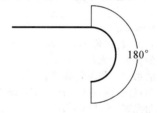

图 4-14　多段线—圆弧端点　　　　　图 4-15　多段线—圆弧包角

• 圆心:指定弧线段的圆心。指定圆弧线段的圆心后,还应指定弧线段的端点、包角或弧线段的弦长。如图 4-16 所示。

• 方向:指定弧线段的起始方向。需要指定圆弧的起点切向和指定圆弧的端点。如图 4-17 所示。

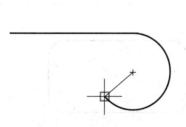

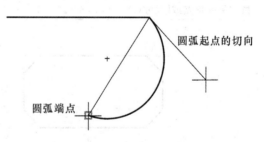

图 4-16　多段线—圆弧圆心　　　　　图 4-17　多段线—方向

• 直线:退出绘制"圆弧"状态,并返回 PLINE 命令的初始提示。

• 半径:指定弧线段的半径。还需要指定圆弧的端点。

• 第二点:指定三点圆弧的第二点和端点。

4.3 绘制多边形图形

4.3.1 矩形

1. 调用"矩形"工具

可以通过以下几种方式调用"矩形"工具：

- "常用"选项卡 |"绘图"面板中的"矩形"图标 ▱
- 菜单"绘图" |"矩形"
- 命令：rectang

2.操作示例

【例 4-10】绘制带倒角(倒角距离为 5mm)的矩形,如图 4-18(a)所示。

命令：Rectangle ↙
指定第一角点或[倒角(C)/标高(E)/圆角(F)/厚度(T)/宽度(W)]:C ↙
指定矩形的第一个倒角距离:5 ↙
指定矩形的第二个倒角距离:5 ↙
指定第一角点或[倒角(C)/标高(E)/圆角(F)/厚度(T)/宽度(W)]:(屏幕上任取一点 A)
指定另一角点或[尺寸(D)]:@40,−20 ↙

【例 4-11】绘制带圆角(圆角半径为 5mm)的矩形,如图 4-18(b)所示。

命令：_ Rectangle ↙
指定第一角点或[倒角(C)/标高(E)/圆角(F)/厚度(T)/宽度(W)]:f ↙
指定矩形的圆角半径:5 ↙
指定第一角点或[倒角(C)/标高(E)/圆角(F)/厚度(T)/宽度(W)]:(屏幕上任取一点 B)
指定另一角点或[尺寸(D)]:@40,20 ↙

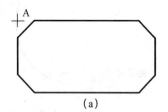

(a)

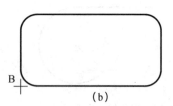

(b)

图 4-18 创建带倒角和圆角的矩形

3.选项说明

调用矩形工具后,命令行显示如下信息：

指定第一个角点或 [倒角(C)/标高(E)/圆角(F)/厚度(T)/宽度(W)]:

- 默认是通过指定两个对角点绘制矩形。
- 倒角(C):创建带有倒角的矩形,需要输入倒角的大小。
- 圆角(F):创建带有圆角的矩形,需要输入圆角半径值。
- 标高(E):指定矩形所在平面的高度,默认情况下,矩形位于 XY 平面内。

- 厚度（T）：创建具有厚度的矩形，即得到 3D 图形。
- 宽度（W）：可以设置矩形边的宽度。

4.3.2　正多形

"正多形"工具可以绘制 3～1024 条边的正多边形。

1. 调用"正多形"工具

可以通过以下几种方式调用"正多形"工具：

- "常用"选项卡|"绘图"面板中的"正多形"图标
- 菜单"绘图"|"正多形"
- 命令：polygon

2.操作示例

【例 4-12】已知外接圆半径绘制正六边形，如图 4-19(a)所示。

命令：_polygon,输入边的数目<4>:6 ↙（4 为正多边形默认的数字）
指定多边形的中心点或[边(E)]:（选择正多边形的圆心）
输入选项[内接于圆(I)/外切于圆(C)]:↙（默认为内接正多边形）
指定圆的半径:30 ↙

【例 4-13】已知内切圆半径绘制正六边形，如图 4-19(b)所示。

命令：_polygon,输入边的数目<4>:6 ↙
指定多边形的中心点或[边(E)]:（选择圆的圆心）
输入选项[内接于圆(I)/外切于圆(C)]:C ↙（选择外切）
指定圆的半径:30 ↙

【例 4-14】已知正多边的边长绘制正六边形，如图 4-19(c)所示。

命令：_polygon,输入边的数目<4>:6 ↙
指定多边形的中心点或[边(E)]:e ↙（选择边长）
输入选项[内接于圆(I)/外切于圆(C)]:C ↙
指定边长的第一个端点:（如 A 点）
指定边长的第二个端点:（如 B 点）

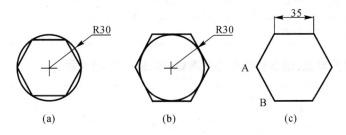

图 4-19　根据边长绘制正六边形

3. 选项说明

多边形的中点和圆的半径是指内接或外切圆的圆心和半径。

4.4 绘制圆弧类对象

4.4.1 圆弧

图 4-20 "绘制"|"圆弧"子菜单

"圆弧"工具用于绘制一段圆弧。

AutoCAD 提供了 11 种绘制圆弧工具。常用的绘制方式有：根据三点绘制圆弧；根据起点、圆心和角度绘制圆弧；根据起点、终点和半径绘制圆弧。

1. 调用"圆弧"工具

可以通过以下几种方式调用"圆弧"工具：

• "常用"选项卡|"绘图"面板|"圆弧"下拉菜单中选择对应的图标

• 菜单"绘图"|"圆弧"子菜单

• 命令：arc 或 a

2.操作示例

【例 4-15】根据三点绘制圆弧，如图 4-21(a)所示。

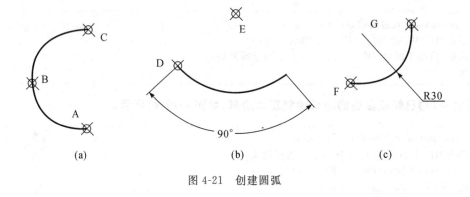

| (a) | (b) | (c) |

图 4-21 创建圆弧

命令：arc ↙
ARC 指定圆弧的起点或[圆心(C)]：(屏幕上任取一点 A)
指定圆弧的第二点或[圆心(C)/端点(E)]：(屏幕上任取一点 B)
指定圆弧的端点：(屏幕上任取一点 C)

【例 4-16】根据起点、圆心和角度绘制圆弧，如图 4-21(b)所示。

命令：arc ↙
ARC 指定圆弧的起点或[圆心(C)]：(屏幕上任取一点 D)
指定圆弧的第二点或[圆心(C)/端点(E)]：C ↙(选择"圆心"选项)
指定圆弧的圆心：(屏幕上任取一点 E)
指定圆弧的端点或[角度(A)/弦长(L)]：a ↙ （选择"角度"选项)
指定包含角：90 ↙

【例 4-17】根据起点、终点和半径绘制圆弧，如图 4-21(c)所示。

命令:arc↙
ARC 指定圆弧的起点或[圆心(C)]:(屏幕上任取一点 F)
指定圆弧的第二点或[圆心(C)/端点(E)]:e↙
指定圆弧的圆端心:(屏幕上任取一点 G)
指定圆弧的圆心或[角度(A)/方向(D)/半径(R)]:r↙
指定圆弧的半径:30↙

提示:
1)默认状态,AutoCAD 是以逆时针方向绘制圆弧的,若不符合要求,可以倒换起点与终点的位置。
2)在圆弧的第一个提问时直接按<Enter>键,则将以上次所画的线或圆弧的终点及方向作为本次圆弧的起点与方向。

3.选项说明

创建圆弧过程中,命令行提示信息各字符的含义如下:

- A—所包含的角度(Angle)。
- C—圆心(Center)。
- D—圆弧起点的切线方向(Direction)。
- E—圆弧终点(End)。
- L—弦长(Length of Chord)。
- R—半径(Radius)。
- S—圆弧起点(Start)。

4.4.2 圆

"圆"工具用于创建一个整圆。

AutoCAD 提供了 6 种绘制圆弧工具。常用的绘制方式有:圆心半径、相切—相切—半径及相切—相切—相切等方式。

1. 调用"圆弧"工具

可以通过以下几种方式调用"圆弧"工具:

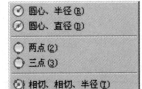

图 4-22 "绘图"|"圆"子菜单

- "常用"选项卡|"绘图"面板|"圆"下拉菜单中选择对应的图标。
- 菜单"绘图"|"圆"子菜单
- 命令:circle 或 c

2.操作示例

【例 4-18】根据圆心、半径绘制圆。

命令:c↙(调用圆工具)
指定圆的圆心或 [三点(3P)/两点(2P)/切点、切点、半径(T)]:30,30 ↙(指定圆心)
指定圆的半径或[直径(D)]:10 ↙(默认情况下输入的是半径值)

【例 4-19】根据圆心、直径绘制圆。

命令:C✓

指定圆的圆心或[三点(3P)/两点(2P)/相切、相切、半径(T)]:30,30✓

指定圆的半径或[直径(D)]:d✓

指定圆的直径:20✓

【例4-20】根据两点绘制圆。

命令:c✓

CIRCLE 指定圆的圆心或 [三点(3P)/两点(2P)/切点、切点、半径(T)]:2P✓

指定圆直径的第一个端点:(屏幕上任取一点)

指定圆直径的第二个端点:(屏幕上任取一点)

【例4-21】根据三点绘制圆。

命令:c✓

CIRCLE 指定圆的圆心或 [三点(3P)/两点(2P)/切点、切点、半径(T)]:3P✓

指定圆上的第一点:(屏幕上任取一点)

指定圆上的第二点:(屏幕上任取一点)

指定圆上的第三点:(屏幕上任取一点)

【例4-22】根据两线相切绘制已知半径的圆,如图4-23所示。

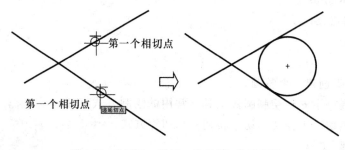

图4-23 "相切—相切—半径"方式创建圆

命令:c✓

CIRCLE 指定圆的圆心或 [三点(3P)/两点(2P)/切点、切点、半径(T)]:t✓

指定对象与圆上的第一个切点:(选择一个几何对象)

指定对象与圆上的第二个切点:(选择一个几何对象)

指定圆的半径:20✓

【例4-23】根据三线相切绘制圆,如图4-24所示。

命令:c✓

CIRCLE 指定圆的圆心或 [三点(3P)/两点(2P)/切点、切点、半径(T)]:3P✓

指定圆上第一个点:(按住 Shift 键并单击右键,快捷菜单中选择"切点",再选择第一个几何对象)

指定圆上第二个点:(按住 Shift 键并单击右键,快捷菜单中选择"切点",再选择第二个几何对象)

指定圆上第二个点:(按住 Shift 键并单击右键,快捷菜单中选择"切点",再选择第三个几何对象)

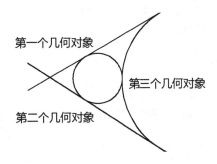

第一个几何对象

第三个几何对象

第二个几何对象

图 4-24　"相切—相切—相切"方式创建圆

4.4.3　圆环

使用"圆环"命令可以创建实心圆和圆环,如图 4-25 所示。

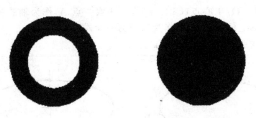

图 4-25　用"圆环"工具创建的圆环和实心圆

1. 调用"圆弧"工具

可以通过以下几种方式调用"圆环"工具:

- "常用"选项卡|"绘图"面板|"圆环"图标◎。
- 菜单"绘图"|"圆环"
- 命令:dount

2.操作示例"圆环"工具

【例 4-24】绘制图 4-25 左所示圆环。

命令:DONUT ↙
指定圆环的内径 <0.5000>:3 ↙
指定圆环的外径 <1.0000>:5 ↙
指定圆环的中心点或 <退出>:(屏幕上任取一点作为圆环的圆心)

【例 4-25】绘制图 4-25 右所示实心圆。

命令:DONUT ↙
指定圆环的内径 <0.5000>:0 ↙
指定圆环的外径 <1.0000>:5 ↙
指定圆环的中心点或 <退出>:(屏幕上任取一点作为圆环的圆心)

4.4.4　椭圆和椭圆弧

椭圆是由到两个定点距离之和为定值的点组成的。椭圆的大小由定义其长度和宽度的两条轴决定,较长的轴称为长轴,较短的轴称为短轴。

AutoCAD 提供了 2 种绘制椭圆的方式和 1 种绘制椭圆弧的方式,如图 4-26 所示。

1. 调用"椭圆"工具

可以通过以下几种方式调用"椭圆"工具:

图 4-26　"绘图"|"椭圆"子菜单

• "常用"选项卡|"绘图"面板|"椭圆"拉式菜单中对应的图标。

• 菜单"绘图"|"椭圆"子菜单

• 命令:ellipse

2.操作示例

【例 4-26】根据椭圆的两个端点绘制椭圆,如图 4-27(a)所示。

命令:ellipse↙
指定椭圆的轴端点或[圆弧(A)/中心点(C)]:(屏幕上任取一点 A,作为轴的一个端点)
指定轴的另一个端点:(屏幕上任取一点 B,作为轴的另一个端点)
指定轴的另一条半轴的长度或[旋转(R)]:30↙

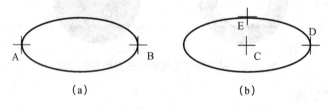

(a)　　　　　　　　　　　(b)

图 4-27　利用"椭圆"工具创建椭圆

【例 4-27】根据椭圆圆心及一个端点绘制椭圆,如图 4-27(b)所示。

命令:ellipse↙
指定椭圆的轴端点或[圆弧(A)/中心点(C)]:c↙
指定椭圆的中心点:(在屏幕上任意取一点,作为椭圆的圆心 C 点)
指定轴的端点:(在屏幕上任意取一点,作为椭圆长轴的端点 D 点)
指定轴的另一条半轴的长度或[旋转(R)]:(在屏幕上任意取一点,作为椭圆长轴的端点 E 点)

【例 4-28】绘制椭圆弧,如图 4-28(a)所示。

命令:ellipse↙
指定椭圆的轴端点或[圆弧(A)/中心点(C)]:a↙
指定椭圆弧的轴端点:(屏幕上任取一点 A,作为轴的一个端点)
指定轴的另一端点:(屏幕上任取一点 B,作为轴的另一个端点)
指定另一条半轴长度或[旋转(R)]:30↙
指定起始角度或[参数(P)]:30↙
指定终止角度[参数(P)/包含角度(I)]:270↙

提示:
默认的情况下,角度是按逆时针方向测量的。但可以通过设置系统变量 AngDir 来改变角度方向:
命令:AngDir↙
输入 ANGDIR 的新值<0>:1↙(AngDir=1,角度顺时针方向测量;AngDir=0,则按逆时针方向测量)

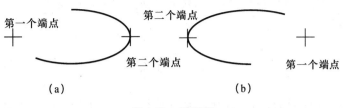

第一个端点　　　　　　第二个端点

第二个端点　　　　　　第一个端点

(a)　　　　　　　　　　　(b)

图 4-28　椭圆弧

4.5　样条曲线

通过拟合数据点创建一条样条曲线。绘制工程图时,样条线主要用于断裂线、截交线和相贯线等。

1.调用"样条线"工具

可以通过以下几种方式调用"样条线"工具:

- "常用"选项卡|"绘图"面板|"样条线"图标
- 菜单"绘图"|"样条线"
- 命令:spline

2.操作示例

【例 4-29】绘制样条曲线如图 4-29 所示。

命令:_spline↙
指定第一个点或[对象(O)]:(屏幕上任取一点 A)
指定下一点:(屏幕上任取一点 B)
指定下一个点或[闭合(C)/拟合公差(F)]<起点切向>:(屏幕上任取一点 C)
指定下一个点或[闭合(C)/拟合公差(F)]<起点切向>:(屏幕上任取一点 D)
指定下一个点或[闭合(C)/拟合公差(F)]<起点切向>:↙
指定切点方向:(屏幕上任取一点 E)
指定端点方向:(屏幕上任取一点 F)

3.选项说明

要创建一条样条线曲线中,至少需要 3 个点。调用"样条线"工具并输入两点后,AutoCAD 将显示下面的提示:

指定下一个点或[闭合(C)/拟合公差(F)]<起点切向>:

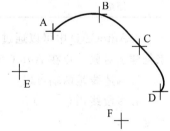

图 4-29　创建样条曲线

- 指定下一个点:继续输入的点将添加更多的样条曲线线段,直到按<Enter>键为止。输入"undo"可删除最后一个指定的点。一旦按<Enter>键,AutoCAD 将提示用户指定样条曲线的起点切向。
- 闭合:闭合样条曲线,样条曲线最后一点与第一点重合,且在连接处相切。
- 拟合公差:修改当前样条曲线的拟合公差。
- 起点切向(或指定端点切向):所指定的点与定义样条曲线的第一点(或最后一点)的

连线作为样条曲线第一点(或最后一点)的切向方向。如果直接按下<Enter>键,则系统会自动计算切向方向。

4.6 小结

本章主要介绍 AutoCAD 中绘制基本图元的工具。通过本章的学习,应掌握:

(1)掌握绘制点、椭圆、圆环、矩形、正多边形和样条曲线的方法(☆)

(2)掌握通过设置点的样式来定数等分和定距等分的方法(☆☆)。

(3)掌握并能熟练绘制圆、圆弧(☆☆☆)。

(4)掌握绘制线段、射线和构造线的方法(☆☆)。

AutoCAD 绘制基本图元是很简单的,但仅停留在单个命令的使用是不够的。在学习基本图元绘图工具,应注意绘图中的技巧,了解相关原理与制图规范,才能将这些命令组合起来,灵活、准确地绘制各种复杂图形。

绘制基本图元时,要灵活、正确的设置绘图辅助功能。如绘制水平或铅垂线时,应打开"正交"模式;绘制的图元之间有相互关系时,应打开"捕捉对象"、"动态输入"等工具。

4.7 习题

1. 在表 4-1 中填写相应的命令或命令别名。

表 4-1 基本绘图工具对应的命令和别名

命令名称	命令	命令别名	命令名称	命令	命令别名
点			正多边形		
直线			圆弧		
构造线			圆		
射线			圆环		
多段线			椭圆		
矩形			样条曲线		

2. AutoCAD 中可以通过(　　　)、(　　　)、(　　　)、(　　　)共 4 种方法来创建点对象。点在 AutoCAD 中有多种表现形式,如:(　　　　　)(请至少列出 5 种)

3. 构造线是两端可以(　　　)的直线,没有起点和终点,主要用于绘制(　　　)。

4. 多段线由(　　)和(　　)两种组成,多段线是组合体,不同的线段可以设置不同的宽度。

5. 绘制如图 4-30 所示图形。

(提示:先启用"对象捕捉"和"极轴追踪"模式,且将"极轴追踪"角度设置为 30°,绘制30°斜线时,要采用"自动追踪"或"临时追踪"功能)

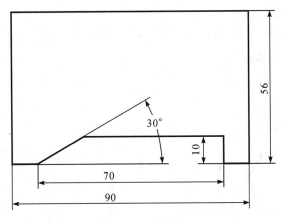

图 4-30 题 5 图

6. 打开文件:使用圆弧连接平行直线的端点.dwg,用半径为 15 的圆弧连接端点。

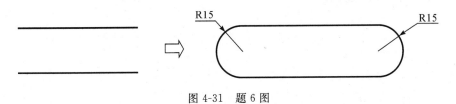

图 4-31 题 6 图

7.打开文件:利用圆工具绘制二维图形.dwg,然后绘制如图 4-32 所示图形。

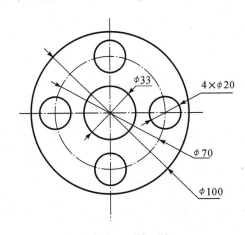

图 4-32 题 7 图

8.利用多段线,绘制如图 4-33 所示图形。

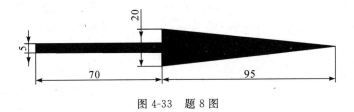

图 4-33 题 8 图

9.绘制如图 4-34 所示图形。

（提示：先绘制三角形，两个圆均采用"三点"画圆方式。选择小圆的三点时，应先启用"捕捉切点"模式，然后再选择边）

10．绘制如图 4-35 所示图形。

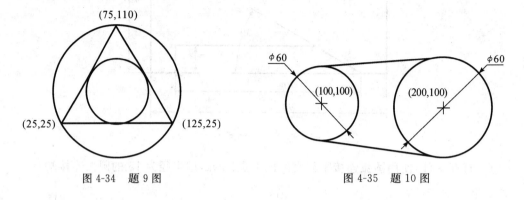

图 4-34　题 9 图　　　　　　　　　图 4-35　题 10 图

第5章 图形编辑工具

　　绘制工程图样时,往往需要不断地编辑修改才能满足设计要求。AutoCAD 中不仅可以编辑修改图元,而且还可以重用现有图形以提高绘图效率。常用的编辑工具有:删除、复制、镜像、偏移、缩放、拉伸、拉长、修剪、延长、断开、倒角、倒圆角、分解等。此外,还可以使用特性、特性匹配和夹点等功能编辑图形。

　　可用 Ctrl＋Z 或在命令行中输入"u"并按 Enter 键,可以取消最近的修改。

5.1　选择对象

5.1.1　选择对象的方法

　　编辑图形时,需要选择对象。调用编辑命令(如移动、删除等)后,鼠标将变成一个小方块(AutoCAD 中称之为"拾取框"),进入对象选择状态(Select Objects),同时命令行中会出现"选择对象:"提示。

　　AutoCAD 提供了近二十种对象选择方法。要查看或指定选择方法时,可以在命令行中显示"选择对象:"提示后,输入? 并按 Enter 键,命令行将显示以下提示信息:

需要点或窗口(W)/上一个(L)/窗交(C)/框(BOX)/全部(ALL)/栏选(F)/圈围(WP)/圈交(CP)/编组(G)/添加(A)/删除(R)/多个(M)/前一个(P)/放弃(U)/自动(AU)/单个(SI)/子对象(SU)/对象(O)

1.直接选择

　　将拾取框移动到目标对象上,然后单击鼠标左键即可选择该对象。已被选取的对象将以虚线显示。

2.窗口选择

　　指定矩形窗口的两个对角点,所有包含在窗口内的对象都将被选中。

3.窗交选择

　　指定矩形窗口的两个对角点,所有包含于窗口内或与矩形窗口相交的对象都将被选中。"拉伸"操作时,就需要使用"窗交"方式选择拉伸对象的。

4.框选择

　　是"窗口"和"窗交"选项的结合。当从左到右指定矩形窗口的两个对角点,系统采用"窗口选择"方式;反之,当从右到左指定矩形窗口两个对象点,系统采用"窗交选择"方式。

5.全部选择

　　在命令行中输入"ALL"后按 Enter 键,就可以选中全部图形对象(冻结层除外)。

6.上一个

输入"L"后按 Enter 键，就可以选中最后一个所绘制的图形对象。但仅限于当前视图可见范围之间。

7.栏选

指定一系列临时直线段，所有与这些临时直线段相交的对象都将被选中。

8.圈围(WP)

与"窗口"选项相似，不同之处在于"圈围"采用多边形，所有多边形内的对象将被选中。

9.圈交(CP)

与"窗交"选项相似，不同之处在于"圈交"采用多边形，所有位于多边形内或与多边形相交的对象将被选中。

AutoCAD 常用"直接选择"、"框选择"、"全部选择"等方式选择对象。要注意"框选择"时，指定矩形窗口角点的顺序。

5.1.2　在选择集中添加或删除对象

选择对象后，这些对象就构成了一个集合，称之为选择集。要要删除选择集中的对象，只需先按住<shift>键，然后用鼠标左键选择欲删除的几何对象。

5.1.3　选择过滤器

通过设置过滤条件，可以一次选择所有符合条件的图形元素。如可以一次就选择文件中所有直线或所有多行文字等。AutoCAD 中有二种选择过滤器：快速选择及 Filter。

1. 快速选择

以对象类型和特性为过滤条件并根据该过滤条件创建选择集。

可以通过以下几种方式调用"快速选择"工具：

- 功能区："常用"选项卡|"实用工具"面板|"快速选择"图标按钮
- 菜单："工具(T)"|"快速选择(K)"
- 命令：qselect
- 快捷菜单：终止所有活动命令，然后在绘图区域空白处单击右键并选择"快速选择"

调用"快速选择"工具后，将弹出如图 5-1 所示对话框。

- 应用到：指定过滤范围。可以是"整个图形"也可以是指定的选择集（单击"选择对象"按钮 返回到图形并选取对象，所选取的对象即构建一个选择集）。

- 对象类型：指定滤条件中的对象类型。"对象类型"列表包含过滤范围内的对象类型（包括自定义对象类型）。

- 特性：指定过滤器的对象特性。此列表包括指定对象类型的所有可搜索特性。

- 运算符：控制过滤的范围。根据选定的特性，运算符可以是"等于"、"不等于"、"大于"、"小于"和"＊通配符匹配"。

- 值：指定特性的值。

- 如何应用：选择"包括在新选择集中"，则新选择集中只包含符合过滤条件的对象；若

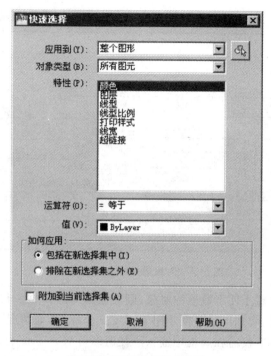

图 5-1 "快速选择"对话框

选择"排除在新选择集之外",则新选择集中只包括不符合过滤条件的对象。

• 附加到当前选择集：选择该选项,则所选中的对象添加到当前的选择集中,反之,则创建新的选择集。

【例 5-1】在当前文件中选择所有颜色为黄色的直线

1)任意绘制多个图元,如：直线、圆、样条、多段线等,并将其中的若干条直线的颜色设置为"黄色"。

2)调用"快速选择"工具,然后指定过滤条件："应用到"下拉列表中选择"整个图形"、"对象"类型下拉列表中选择"直线"、"特性"列表框中选择"颜色"、"运算符"下拉列表中选择"=等于"、"值"下拉列表中选择"黄色",其余采用默认值；

3)单击"确认"按钮。

2.使用 FILTER 命令

和"快速选择"相比,FILTER 命令可以创建更为复杂的过滤条件并将其保存起来。

输入命令 filter(或 'filter,作为透明命令使用),按 Enter 键后将打开如图 5-2 所示对话框。

"选择过滤器"组用来指定一个过滤器。如：从下拉列表中选择"直线",如果被选择的项目不需要做进一步说明,则直接单击"添加到列表(L)"按钮,过滤器出现在对话框顶部的方框中,其形式为：对象＝直线。

过滤器需要具体值时,可以用两种方式输入值：

1)如果选择了可以用列表表示其值的对象(如颜色或图层),则会激活"选择"按钮,单击该按钮并在弹出的对话框中选择所需要的值。

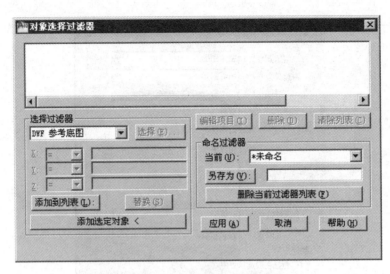

图 5-2 "对象选择过滤器"对话框

2）如果选择了可以赋予任意数值的对象，则会激活 x、y、z 框。仅当选择了一个需要坐标的过滤器（如选择"圆心"）时，这些框才用于 x、y、z 坐标，其他情况下，仅使用 x 框为过滤器赋值（如选择"圆半径"，仅需在 x 框中输入半径值即可）。

FILTER 命令中还可以有多个过滤器时，但需要通过逻辑运算符确定多个过滤器之间的关系。逻辑运算符总是成对出现的，即多个过滤器位于成对的逻辑运算符之间。

【例 5-2】**Filter 命令练习**

1）打开：使用过滤器.dwg 文件；

2）命令行中输入 filter 并按＜Enter＞键，打开"对象选择过滤器"对话框；

3）在"选择过滤器"下拉列表中选择"＊＊ 开始 AND"项目并单击"添加到列表（L）"按钮；

4）在"选择过滤器"下拉列表中选择"颜色"项目，在"X："旁边的下拉列表中选择"＝"，然后单击"选择"按钮；在"选择颜色"对话框中选择"红色"并单击"确定"按钮；单击"添加到列表（L）"按钮；

5）在"选择过滤器"下拉列表中选择"圆"项目，并单击"添加到列表（L）"按钮；

6）在"选择过滤器"下拉列表中选择"＊＊ 结束 AND"项目并单击"添加到列表（L）"按钮；

7）在"另存为"文本框中输入"与"，然后单击"另存为"按钮。"对象选择过滤器"对话框显示如图 5-3 所示

8）单击"应用"按钮，在"选择对象："提示出现后，输入 all ↙，系统会提示找到 1 个对象，且红色的圆处于选中状态。

在"对象选择过滤器"对话框列表中选择"＊＊ 开始 AND"，然后在下拉列表中选择"＊＊ 开始 OR"，然后单击"替换"按钮；同样的方法，将"＊＊ 结束 AND"替换与 ＊＊ 结束 OR，单击"应用"按钮，系统将以"或"逻辑运算过滤条件来选择对象。四种逻辑运算符构建的 Filter 过滤器选择结果如表 5-1 所示。

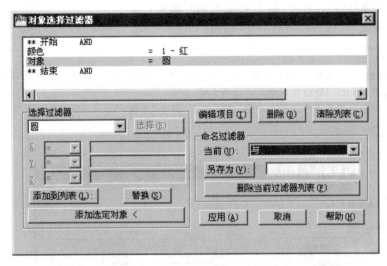

图 5-3　"与"过滤条件

表 5-1　用于选择过滤器的逻辑运算符

运算符	示　例	结　果
AND	** 开始 AND 颜色＝1－红 对象＝圆 ** 结束 AND	只选中红色的圆 （"与"操作，选择满足所有过滤条件的对象）
OR	** 开始 OR 颜色＝1－红 对象＝圆 ** 结束 OR	红色的中心线及圆都将被选中 （"或"操作，选择满足任一过滤条件的对象）
XOR	** 开始 XOR 颜色＝1－红 对象＝圆 ** 结束 XOR	红色的中心线及黑色的圆将被选中 （"异或"操作，查找不同时满足两个过滤条件的对象；"开始 XOR"与"结束 XOR"之间需要两个条件）
NOT	** 开始 NOT 颜色＝1－红 ** 结束 NOT	矩形及黑色的圆将被选中 （"非"操作，选择过滤条件之外的对象；"开始 NOT"与" 结束 NOT"之间只有一个条件。

5.1.4　对象编组

对象编组可以把选择集作为一个组保存下来，当需要对这些对象进行编辑时，可以用对象组来选择它们。一个对象可以属于多个对象编组。

1.创建"对象编组"

1）输入命令 group↙，将打开如图 5-4 所示对话框；

2）在"编组名"文本框中输入组的名称（最大长度为 31 个字符，之间不能有空格），可在"说明"文本框中输入最长 448 个字符的描述文字；

3）单击"新建"按钮，AutoCAD 显示"选择对象"提示，选择想要编组的对象，然后按

Enter键结束对象选择，AutoCAD 自动返回到对话框；

　　4）单击"确定"按钮，即可创建一个编组。

提示：

可以利用"对象编组"对话框中"查找名称"按钮，查看某个对象所属的编组名：单击"查找名称"按钮，然后选择一个对象，AutoCAD 就会列出其编组的名称。

在"对象编组"对话框的列表中选择一个组，然后单击"高亮"按钮，AutoCAD 会临时关闭对话框且高亮显示组中的对象。

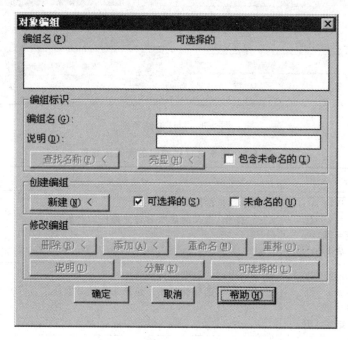

图 5-4 "对象编组"对话框

2.修改编组

在"对象编组"对话框的列表中选择一个组，"修改编组"区的按钮都将激活。

• 删除：AutoCAD 会临时关闭对话框，并提示"选择要从编组中删除的对象..."，选择要删除的对象，然后按 Enter 键结束对象删除操作，AutoCAD 返回到对话框，再单击"确定"按钮即可。

• 添加：AutoCAD 会临时关闭对话框，并提示"选择要添加到编组的对象..."，选择要添加的对象，然后按 Enter 键结束对象选择操作，AutoCAD 返回到对话框，再单击"确定"按钮即可。

• 重命名：选择想要重命名的编组，然后在"编组名"文本框中修改名称，完后成单击"重命名"按钮，最后单击"确定"按钮即可。

• 分解：删除整个编组。

5.2 编辑图形对象的位置

5.2.1 移动

将选中的图形移动到新的位置。移动过程中需要指定移动的方向和距离。

1. 调用"移动"工具

可以通过以下几种方式调用"移动"工具：

- 功能区："常用"选项卡|"修改"面板|"移动"图标 ✛
- 菜单："修改(M)"|"移动(V)"
- 命令：move 或命令别名 m
- 快捷菜单：选择要移动的对象，在绘图区域中单击鼠标右键，然后单击"移动"

2.操作示例

【例 5-3】移动正六边形，如图 5-5 所示。

在当前文件中新建一个正六边形，然后按命令行提示信息操作：

命令：move ↙
选择对象：(选择正六边形)
选择对象：↙
指定基点或位移：(选择基点)
指定位移的第二个点或＜用第一点作为位移＞：(选择第二点)

3.使用说明

1)移动操作中要求用户选择基点和第二点。基点到第二点的方向就是移动的方向，两点间的距离就是移动的距离。

2)如果在"指定位移的第二点"提示下按＜Enter＞键，第一点(基点)的坐标值将被作为 X、Y、Z 相对位移值。如：第一点(基点)的坐标是(30,50)，在"指定位移的第二点"提示下按＜Enter＞键，则对象将相对于当前位置向 X 方向移动 30 个单位，向 Y 方向移动 50 个单位。

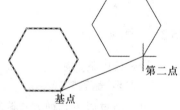

图 5-5 移动正六边形

5.2.2 旋转

将选中的图形绕基点旋转一个角度。

1. 调用"旋转"工具

可以通过以下几种方式调用"旋转"工具：

- 功能区："常用"选项卡|"修改"面板|"旋转"图标 ↻
- 菜单："修改(M)"|"旋转(R)"
- 命令：rotate 或命令别名 ro
- 快捷菜单：选择要旋转的对象，在绘图区域中单击鼠标右键，然后在快捷菜单中单击

"旋转"

2.操作示例

【例 5-4】将矩形体绕 A 点逆时针旋转 90°。

绘制一个矩形,然后按命令行提示信息操作:

命令:rotate↙
UCS 当前的正角方向:ANGDIR＝逆时针　　ANGBASE＝0
选择对象:(选择矩形体)
选择对象:↙
指定基点:(选择 A 点)
指定旋转角度或[参照(R)]:90↙

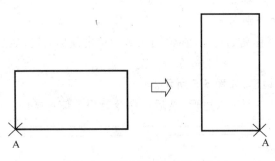

图 5-6　将矩形绕 A 点转 90°

5.3　删除与恢复

5.3.1　删除

删除选中的对象。

1. 调用"删除"工具

可以通过以下几种方式调用"删除"工具:

• 功能区:"常用"选项卡|"修改"面板|"删除"图标 ✐

• 菜单:"修改(M)"|"删除(E)"

• 命令:erase 或命令别名 e

• 快捷菜单:选择要删除的对象,然后在绘图区域中单击鼠标右键,并单击"删除"

2.使用说明

可以先选择对象,再调用"删除"命令;也可以先调用"删除"命令,再选择要删除的对象。

调用"删除"命令后,输入 L 并按 Eenter 即可删除的上一个对象;输入 p 并按Eenter可删除前一个选择集;输入 ALL 并按 Eenter 删除所有对象。

选择欲要删除的对象,然后按 Del 键,也可删除所选择的对象。

5.3.2　恢复

若不小心误删除了对象,可以用"恢复"命令进行恢复。可以通过以下几种方式调用"恢

复"工具:

- 快捷工具栏"放弃"按钮 。
- 命令:oops 或 u。
- 快捷键:Ctrl+Z

5.4 派生图形对象

5.4.1 复制

将选中的图形复制到新的位置。

1. 调用"复制"工具

可以通过以下几种方式调用"复制"工具:

- 功能区:"常用"选项卡|"修改"面板|"复制"图标
- 菜单:"修改(M)"|"复制(Y)"
- 命令:copy 或命令别名 co

2.使用说明

"复制"与"移动"命令相似,不同之处在于"复制"操作保留了原始对象。

5.4.2 镜像

将所选图形基于指定的轴线对称复制或翻转。

1. 调用"镜像"工具

可以通过以下几种方式调用"镜像"工具:

- 功能区:"常用"选项卡|"修改"面板|"镜像"图标
- 菜单:"修改(M)"|"镜像(I)"
- 命令:mirror 或命令别名 mi

2.操作示例

【例 5-5】如图 5-7 所示,利用镜像工具,基于 a 图创建 b 图,

打开文件:镜像.dwg,然后按命令行提示信息操作:

命令:mirror ↙
选择对象:(左边的两个同心圆及两条相切线)
选择对象:↙
指定镜像线的第一点:选择 1 点
指定镜像线的第二点:选择 2 点
是否删除源对象? [是(Y)/(否)(N)]<N>:↙

3.使用说明

- 是 :执行镜像操作后,删除原始对象。
- 否 :执行镜像操作后,保留原始对象。

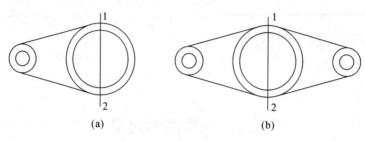

(a)   (b)

图 5-7　镜像

5.4.3　偏移

　　偏置(Offset)是一种常见的几何体操作,其定义是将曲线上的每一个点沿着该点处的法向移动一定距离,从而形成一条新的曲线,如图 2-29 所示。

　　AutoCAD 中偏移曲线时,可以指定偏移距离或指定偏移曲线通过的点。

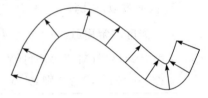

图 5-8　偏移曲线的定义

1. 调用"偏移"工具

可以通过以下几种方式调用"偏移"工具:

- 功能区:"常用"选项卡|"修改"面板|"偏移"图标⊥

- 菜单:"修改(M)"|"偏移(I)"

- 命令:offset 或命令别名 o

2.操作示例

【例 5-6】通过点偏移,如图 5-9 所示。

在当前文件中绘制一段圆弧,然后依命令行提示操作:

命令:offset↙
指定偏移距离或 [通过(T)/删除(E)/图层(L)] <通过>:↙(使用"通过"方式偏移曲线)
选择要偏移的对象或<退出>:(选择圆弧)
指定点通过点:(屏幕上任取一点 A,作为偏移直线通过的点)
选择要偏移的对象或<退出>:↙

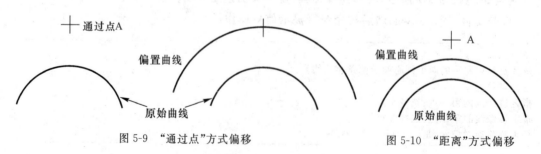

图 5-9　"通过点"方式偏移　　　　　图 5-10　"距离"方式偏移

【例 5-7】通过设置距离偏移曲线,如图 5-10 所示。

```
命令:offset↙
指定偏移距离或［通过(T)/删除(E)/图层(L)］＜通过＞:10↙(以偏移距离方式创建偏移曲线)
选择要偏移的对象或＜退出＞:(选择图形)
指定点以确定偏移所在一侧:(在圆弧上方任取一点)
选择要偏移的对象或＜退出＞:↙
```

3.使用说明

- 退出:退出 OFFSET 命令。
- 多个:使用当前偏移距离重复进行偏移操作。
- 放弃:恢复前一个偏移。
- 删除:偏移后删除原始对象。
- 图层:确定将偏移对象创建在当前图层上还是原始对象所在的图层上。

提示:
可以使用"偏移"工具创建直线的平行线,但偏置曲线并不平行于原曲线,这一点特别需要引起注意。

5.4.4 阵列

"阵列"工具可以一次复制多个所选择的对象,并将对象按矩形或环形排列。"矩形阵列"需要指定阵列的行数和列数以及行间距和列间距;"环形阵列"需要指定阵列的圆心和阵列的数目等。

1. 调用"阵列"工具

可以通过以下几种方式调用"阵列"工具:

- 功能区:"常用"选项卡|"修改"面板|"阵列"图标
- 菜单:"修改(M)"|"阵列(A)"
- 命令:array 或命令别名 ar

2. 操作示例

【例 5-8】以矩形阵列方式复制三角形,如图 5-11 所示。

1)打开文件:矩形阵列.dwg,然后调用"阵列"工具,弹出如图 5-11a 所示"阵列"对话框;

2)选择阵列对象:单击"选择对象"图标,然后选择绘图区域中的三角形对象;按＜Enter＞键返回"阵列"对话框;

3)指定阵列类型与阵列参数:在对话框中选择"矩形阵列",并且行数＝3,列数＝5,行间距＝70,列间距＝30,旋转角度＝0;

4)单击"预览"按钮,在绘图区中将显示矩形阵列结果(如图 5-11b 所示),按＜Enter＞键确认。

【例 5-9】以环形阵列方式复制三角形,如图 5-13 所示。

1)打开文件:矩形阵列.dwg,然后调用"阵列"工具,在弹出的"阵列"对话框选择"环形阵列",结果如图 5-12 所示。

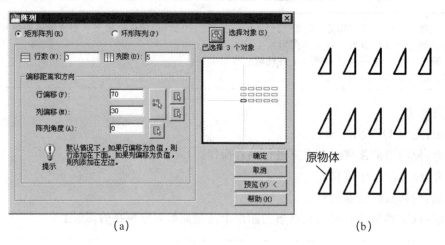

图 5-11 矩形阵列

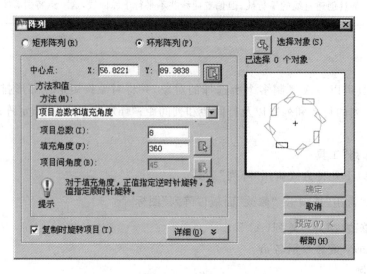

图 5-12 环形阵列

2）选择阵列对象：单击"选择对象"图标，然后选择绘图区域中的三角形对象；按
＜Enter＞键返回"阵列"对话框；

3）指定阵列参数：方法＝项目总数填充角度，项目总数＝8，填充角度＝360，若选中"复
制时旋转项目"则阵列结果将如图 5-13a 所示，反之则如图 5-13b 所示；

4）指定阵列中心：在"中心点"文本框中直接输入 x、y 坐标，或单击　按钮然后在绘图
区域选择阵列中心；

5）单击对话框上的"预览"按钮查看环形阵列结果，按＜Enter＞键确认。

3.选项说明

1）矩形阵列中，行偏移和列偏移也可以通过单击　按钮，在图形中拾取两个点来确
定。两个点的距离就是偏移量。应注意偏移有正负之分。对于行（列）偏移，如果拾取的第

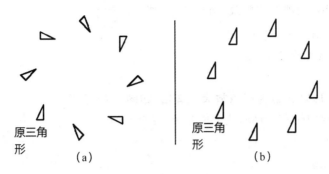

图 5-13　圆环阵列

二个点的 Y(X)值大于第一个点的 Y(X)值,偏移值为正,反之则为负;负的行(列)偏移量,行(列)将添加在下方(左侧)。

2)AutoCAD 提供了三种环形阵列方法:项目总数和填充角度、项目总数和项目间的角度、填充角度和项目间的角度。

- 项目总数:阵列中显示的对象数目,复制的个数=项目总数-1。
- 填充角度:通过定义阵列中第一个和最后一个元素的基点之间的包含角来设置阵列大小。正值表示逆时针旋转,负值表示顺时针旋转。填充角度默认值为 360,不允许值为 0。
- 项目间角度:设置阵列对象的基点和阵列中心之间的包含角。项目间角度必须为正值。

3)对象基点:选定对象上的参照(基准)点。阵列操作时,选定对象将与阵列圆心保持不变的距离。一般可采用系统的默认基点(如表 5-2 所示)。要重新设置基点,可单击"详细"按钮,取消"设为对象的默认值";然后在"基点"文本框中输入 X、Y 值或直接在绘图区域选择一点。

表 5-2　环形阵列默认基点

对象类型对象类型	默认基点
圆弧、圆、椭圆	圆心
多边形、矩形	第一个角点
圆环、直线、多段线、三维多段线、射线、样条曲线	起点
块、段落文字、单行文字	插入点

5.5　调整对象尺寸

5.5.1　缩放

放大或缩小选定对象。

1. 调用"缩放"工具

可以通过以下几种方式调用"缩放"工具:

- 功能区:"常用"选项卡|"修改"面板|"缩放"图标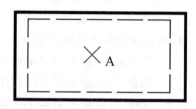
- 菜单:"修改(M)"|"缩放(L)"
- 命令:scale 或命令别名 sc

2. 操作示例

【例 5-10】将矩形以 A 点为基点放大 1.2 倍,如图 5-14 所示。

在当前文件中绘制一个矩形,然后依命令行提示操作:

命令:scale↙
选择对象:(选择矩形体)
选择对象:↙
指定基点:(选择 A 点)
指定比例因子或[复制(C)/参照(R)]:1.2↙

3.选项说明

1)基点将作为缩放操作的中心,在缩放过程中,基点是固定不动的。

2)比例因子大于 1 将放大所选对象,介于 0 和 1 之间将缩小对象。

图 5-14　缩放对象

5.5.2　拉伸

拉伸与选择窗口相交的对象。

1. 调用"拉伸"工具

可以通过以下几种方式调用"拉伸"工具:

- 功能区:"常用"选项卡|"修改"面板|"拉伸"图标
- 菜单:"修改(M)"|"拉伸(H)"
- 命令:stretch 或命令别名 s

2. 操作示例

【例 5-11】将三角形右端点向右拉伸 20,如图 5-15 所示。

打开"拉伸.dwg"文件,然后依命令行提示操作:

命令:stretch↙
选择对象:(以"窗交"方式选择拉伸对象:矩形框起点在 A 点位置,对角点在 B 点位置,然后选择 B 位置点为对角点,如图 5-15a 所示)
选择对象:↙(结束选择)
指定基点或位移:(选择三角形右端点为拉伸基准点,如图 5-15b 所示)
指定位移的第二个点:(输入 20 为拉伸距离,然后按<Enter>键,结果如图 5-15c 所示)

3.选项说明

使用拉伸命令时,必须用交叉多边形或交叉窗口的方式来选择对象。如果将对象全部选中,则该命令相当于"move"命令。如果选择了部分对象,则"stretch"命令只移动选择范围内的对象的端点,而其他端点保持不变。可用于"stretch"命令的对象包括圆弧、椭圆弧、直线、多段线线段、射线和样条曲线等。

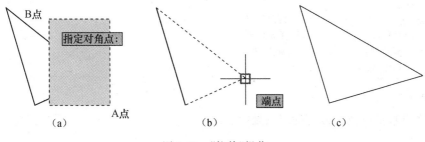

图 5-15 "拉伸"操作

5.5.3 拉长

更改对象的长度和圆弧的包含角。

1. 调用"拉长"工具

可以通过以下几种方式调用"拉长"工具:

- 功能区:"常用"选项卡|"修改"面板|"拉长"图标 ✎
- 菜单:"修改(M)"|"拉长(A)"
- 命令:lengthen 或命令别名 len

2. 操作示例

【例 5-12】将直线增长 10。

在当前文件中绘制一条直线,然后依命令行提示操作:

命令:lengthen ↙
选择对象或[增加(DE)/百分比(P)/全部(T)/动态(DY)]:DE ↙
输入长度增量或[角度(A)]<0.0>10 ↙
选择要修改的对象或[放弃(U)]:(选择要修改的线段)
选择要修改的对象或[放弃(U)]:↙

【例 5-13】将直线 a 的长度增加 10%。

命令:lengthen ↙
选择对象或[增加(DE)/百分比(P)/全部(T)/动态(DY)]:P ↙
输入长度百分比<100.0>110 ↙ (大于 100 为加长,小于 100 为缩短)
选择要修改的对象或[放弃(U)]:(选择要修改的线段)
选择要修改的对象或[放弃(U)]↙

【例 5-14】将直线的全长改为 100。

命令:lengthen ↙
选择对象或[增加(DE)/百分比(P)/全部(T)/动态(DY)]:T ↙
指定总长度或[角度(A)]<0.0>100 ↙
选择要修改的对象或[放弃(U)]:(选择要修改的线段)
选择要修改的对象或[放弃(U)]↙

【例 5-5】任意改变直线的长度

命令:lengthen ↙
选择对象或[增加(DE)/百分比(P)/全部(T)/动态(DY)]:DY ↙
选择要修改的对象或[放弃(U)]:(选择要修改的线段)
指定新端点:(移动到新的点后单击鼠标左键)
选择要修改的对象或[放弃(U)] ↙

3.选项说明

直线在靠近拾取位置最近的端点处拉长。

5.5.4 修剪

以所选的几何对象为边界切割所选对象,然后舍弃鼠标选中的这一部分。

1. 调用"修剪"工具

可以通过以下几种方式调用"修剪"工具:

- 功能区:"常用"选项卡|"修改"面板|"修剪"图标 -/--
- 菜单:"修改(M)"|"修剪(T)"
- 命令:trim 或命令别名 tr

2. 操作示例

【例 5-16】以直线 a 修剪直线 b 并延长直线 c,如图 5-16 所示。

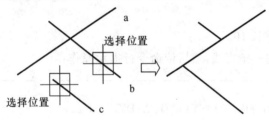

图 5-16　修剪和延伸对象

打开"修剪.dwg"文件,然后依命令行提示操作:

命令:_trim
当前设置:投影=UCS　边=无
选择剪切边…
选择对象:(选择作为边界的几何对象,如图 5-16 所示直线 a)
选择对象:↙ (结束选择剪切边)
选择要修剪的对象或按住 Shift 键选择要延伸的对象,或[投影(P)/边(E)/放弃(U)]:(选直线 b)
选择要修剪的对象或按住 Shift 键选择要延伸的对象,或[投影(P)/边(E)/放弃(U)]:(按住<Shift>键
的同时,选择直线 c)
选择要修剪的对象或按住 Shift 键选择要延伸的对象,或[投影(P)/边(E)/放弃(U)]:↙

3.选项说明

1)修剪工具可以实现"延伸"所选对象的功能:只需选择对象时按住<Shift>键。

2)当 AutoCAD 提示选择边界的边时,直接按<Enter>键,然后选择要修剪的对象,
AutoCAD 将以最近选择的对象作为边界来修剪该对象。如图 5-17 所示,A、B、C、D 是选择
修剪对象时鼠标的选择位置。

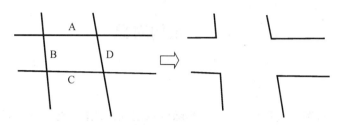

图 5-17　以指定的对象为边界进行修剪

5.5.5　延伸

将所选择的对象延长至指定的边界。

1. 调用"延伸"工具

可以通过以下几种方式调用"延伸"工具：

- 功能区："常用"选项卡|"修改"面板|"延伸"图标
- 菜单："修改(M)"|"延伸(A)"
- 命令：extend 或命令别名 ex

2. 操作示例

【例 5-17】以直线 a 为边界，延伸线段 b、c、d，并修剪 e，如图 5-18 所示。

命令:_extend
当前设置:投影＝UCS　边＝无
选择剪切边…
选择对象:(选择作为边界的几何对象,如所示直线 a)
选择对象:↙
选择要修剪的对象或按住 Shift 键选择要延伸的对象,或[投影(P)/边(E)/放弃(U)]:(选 b、c、d)
选择要修剪的对象或按住 Shift 键选择要延伸的对象,或[投影(P)/边(E)/放弃(U)]:(按住＜Shift＞键选择直线 e)
选择要修剪的对象或按住 Shift 键选择要延伸的对象,或[投影(P)/边(E)/放弃(U)]:↙

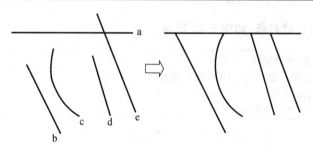

图 5-18　以指定的对象为边界进行修剪或延伸

3.选项说明

延伸工具可以实现"修剪"所选对象的功能。

5.6   重构对象

5.6.1   打断

用指定的两点打断所选择的对象，并删除两点之间的线段；或将一个对象打断成两个具有同一端点的对象。如果这些点不在对象上，则会自动投影到该对象上。"打断"通常用于打断中心线或剖面线等，以便为块或文字腾出空间。

1. 调用"打断"工具

可以通过以下几种方式调用"打断"工具：

- 功能区："常用"选项卡|"修改"面板|"打断"图标 ⌗
- 菜单："修改(M)"|"打断(K)"
- 命令：break 或命令别名 br

2. 操作示例

【例 5-18】使用两点打断直线，如图 5-19 所示。

命令：_ break 选择对象：选择直线
指定第二个打断点或[第一点(F)]：f ↙
指定第一个断点：(选择 A 点)
指定第二个断点：(选择 B 点)

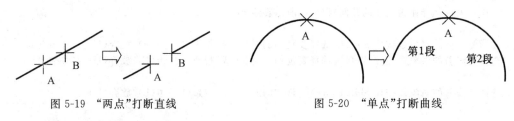

图 5-19   "两点"打断直线   图 5-20   "单点"打断曲线

【例 5-19】用点 A 将曲线打断，如图 5-20 所示。

命令：_ break 选择对象：选择曲线
指定第二个打断点或[第一点(F)]：_f (系统自动显示)
指定第一个断点：(选择 A 点)
指定第二个断点：@ (系统自动显示)

3.选项说明

1)如果选择物体时，选择在一个打断点上，可直接选择第二点，否则需要：输入 f 并按＜Enter＞键，然后重新指定第一点。

2)指定的两点将把对象分成 3 部分，然后删除两点之间的那部分。如果第二个点不在对象上，则 AutoCAD 将选择对象上与之最接近的点；因此，要删除直线、圆弧或多段线的一端，请在要删除的一端以外指定第二个打断点。

3)直线、圆弧、圆、多段线、椭圆、样条曲线、圆环以及其他几种对象类型都可以拆分为两个对象或将其中的一端删除。

4）AutoCAD 按逆时针方向删除圆上第一个打断点到第二个打断点之间的部分。如图 5-21 所示，不同的选择顺序，打断的结果也不同。

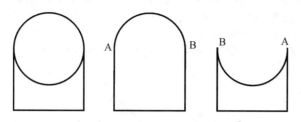

图 5-21　不同的选择顺序，打断的结果也不同

5）若仅仅只将对象一分为二，输入的第一个点和第二个点应相同；可通过在命令行中输入@ 并按<Enter>键来指定第二个点。也可直接调用"单点打断命令"（调用方式："常用"选项卡|"修改"面板|"打断于点"图标）。

提示：
使用"打断"命令时，最好关闭"对象捕捉"功能。

5.6.2　倒角

在两条相交直线的相交位置添加倒角。利用倒角功能可以削平尖角。

AutoCAD"倒角"工具提供了两种方式来设定倒角距离：

- 距离－距离方式：分别设定两个倒角距离，如例 5-22 所示；
- 距离－角度方式：设置第一条线的倒角距离和倒角角度，如例 5-23 所示。

还可以对多段线（多段线工具　所绘制的线）折角处同时进行倒角，如【例 5-22】所示。

1. 调用"倒角"工具

可以通过以下几种方式调用"倒角"工具：

- 功能区："常用"选项卡|"修改"面板|"倒角"图标
- 菜单："修改(M)"|"倒角(C)"
- 命令：chamfer 或命令别名 cha

2. 操作示例

【例 5-20】距离－距离方式倒角，如图 5-22 所示。

打开"倒角.dwg"文件，然后依命令行提示操作：

命令：chamfer ↙
（修剪模式）当前倒角　距离 1＝0.000，　距离 2＝0.000
选择第一条直线或[多段线(P)/距离(D)/角度(A)/修剪(T)/方法(M)/多个(U)]:d↙
指定第一个倒角距离<0.000>10 ↙
指定第二个倒角距离<10.000>↙（通常，AutoCAD 会以最近输入的数值作为当前的默认值）
选择第一条直线或[多段线(P)/距离(D)/角度(A)/修剪(T)/方法(M)/多个(U)]:（选择线 a）
选择第二条直线:（选择线 b）

【例 5-21】按距离－角度方式倒角，如图 5-23 所示。

命令:chamfer ↙
(修剪模式)当前倒角 距离 1=0.000, 距离 2=0.000
选择第一条直线或[多段线(P)/距离(D)/角度(A)/修剪(T)/方法(M)/多个(U)]:a ↙
指定第一条直线的全角长度<10.000>10 ↙
指定第一个直线的倒角角度<0.000>30 ↙
选择第一条直线或[多段线(P)/距离(D)/角度(A)/修剪(T)/方法(M)/多个(U)]:(选择 a)
选择第二条直线:(选择 b)

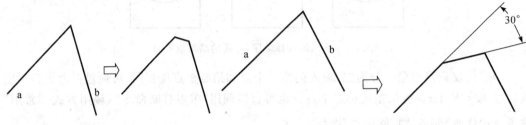

图 5-22　距离－距离方式倒角　　　　　图 5-23　距离－角度方式倒角

【例 5-22】对多段线进行倒角,如图 5-24 所示。

命令:chamfer ↙
(修剪模式)当前倒角长度＝10.000,角度＝30.000
选择第一条直线或[多段线(P)/距离(D)/角度(A)/修剪(T)/方法(M)/多个(U)]:p ↙
选择二维多段线:(选择多段线)
3 线直线已被倒角

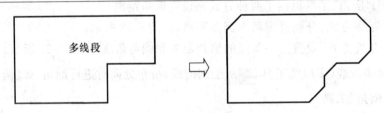

图 5-24　对多段线倒角

3.选项说明

1)当设定的倒角距离大于线段时,命令将无法执行。如果两个倒角距离都设定为 0,则可以使两直线相交连接。

2)修剪(T)选项可以控制 AutoCAD 是否将选定边修剪到倒角线端点,如图 5-25 所示。

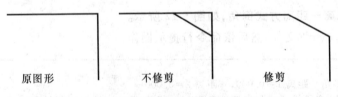

图 5-25　倒角的"修剪"选项

当命令行中出现"选择第一条直线或[多段线(P)/距离(D)/角度(A)/修剪(T)/方法(M)/多个(U)]:"后,输入 T 并按回车,命令中将显示:

输入修剪模式选项[修剪(T)/不修剪(N)]<当前>:

此时输入 T 或 N 再按<Enter>键就可以切换修剪选项。

5.6.3　圆角

"圆角"是用指定半径的圆弧光滑连接两个对象。操作的对象包括：直线、多段线、样条线、圆和圆弧等。

1. 调用"圆角"工具

可以通过以下几种方式调用"圆角"工具：

- 功能区："常用"选项卡|"修改"面板|"圆角"图标
- 菜单："修改(M)"|"圆角(F)"
- 命令：fillet 或命令别名 f

2. 操作示例

【例 5-23】倒圆角，如图 5-26 所示。

打开"圆角.dwg"文件，然后依命令行提示
操作：

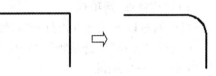

图 5-26　添加"圆角"

命令：_fillet
当前设置：模式 = 修剪，半径 = 0.000
选择第一个对象或［多段线(P)/半径(R)/修剪(T)/多个(U)］:r↙(调用"半径"选项)
指定圆角半径<0.000> 5 ↙(输入半径值)
选择第一个对象或［多段线(P)/半径(R)/修剪(T)/多个(U)］:(选择第一条边)
选择第二个对象：(选择第二条边)

3.选项说明

1)当设定的圆角半径大于线段时，命令将无法执行。如果圆角半径设置为 0，将不产生过渡圆弧，而是将两个对象拉至相交。

2)选择多段线(P)可以给多段线同时倒圆角。

5.6.4　分解

将块或尺寸标注分解成单个图元，将多段线分解成单个直线或弧。

1. 调用"分解"工具

可以通过以下几种方式调用"分解"工具：

- 功能区："常用"选项卡|"修改"面板|"打分解"图标
- 菜单："修改(M)"|"分解(A)"
- 命令：array 或命令别名 ar

2. 操作示例

命令：explode↙
选择对象：(选择要打散的块、尺寸标注或多段线)
选择对象：↙

3.选项说明

- 任何分解对象的颜色、线型和线宽都可能会改变。

• 每次只能分解一层,对于具有嵌套的复杂体,可以多次执行打散操作。

5.7 特性修改与特性匹配

每一个对象都有其特性,如图层、颜色、线型、坐标等。"特性"选项板是显示选择对象特性的工具,可以直接在"特性"选项板中修改对象本身的特性。

5.7.1 "特性"选项板

1.打开"特性"选项板

可以通过以下几种方式打开"特性"选项板:

• 菜单:"工具"|"选项板"|"特性"
• 命令:properties
• 快捷键:Ctrl+1
• 右键单击对象,然后在快捷菜单中选择"特性"
• 双击对象

2.管理"特性"选项板

1)在"特性"选项板标题栏上单击右键,然后在快捷菜单中选择"自动隐藏"项,即可使"特性"选项板自动隐藏:当光标离开选项板,选项板就收缩为标题栏,光标移到选项板的标题栏上就展开选项板。

2)要调用窗口的大小,只需将鼠标指针移动窗口的边界,光会变成双箭头后,单击并拖动即可。

3)"特性"选项板右上角有三个按钮:

• "切换 PICKADD 系统变量的值"按钮:打开（1）或关闭（0）PICKADD 系统变量。打开 PICKADD 时,每个选定对象(无论是单独选择或通过窗口选择的对象)都将添加到当前选择集中。关闭 PICKADD 时,选定对象将替换当前选择集。

• "选择对象"按钮:使用任意选择方法选择所需对象。"特性"选项板将显示选定对象的共有特性。

• "快速选择"按钮:显示"快速选择"对话框。使用"快速选择"创建基于过滤条件的选择集。

3.修改对象特性

1)"特性"选项板上的信息是与选定的对象相关的:

• 未选定任何对象时,仅显示常规特性的当前设置。

• 选取了一个或一类对象,则可以看到该对象的通用信息和几何信息。

• 选择多个对象时,仅显示所有选定对象的公共特性。可以在"特性"选项板顶部的"选择"下拉列表中选择其中一个或一类对象。

提示:按<Esc>键可以取消当前所选择。

---

2)通过"特性"选项板可直接用来编辑对象:修改对象的图层、颜色、线型比例和线宽,编辑文字和文字特性,编辑打印样式等。可以用以下几种方式编辑"特性"选项板中的值:

• 单击一个数值,选择文本框,输入新的数值,按<Enter>键。

• 单击一个数值,再单击右侧的下箭头,从下拉列表中选择。

• 单击一个数值,再单击右侧的点按钮 ,重新在屏幕上指定一点。

• 单击"..."按钮并在对话框中修改特性值。

3)"特性"选项板有其自己的放弃功能:右键单击"特性"选项板(不要在标题栏及具体的条目上),在弹出的快捷菜单中选择"放弃"即可放弃所做的编辑操作。

【例 5-24】使用"特性"选项板,将圆的半径改为 25,最后放弃修改。

1)在当前文件中绘制一个圆(半径任意);

2)双击圆,打开"特性"选项板,将"半径"文本框中的值修改为 25,并按<Enter>键,圆的半径将变成 25,绘图区的圆的大小也随之改变。

3)右键单击"特性"选项板(不要在标题栏及具体的条目上),在弹出的快捷菜单中选择"放弃",可以发现圆的半径值恢复到原来的值,绘图区中圆的大小也恢复到原来的大小。

5.7.2　快捷特性选项板

AutoCAD 2010 中,选择对象(左键单击对象)后会弹出"快捷特性"选项板,如图 5-27 所示。"快捷特性"选项板列出最常用的对象特性。

图 5-27　"快捷特性"选项板

要关闭或打开"快捷特性"选项板,只需要对象上单击右键,然后单击快捷菜单的"快捷特性"项;或直接单击"状态栏"上的"快捷特性"图标按钮。

5.7.3　特性匹配

"特性匹配"类似于 Word 中的"格式刷","特性匹配"是将源对象的格式特性复制给目标对象,从而使目标对象的格式特性与源对象相同。可以复制的特性包括:图层、颜色、线型、线型比例以及标注、文字和图案填充的特性。

1.调用"特性匹配"

可以通过以下几种方式调用"特性匹配":

• 功能区:"常用"选项卡|"剪贴板"面板|"特性匹配"按钮

• 菜单:"修改(M)"|"特性匹配(M)"

2.操作示例

【例 5-25】打开文件:特性匹配.dwg,将直线的格式特性匹配给圆。

命令：MATCHPROP↙

选择源对象:(选择要复制其特性的对象:直线)

当前活动设置：颜色 图层 线型 线型比例 线宽 厚度 打印样式 标注 文字 填充图案 多段线 视口 表格 材质 阴影显示 多重引线

选择目标对象或［设置(S)］:(选择要进行特性区域的对象:圆,匹配之后,圆的图层、线型等都和直线相同了)

若在提示下输入 S,则将弹出"特性设置"对话框,利用该对话框可以改变特性匹配的设置。

提示：

虽然"特性匹配"工具很容易使一个对象具有另一个对象的格式属性,但最好不要使用特性匹配"工具改变属性,而应通过"图层"工具(将同一类的对象放置在同一个图层上)。

5.8 编辑多段线

1.调用"编辑多段线"工具

可以通过以下几种方式调用"编辑多段线"工具：

• 选择菜单"修改"|"对象"|"多段线"

• 命令："pedit"或"pe"

• 选择要编辑的多段线,然后单击鼠标右键,在弹出的右键菜单中选择"编辑多段线"

2.操作示例

【例 5-26】打开文件：编辑多段线. dwg,然后将直线部分宽度改为 8,箭头大端宽度改为 30。

命令：_ pedit 选择多段线或[多条(M)]:(选择箭头)

输入选项 [闭合(C)/合并(J)/宽度(W)/编辑顶点(E)/拟合(F)/样条曲线(S)/非曲线化(D)/线型生成(L)/放弃(U)]: e↙(输入 e 并按＜Enter＞键,多段线的第一个顶处会用 X 来标记,如图 5-28a 所示)

[下一个(N)/上一个(P)/打断(B)/插入(I)/移动(M)/重生成(R)/拉直(S)/切向(T)/宽度(W)/退出(X)]＜N＞:w↙(修改段的宽度)

指定下一线段的起点宽度＜5.000＞:8↙

指定下一线段的端点宽度＜8.000＞:↙

[下一个(N)/上一个(P)/打断(B)/插入(I)/移动(M)/重生成(R)/拉直(S)/切向(T)/宽度(W)/退出(X)]＜N＞:↙(将 X 标记移动到下一个顶点,如图 5-28b 所示)

[下一个(N)/上一个(P)/打断(B)/插入(I)/移动(M)/重生成(R)/拉直(S)/切向(T)/宽度(W)/退出(X)]＜N＞:w↙(修改段的宽度)

指定下一线段的起点宽度＜40.000＞:30↙

指定下一线段的端点宽度＜8.000＞: 0 ↙

[下一个(N)/上一个(P)/打断(B)/插入(I)/移动(M)/重生成(R)/拉直(S)/切向(T)/宽度(W)/退出(X)]＜N＞:x↙

3.选项说明

1)合并:将直线、圆弧或多段线添加到开放的多段线端点。在合并操作中还需要设置模糊距离设置,如果模糊距离设置得足以包括端点,则可以将不相接的多段线合并(对于合并到多段线的对象,除非第一次 PEDIT 提示出现时使用"多条"选项,否则它们的端点必须重合）。

在合并操作中还可以设置合并类型：

• 延伸 ：通过将线段延伸或剪切至最接近的端点来合并选定的多段线。

• 添加：通过在最接近的端点之间添加直线段来合并选定的多段线。

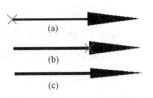

图 5-28　编辑多段线

• 两者都：如有可能，通过延伸或剪切来合并选定的多段线。否则，通过在最接近的端点之间添加直线段来合并选定的多段线。

2）宽度：指定整条多段线的宽度（使用编辑顶点选项可以指定编辑的起始点和终止点）。

5.9　编辑样条线

通过增加、删除或者移动样条曲线控制点和拟合点、改变控制点的权因子以及样条曲线的容差等方式编辑样条曲线。

1. 调用"编辑样条线"工具

可以通过以下几种方式调用""工具：

• 菜单："修改"|"对象"|"样条曲线"。

• 命令：splinedit

• 双击样条线；或选择要编辑的样条曲线，然后单击鼠标右键，在弹出的右键菜单中选择"编辑样条曲线"。

2.操作示例

【例 5-27】打开文件：编辑样条线.dwg，然后通过移动样条曲线的控制点编辑样条曲线，如图 5-29 所示。

命令：_splinedit
选择样条曲线：(选择图示样条曲线)
输入选项［拟合数据（F）/闭合（C)移动顶点（M)/细化（R)/反转（E)/放弃（U)]：m↙(移动顶点)
指定新位置或［下一个(N)/上一个(P)/选择点(S)/退出(X)]＜下一个＞：(通过"下一个(N)/上一个(P)"选择控制点并拖动鼠标，将所选控制点移动到指定位置，如图 5-29 所示)
指定新位置或［下一个(N)/上一个(P)/选择点(S)/退出(X)]＜下一个＞：x↙(退出移动控制点状态)
输入选项［拟合数据（F)/闭合（C)/移动顶点（M)/细化（R)/反转（E)/放弃（U)]：↙(退出编辑样条曲线)

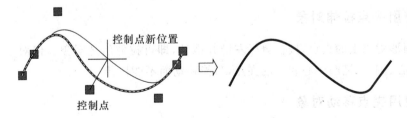

图 5-29　编辑样条曲线

3.选项说明

编辑样条线过程中各选项的含义如下：

（1）拟合数据（F）。拟合数据由所有的拟合点、拟合公差以及与由 spline 命令创建样条曲线相关联的切线组成。选择"拟合数据"后，命令行中显示如下：

［添加（A）/闭合（C）/删除（D）/移动（M）/清理（P）/相切（T）/公差（L）/退出（X）］＜退出＞：

- 添加（A）：增加拟合点。
- 删除（D）：删除拟合点。
- 移动（M）：移动拟合点。
- 清理（P）：删除所有拟合点。
- 相切（T）：改变样条曲线起始点与终止点处的切矢信息。
- 公差（L）：改变样条曲线拟合数据容差并重画样条曲线。

（2）闭合（C）：闭合打开的样条曲线，并且在端点处相切连续。如果样条曲线的起点和端点相同，"闭合"选项使其在两点处都切向连续。如果所选样条曲线是闭合，则"闭合"选项变为"打开"。

提示：

样条曲线的起点与端点重合并不意味着该样条曲线是封闭的，封闭的样条曲线在该点处必须是以相切连续的。

（3）移动顶点（M）：移动样条曲线的控制顶点。

（4）细化（R）：用于精密调整样条曲线，一般用户很少使用，具体内容请参阅相关帮助。

（5）反转（E）：改变样条曲线方向，一般不使用。

5.10 利用夹点编辑图形

选择对象后，对象上将显示若干个小方块，这些小方块就是所选对象的夹点。在Auto-CAD中夹点是一种集成的编辑模式，使用它可以镜像、拉伸、旋转、移动和缩放对象。

5.10.1 夹点的显示

默认情况下，夹点是打开的。在"选项"对话框的"选择集"选项卡中可以打开或关闭"夹点"，设置夹点的大小以及不同状态下的颜色，如图2－45所示。

5.10.2 使用夹点拉伸对象

选择图形对象上的夹点，按住鼠标左键并拖动，即可拉伸所选对象。但对于文字对象、块、直线中心、圆心、椭圆中心和点的夹点，只能移动而不能拉伸。

5.10.3 使用夹点移动对象

移动对象就是平移对象，要精确地移动对象可以利用捕捉功能等进行辅助。在夹点编辑模式下，输入 move 命令即可进入夹点的移动模式。

5.10.4 利用夹点旋转对象

利用夹点旋转对象需要先确定旋转中心,然后指定旋转角度。操作步骤如下:

1)选择图形对象,使其显示夹点。

2)选择基点。

3)在命令行中输入 ro 并按<Eenter>键,打开旋转模式。

4)输入 C 并按回车,在旋转对象的同时复制图形(可选)。

5)在命令行中输入旋转角度并按<Enter>键。

6)按<Enter>键,实现旋转。

5.10.5 利用夹点缩放对象

选择图形对象上的夹点,然后在命令行中输入"sc"并按<Enter>键;向外拖动即可放大图形对象,向内拖动即可缩放图形对象。若要按比例缩放,只需要命令行中输入一个值,并按<Enter>键。

5.10.6 利用夹点镜像对象

使用夹点镜像对象时,首先要选中需要镜像的图形对象,并确定基点;然后在命令行中输入 mi 并回车;接着拾取第二点。拾取第二点后,系统就自动以第二点与基点的连线作为镜像线镜像所选几何对象。

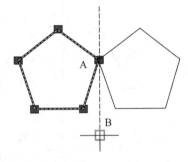

图 5-30　使用夹点镜像五边形

【例 5-28】使用夹点镜像五边形,如图 5-30 所示。

1)在当前文件中创建正五边形;选择五边形,使其上显示夹点;单击夹点 A 后,依命令行提示操作:

指定拉伸点或[基点(B)/复制(C)/ 放弃(U)/(退出)]:mi ↙(mi 是镜像的英文单词 mirror 的缩写)
指定拉伸点或[基点(B)/复制(C)/ 放弃(U)/(退出)]:c ↙(镜像的同时复制图形)

---

2)选择第二点 B 即可镜像所选几何体。

5.11　典型实例

【例 5-29】利用直线、圆、环形阵列等工具绘制如图 5-31 所示图形。

1)基于 GBA.dwt 样板新建文件,并保存为:压盖.dwg。

2)绘制中心线:切换到"中心线"图层,然后调用"直线"和"圆"工具绘制如图 5-32 所示辅助线。

3)切换到"粗实线"图层,调用圆工具,绘制如图 5-33 所示图形。

4)调用"修剪"工具(别名 tr),以中心线为边界修剪圆,结果如图 5-34 所示。

5)调用"起点-圆心-端点",绘制圆弧,如图 5-35 所示。

6)调用"旋转"工具(别名 Ro),然后按命令行提示操作,将小圆和中心线绕大圆圆心旋转 30°,如图 5-36 所示。

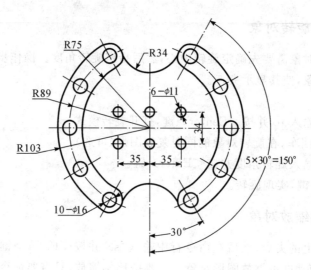

图 5-31 压盖

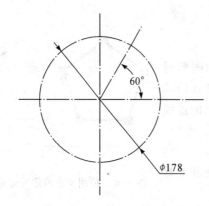

图 5-32 绘制中心线

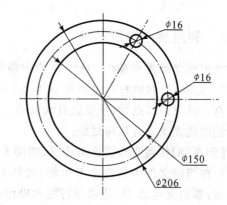

图 5-33 绘制直径为 16、150、206 的圆

命令：rotate↙
UCS 当前的正角方向：ANGDIR＝逆时针 ANGBASE＝0
选择对象：(选择 ∅16 及相关中心线)总计 2 个
选择对象：↙(结束对象选择)
指定基点：(选择大圆的圆心)
指定旋转角度，或［复制(C)/参照(R)］＜0＞：c↙(采用"复制"方式)
指定旋转角度，或［复制(C)/参照(R)］＜0＞：－30(旋转角度，顺时针方向的角度用－表示)

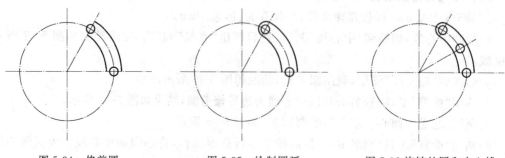

图 5-34 修剪圆   图 5-35 绘制圆弧   图 5-36 旋转的圆和中心线

7)调用"镜像"工具(别名 mi),然后按命令行提示操作,将∅16 及相关中心线关于水平中心线镜像,如图 5-37 所示。

命令:mi↙
选择对象:(选择∅16 的两个圆及中心线)总计 8 个
选择对象:↙(结束选择对象)
指定镜像线的第一点:(选择水平中心线的一个端点)
指定镜像线的第二点:(选择水平中心线的另一个端点)
要删除源对象吗? [是(Y)/否(N)] <N>:↙(采用"复制"方式)

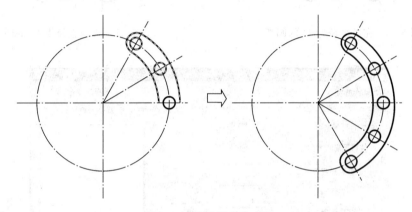

图 5-37　镜像圆和中心线

8)调用"镜像"工具(别名 mi),将右侧图形关于铅垂中心线镜像,结果如图 5-38 所示。

9)调用"相切－相切－半径"圆工具,绘制如图 5-39 所示圆(R34)。

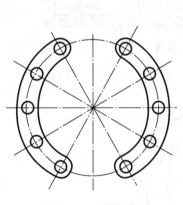

图 5-38　右侧镜像

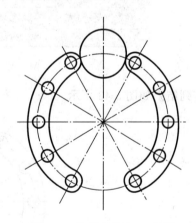

图 5-39　绘制半径为 34 的圆

10)调用"修剪"工具,修剪半径为 34 的圆,然后调用"镜像"工具,将半径为 34 的圆关于水平中心线镜像。

11)将水平中线向下偏移 17(偏移工具别名 O),铅垂中心线向左偏移 35,然后调用圆工具,以交点为圆心绘制直径为 11 的圆,如图 5-41 所示。

12)调用阵列工具(别名 ar),将∅11 的圆进行矩形阵列,矩形阵列参数设置如图 5-42 所示。

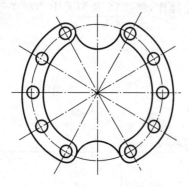

图 5-40　完成半径为 34 的圆弧

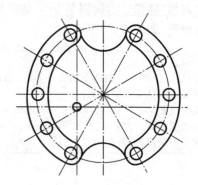

图 5-41　绘制直径为 11 的圆

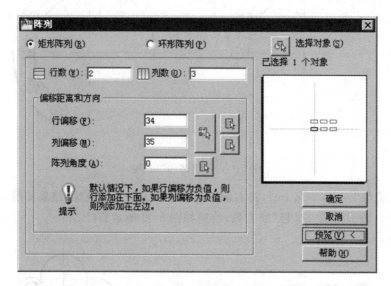

图 5-42　矩形阵列参数设置

阵列结果如图 5-43 所示。

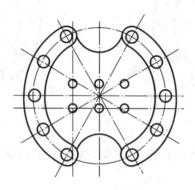

图 5-43　矩形阵列的圆

13)调用"打断"工具、夹点编辑工具修改中心线,结果如图 5-31 所示。

提示：
实际作图时，可以根据需要，随时调整辅助线的长度，或将辅助线移动到不可见的图层。

5.12　小结

图形编辑工具用于编辑修改已经绘制好的几何对象。本章主要介绍 AutoCAD 中常用编辑工具。通过本章的学习，应掌握：

(1)对象选择方法(☆☆☆)。

(2)常用编辑功能：删除、复制、镜像、偏移、缩放、拉伸、拉长、修剪、延长、断开、倒角、倒圆角、分解(☆☆☆)。

(3)"特性"选项板和"特性匹配"工具编辑修改对象特性(☆☆☆)。

(4)夹点编辑功能(☆☆☆)。

(5)编辑多段线(☆)。

5.13　习题

1.直接用鼠标选择图形有哪些方式，它们各有什么不同？

2."窗口"和"窗交"选择方式有什么不同，"框"选择方式如何操作？

3. "拉伸"操作时，就需要使用(　　)方式选择拉伸对象的。

4.复制对象的命令是(　　)，命令别名是(　　)；移动对象的命令是(　　)，命令别名是(　　)；旋转对象的命令是(　　)，命令别名是(　　)；拉伸对象的命令是(　　)，命令别名是(　　)。

5.使用环形阵列，在填充非 360°时，如果在"项目间角度"文本框中输入的角度值为负值，则对象沿(　　)方向复制，如果输入的角度是正值，则对象沿(　　)方向复制。

6.使用夹点编辑图形时，如何实现编辑过程中复制图形？

7.绘制如图附录 1-附录 17 所示平面图形，并以相应的题号.dwg 为文件名保存(在第 10 章练习尺寸标注时使用)。

第6章 图 层

　　徒手绘图时，所有图形、文字、尺寸等都绘制在同一张质上，当工程图比较复杂时，图面难以保持清晰。AutoCAD 提供了专门管理和组织工程图元素（如图形、文字、尺寸等）的工具：图层。利用"图层"工具，可以将工程图中的元素进行分门别类，并且可以很方便地控制同一类型元素的线型、颜色、线宽、显示或隐藏等，从而使图形信息更清晰，对修改、观察和打印图形等带来极大的便利。

6.1　图层的作用

　　"图层"类似于透明的图纸。AutoCAD 中绘制的工程图往往是由多个"图层"合成的，AutoCAD 可以将图形的不同部分置于不同的"图层"中，由这些"图层"叠加起来就形成完整的工程图样。如图 6-1(a)所示，图层 A 上绘制一个蓝色的三角形，图形 B 上绘制一个绿色的矩形，图层 C 上绘制一个红色的圆；图 6-1(b) 是 A、B、C 三个图层叠加后的效果。

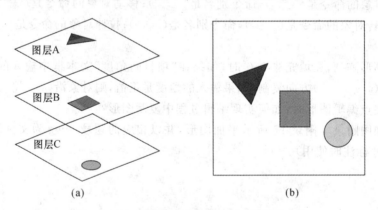

(a)　　　　　　　　　　　　　　　　(b)

图 6-1　各"图层"叠加起来形成完整的图形

　　每个"图层"都有与其相关联的颜色、线型及线宽等属性，当在某个"图层"上绘图时，图形默认采用当前"图层"的颜色、线型和线宽。修改"图层"的属性，就可以改变"图层"上图形对象的颜色、线型及线宽等。因此利用"图层"工具可对图层内的对象属性进行统一编辑。

　　"图层"是用户管理图形对象的有力工具。创建工程图样时，应按相关标准将各种图样的各种元素进行分组，并将不同组的元素分别放在不同的图层。"图层"划分合理，图形信息就清晰，对以后的修改、观察、计算及打印都带来很大的便利。

6.2 图层操作工具

6.2.1 图层特性管理器

"图层特性管理器"是管理图层特性的工具。可以通过以下几种方式调用"图层设置"工具：

- 命令行：Layer 或别名 La
- 菜单："格式"|"图层(L)…"
- 功能区："常用"选项卡|"图层"面板中的"图层特性"工具图标按钮

执行命令后，将打开如图 6-2 所示"图层特性管理器"对话框。

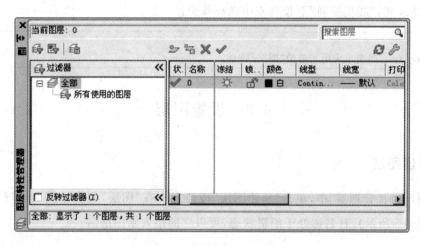

图 6-2　图层特性管理器

在"图层特性管理器"对话框中，可以创建新图层、删除图层、设置当前图层、更改图层特性等。

6.2.2 图层面板

"常用"选项卡|"图层"面板，如图 6-3 所示。

图 6-3　"图层"面板

利用"图层"面板，可以删除图层、设置当前图层、更改图层特性等。

6.2.3　特性面板

"特性"面板如图 6-4 所示。

图 6-4　"常用"选项卡中的"特性"面板

利用"常用"选项卡中的"特性"面板，可以将图形的颜色、线宽和线型等设置异于当前图层特性：选择图形，然后在"特性面板"的"颜色控制"下拉列表中选择颜色、"线宽控制"下拉列表中选择线宽，"线型控制"下拉列表中选择线型。

提示：
若设置为 Bylayer，则表示采用当前的"图层"特性。

6.3　设置图层

6.3.1　创建图层

在"图层特性管理器"中，单击"新建图层"按钮 ，在"图层"列表中就会出现一个新的图层（如图 6-5 所示），且名称处于编辑状态，可以立即输入新图层名。

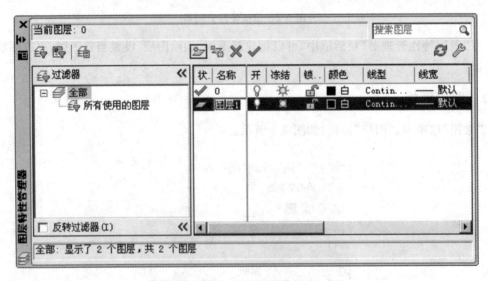

图 6-5　新建图层

提示：

新图层默认的特性(线型、颜色、开关状态等)与"图层列表"中当前选定"图层"的特性相同,因此创建图层前,应先选中与新图层特性最相近的图层,以减少后续设置的操作。

AutoCAD 可以很方便地重命名图层名称。重合名图层名称的操作步骤如下：在"图层列表"中选择欲重命名的图层；在图层"名称"项单击左键(注意不是双击"名称"项),"名称"文件框进入编辑状态；输入新的图层名称(如中心线)后,按<Enter>键。

6.3.2 设置图层颜色

AutoCAD 中,颜色是与"图层"相关联的。例如：图层的颜色设置为红色,则该图层上的元素默认是红色的(除非单独设定)。更改图层的颜色,则该图层上所有对象的颜色也随之改变。

更改图层颜色的操作步骤如下：在"图层特性管理器"的"图层列表"中单击该图层的"颜色"项就可以弹出"选择颜色"对话框(如图 6-6 所示),选择一种颜色,并按"确认"按钮即可。

提示：

若需要使用与图层颜色不一致的颜色进行绘图,只需在"常用"选项卡"特性"面板的"颜色控制"下拉列表框(如图 6-7 所示)中选择某种颜色,此后便按此颜色绘图；选择 Bylayer 项,则按当前图层颜色绘制。如果下拉列表中没有所需的颜色,可单击下拉列表最后一项"选择颜色",然后在"选择颜色"对话框中选择所需的颜色即可。

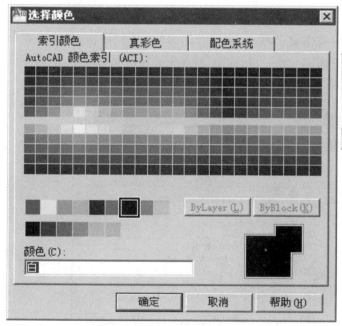

图 6-6 "选择颜色"对话框

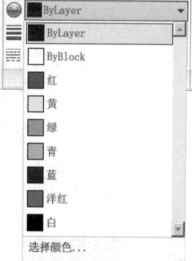

图 6-7 "特性"面板的"颜色控制"

下拉列表框

6.3.3 设置图层线型

AutoCAD 中，"线型"也是与图层相关联的。

改变图层线型的操作步骤如下：在"图层特性管理器"的"图层列表"中单击该图层的"线型"项就会弹出"选择线型"对话框（如图 6-8 所示），从"已加载的线型"列表中选择一种线型，并按"确认"按钮。

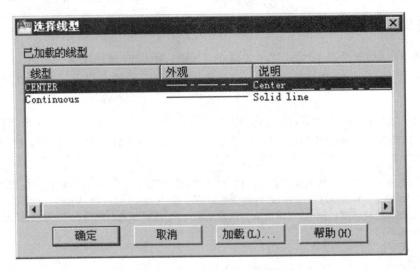

图 6-8 "选择线形"对话框

如果"已加载的线型"列表中没有需要的线型，可以单击"加载（L）"按钮，系统将弹出"加载或重载线型"对话框（如图 6-9 所示）；在"可用线型"列表中选择需要的线型，然后单击"确定"按钮，即可将所选线型加载到"选择线型"对话框的"已加载的线型"列表中。

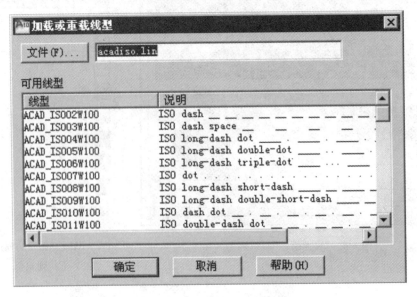

图 6-9 "加载或重载线型"对话框

提示：

若需要使用与图层线型不一致的线型进行绘图，只需在"常用"选项卡"特性"面板的"线型控制"下拉列表框（如图 6-10 所示）中选择某种线型，此后便按此线型绘图。

如果下拉列表中没有所需的线型，可单击"其他"，然后在"线型管理器"对话框中选择所需的线型或加载所需要线型。

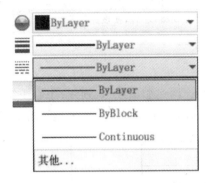

图 6-10　"特性"面板的"线型控制"下拉列表框

6.3.4　设置图层线宽

AutoCAD 中，"线型"也是与图层相关联的。

改变图层线宽的操作步骤如下：在"图层特性管理器"的"图层列表"中单击该图层的"线宽"项，就会弹出"线宽"对话框（如图 6-11 所示），选择所需的线宽并按"确定"按钮。

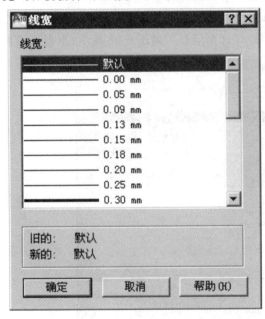

图 6-11　"线宽"列表对话框

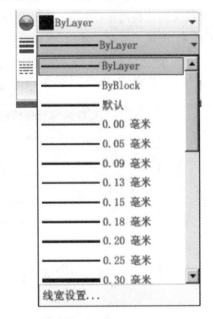

图 6-12　"特性"面板的"线宽"下拉列表框

提示：
- 默认线宽值为 0.25mm，该值由系统变量 LWDEFAULT 设置；命令行中输入并执行 LWDEFAULT，输入数值并按<Enter>即可重置默认值(提示：是以毫米的百分之一为单位输入新的默认值，即输入 30 代表 0.3mm)。
- 在 AutoCAD 中，为提高显示效率，通常不显示线的宽度。要显示线的宽度，还需要选择状态栏上的"线宽"按钮。"线宽"按钮处于"按下"状态时，显示线的宽度，反之则不显示线的宽度。
- 若需要使用与图层线宽不一致的线型进行绘图，只需在"常用"选项卡"特性"面板的"线宽控制"下拉列表框(如图 6-10 所示)中选择某种线型，之后，便按此线宽绘图。

6.3.5　设置线型比例

在 AutoCAD 中绘制的非连续线如虚线、点划线、中心线等，如果过短，则将不能显示完整线型图案。如图 6-13 所示，(a)中非连续线显示为连续的直线。

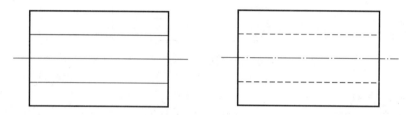

图 6-13　"非连续线"的显示

若出现这种情况，需要调整线型比例才能正确地显示非连续线型。例如将线型比例调整为 3 后(其值越大，则非连续线中短横线及空格越长)，虚线和点划线将显示如(b)所示。

设置线型比例的操作如下：选择菜单"格式"|"线型"，打开"线型管理器"对话框；单击"显示细节"按钮，"线型管理器"对话框底部将显示"详细信息"，如图 6-14 所示；根据所绘制

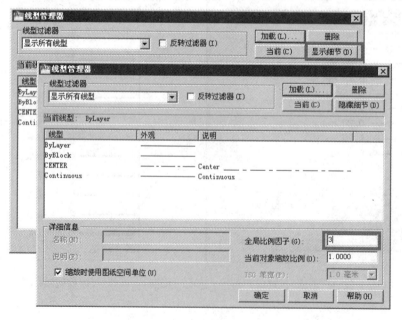

图 6-14　"线型管理器"对话框

图形的具体情况设置"全局比例因子"(此处设置为 3.0);单击"确定"按钮。

提示:
要调整全局比例只需调整"全局比例因子"编辑框数字即可;要调整某种线的线型比例,则应在线型列表框中选择该线型,然后修改"当前对象缩放比例"编辑框的数字。

6.4　管理图层

6.4.1　图层的状态控制

图层状态包括:

(1)打开/关闭:关闭图层,则该图层上的对象全部不可见,不可选择、不可编辑或打印。当图形重新生成时,被关闭的图层上的对象将一起重生成。

(2)冻结/解冻:冻结图层与关闭图层相似,被冻结图层上的对象也是不可见、不可编辑,也不可打印的。但与关闭图层不同,当重新生成图形时,系统不会重新生成该图层上的对象。因而,冻结图层可以加快缩放、平移等操作的速度。

提示:
解冻图层将引起整个图形重新生成,而打开图层不会导致这种现象(只会重画该图层上的对象),因此,若需要频繁切换图层的可见性,应使用"打开/关闭"设置而不使用"冻结/解冻"。

(3)锁定/解锁:锁定图层,图层上的内容可见,可选择,并且还能添加新对象,但不能编辑修改锁定图层上的对象。

可以通过以下两种方式控制控制图层的状态:

• 在"图形特性管理"对话框中,单击"图层"的特征图标来控制图层状态。

• "常用"选项卡|"图层"面板"图层控制"下拉列表中(如图 6-15 所示),单击"图层"前面的特征图标来控制图层的状态。

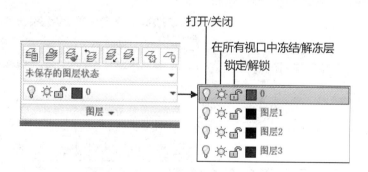

图 6-15　"图层控制"下拉列表

"图形特性管理"对话框还可以设置打印/不打印:单击该图层对应的图标 ，可以设定该图层上的对象是否打印。图层的打印设定只对可见图层有效。若图层设置为可打印,但该层是关闭的或冻结的,AutoCAD 是不会打印该层。

6.4.2 设置当前图层

AutoCAD中,图形是绘制在当前图层上的。因此,绘图时经常需要重新设置当前图层。可以通过以下几种方式设置当前图层：

• 在"图形特性管理"对话框中选择想设为当前层的图层,如"图层1";单击"置为当前"按钮,所选的图层前将出现"√"号;单击"确定"按钮,退出对话框。

• "常用"选项卡|"图层"面板的"图层控制"下拉列表中,选择欲置为当前的图层。

6.4.3 删除图层

在"图形特性管理"对话框中选择想要删除的图层,然后单击"删除图层"图标 ✖ ,即可删除所选图层。

提示：
0层、当前层、含有对象的图层以及依赖外部参照的图层都不能被删除。

6.4.4 图层特性过滤器

如果工程图样中有大量的图层,则可以通过设置"图层特性过滤器"来管理图层。使图层列表中仅显示满足过滤条件的图层。

以"线型＝实线"为过滤条件,新建图层特性过滤器的步骤如下：

1)在"图形特性管理"对话框中单击"新建特性过滤器"图标 ,弹出如图6-16所示"图层过滤器特性"对话框;

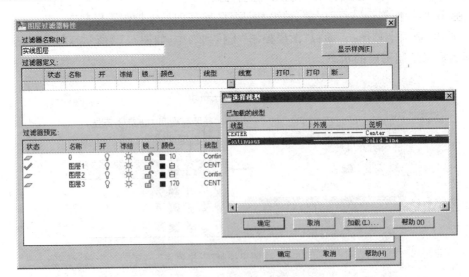

图6-16 "图层过滤器特性"对话框

2)在"过滤器名称"文本框中输入新过滤器的名称：实线图层;

3)指定过滤条件(可以选择多个特性作为过滤条件)：在"过滤器定义"列表中,单击"线型"栏,在该栏的右侧出现一个小图标;单击该图标,将弹出"选择线型"对话框;选择实线

(Continuous)；单击"确定"按钮，返回"图层过滤器特性"对话框。

4）单击"图层过滤器特性"对话框中的"确定"按钮，返回"图形特性管理"对话框。

在"过滤器"列表框中，选择"实线图层"过滤器，则图层列表中将只显示"0 层"和"图层2；选择"所有使用的图层"过滤器，则图层列表中将显示全部四个图层。

6.5　修改对象所属的图层

在实际绘图过程 ，频繁地设置当前层是件很费时费力的事。因此，可以先在 0 层上绘制完图形，然后再更改到其应在的图层。

可以通过以下几种方式更改一个或多个对象的图层：

• 选择要更改图层的对象，然后在"常用"选项卡|"图层"面板的"图层控制"下拉列表（如图 6-17 所示）选择目标图层。

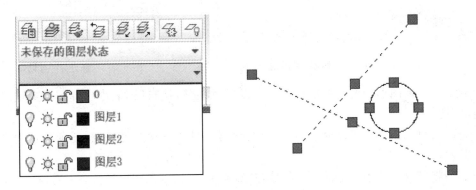

图 6-17　通过"图层"面板修改对象所属图层

• 选择要更改图层的对象，然后在弹出的"快捷特性选项板"的"图层"下拉列表（如图 6-18 所示）中选择目标图层。

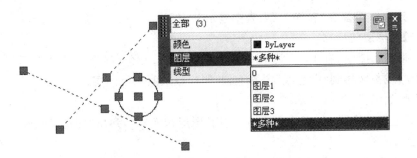

图 6-18　通过"快捷特性选项板"改对象所属的图层

6.6　图层转换器

利用"图层转换器"可以将没有遵循图层标准或其它图层标准的图层名称和特性转换为转换为已定义的图层标准。

可以通过以下几种方式调用"图层转换器"

- 功能区："管理"选项卡│"CAD 标准"面板│"图层转换器"
- 菜单："工具(T)"│"CAD 标准(S)"│"图层转换器(L)"
- 命令：laytrans

执行命令后，将弹出"图层转换器"对话框(如图 6-19 所示)。

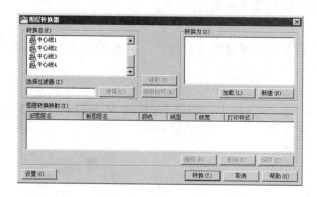

图 6-19 "图层转换器"对话框

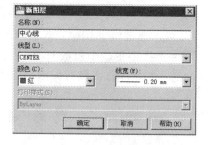

图 6-20 "新建层"对话框

- 转换自：当前图形中要转换的图层。可以通过在"转换自"列表中选择图层或通过过滤器指定图层。
- 转换为：目标图层。可以通过"新建"按钮新建图层或通过"加载"按钮加载其他文件中的图层。
- 映射：将"转换自"中选定的图层特性与"转换为"中选定的图层特性一一对应。
- 映射相同：映射在两个列表中具有相同名称的所有图层。
- 加载：使用图形、图形样板或所指定的标准文件加载"转换为"列表中的图层。如果指定的文件包含保存过的图层映射，则那些映射将被应用到"转换自"列表中的图层上，并且显示在"图层转换映射"中。可以从多个文件中加载图层。
- 新建：定义一个要在"转换为"列表中显示并用于转换的新图层。

【例 6-1】使图层转换器。

现有一张工程图中，有 4 个层是用来放置中心线的，颜色、线宽等特性都不相同。现要把所有的中心线都转移到"中心线"图层上，并删除原来的 4 个图层。

操作步骤如下：

1)打开"图层转换器. dwg"文件，然后调用"图层转换器"，弹出"图层转换器"对话框(如图 6-19 所示)；

2)单击"新建"按钮，弹出"新建层"对话框(如图 6-20)，输入名称、指定线型、颜色、线宽后单击"确定"按钮。

3)在"图层转换器"对话框的"转换自"列表中选择"中心线 1"、"中心线 2"、"中心线 3"、"中心线 4"四个图层(按住＜Ctrl＞键的同时，用鼠标左键依次点选)；在"转换为"列表中选择"中心线"层；单击"映射"按钮。结果如图 6-21 所示。

4)单击"转换(T)"按钮，弹出如图 6-22 所示对话框。

5)单击"仅转换(R)"，完成转换。

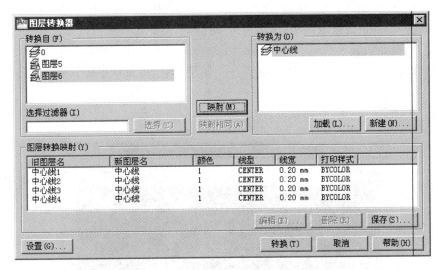

图 6-21 "图层"映射

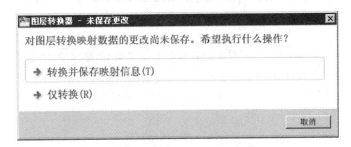

图 6-22 "图层转换"警告对话框

提示:

在图 6-22 中,无论单击"转换并保存映射信息(T)"还是选择"仅转换(R)",都会完成转换。不同之处在于前者会弹出"保存图层映射"对话框,用于将"图层映射"保存为标准文件。

6.7 图层漫游

"图层漫游"工具用于查看所选图层上有哪些对象(只显示所选图层上的对象,其他图层上的对象都将处于隐藏状态)或查看选定的图形元素属于哪个图层。

可以通过以下几种方式调用"图层漫游"工具:

• 单击"常用"选项卡|"图层"面板|"图层漫游"图标

• 单击菜单"格式(O)"|"图层工具(O)"|"图层漫游(W)"

• 命令:laywalk

【例 6-2】使用"图层漫游"工具。

1)打开"图层漫游.dwg"图形文件。

2)调用"图层漫游"工具,将弹出如图 6-23 所示"图层漫游"对话框。

3）在"图层漫游"对话框中，单击"选择对象"图标按钮 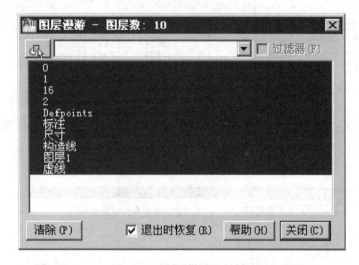，然后在绘图窗口选择图形元素（如尺寸），按＜Enter＞键返回到"图层漫游"对话框，则此时只有所选元素所在的图层（如"标注"图层）高亮显示。

4）直接在"图层漫游"对话框中，单击某一个图层，则绘图窗口中将只显示所选图层上的图形元素。

5）单击"关闭"按钮，退出"图层漫游"工具。

图 6-23 "图层漫游"对话框

6.8 典型实例

【例 6-3】按表 6-1 设置图层。

表 6-1 图层列表

图层名称	线型名称	宽度	颜色	主要用途
粗实线	Continuous	0.5	黑色	可见轮廓线、可见过渡线
细实线	Continuous		绿色	辅助线、重合断面的轮廓线、引出线、螺纹的牙底线等
波浪线	Continuous		绿色	断裂处的边界线、视图和剖视图的分界线
虚线	Dashed		黄色	不可见的轮廓线
中心线	Center2		红色	轴线、对称线、中心线、齿轮的分度圆等
双点划线	Phanton		棕色	相邻辅助零件的轮廓线、中断线、轨迹线、极限位置的轮廓线、假想投影轮廓线
剖面线	Continuous		黑色	放置剖面线
文本	Continuous		黑色	放置文本、表格等
尺寸标注	Continuous		洋红	放置尺寸标注
其它符号	Continuous		青色	放置粗糙度等符号

1）命令行中输入 la 并按<Enter>键，打开"图层特性管理"对话框。

2）在"图层特性管理"对话框中，单击"新建图层"按钮 ，列表框中显示出名称为"图层 1"的图层，直接输入"粗实线"，并按<Enter>键结束。

3）再按<Enter>键，又创建一个新图层，并输入"细实线"。用同样的方法共创建 7 个，并按表 6-1 中的图层名称进行命名。结果如图 6-24 所示。图层"0"前有标记"√"表示是当前图层（图层"0"不同删除、不可重命名）。

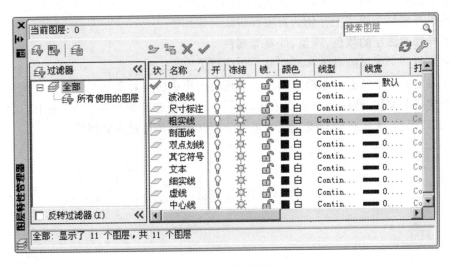

图 6-24 创建图层

4）给图层分配线型：单击"虚线"图层对应的"线型"项，弹出"选择线型"对话框；单击"加载"按钮，弹出"加载或重载线型"对话框；选择"Center2"并单击"确定"按钮返回"图层特性"对话框。用同样的方式，将"双点划线"图层的线型设置为"Dashed"。

5）指定图层颜色：单击"细实线"图层对应的"颜色"项，弹出"选择颜色"对话框；单击"绿色"按钮，然后单击"确定"按钮返回"图层特性"对话框。用同样的方式，按表 6-1 设置其他图层的颜色。

6）设置线宽：单击"粗实线"图层对应的"线宽"项，弹出"线宽"对话框；单击"0.5mm"后单击"确定"按钮，返回"图层特性"对话框。

7）在"图层特性管理"对话框单击右上角的"关闭"按钮，退出"图层特性管理"对话框。

6.9 小结

图层是 AutoCAD 中管理图元对象的有力工具，合理的划分和设置图层关系到 AutoCAD 中所绘工程图的质量。通过本章的学习，应掌握：

（1）了解图层的作用（☆）。

（2）掌握设置图层的方法，包括：创建图层，设置图层的线型、颜色、线宽等（☆☆☆）。

（2）掌握图层状态控制方法，包括打开/关闭、冻结/解冻、锁定/解锁图层（☆☆☆）。

（3）掌握修改对象所属图层的方法（☆☆☆）。

（4）掌握"图层转换器"工具的使用（☆）。

（5）掌握"图层漫游"工具的使用（☆☆）。

6.10 习题

1．图层的作用是什么？

2．绘制机械图时，一般需要创建哪些图层？

3．要想查看某个图形位于哪个图层上，应如何操作？

4．要想查看某个图层上有什么对象？应如何操作？

5．怎样修改图层的颜色、线型、线宽等属性？

6．如何将一个图层的对象移动到另一个图层上？

7．如何使图形中所有对象都为黑色？如何使图形中所有对象具有各自所在图层颜色？

8．新建一个文件，然后调用直线工具，在同一图层任意绘制至少各 20 条中心线、虚线、实线，应如何操作，才能将中心线、虚线、实线分别移动到各自对应的图层？

第 7 章　图案填充与面域

　　工程图中,当绘制某一物体的剖面或断面时,剖面区域中需要画出剖面线。AutoCAD 中可以使用"图案填充"工具在指定的区域中添加剖面符号图案。所填充的图案在 Auto-CAD 是作为一个独立的对象的,以便编辑。可以使用"分解"命令将填充图案分解成许多相互独立的对象,但将增加文件的数据量,编辑修改也会很麻烦。

　　面域是具有边界的平面区域,使用面域,可以计算边界的周长、所围的面积和质心等。在三维造型中,也常用使用面域。

7.1　图案填充

7.1.1　什么是图案填充

　　图案填充是用一种图案或渐变色填充指定的区域。在工程图中,经常会遇到图案填充的情况,如绘制剖面时,要用不同的填充图案来区分不同的材料或不同的零件。

　　AutoCAD 中,填充的图案是作为一个块进行操作的,利用 AutoCAD 的"分解"命令可以将填充的图案分解成许多互相独立的对象。除非必要,一般情况下不进行分解。

7.1.2　定义图案填充

1.调用"图案填充"工具

可以通过以下几种方式调用"图案填充"工具:

* 功能区:"常用"选项卡|"绘图"面板|"图案填充…"图标
* 菜单:"绘图(D)"|"图案填充(N)"
* 命令:"bhatch"或命令别名 h

2.操作示例

【例 7-1】使用"图案填充"命令完成剖面线填充。

1)打开文件:填充剖面线.dwg(如图 7-1a 所示),并切换到"剖面线"图层;

2)调用"图案填充"工具,弹出如图 7-2 所示对话框,并作如下设置:

(1)指定填充图案:"类型"下拉列表中选择"预定义",然后在"图案"下拉列表中选择 ANSI31;

提示:
金属零件和塑料零件的剖面线在 AutoCAD 中的填充图案分别是 ANSI31 和 ANSI37。

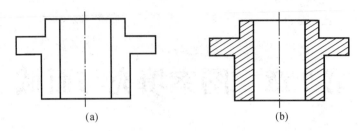

图 7-1   填充剖面线

（2）指定填充区域：单击"拾取点"按钮 ，然后分别在左、右两个封闭区域内部单击左键，AutoCAD 会自动分析边界集并确定包围该点的闭合边界，按<Enter>键结束拾取点并返回到"图案填充和渐变色"对话框；

（3）设置角度、比例及其他参数："比例"文本框中输入 2，其余参数采用默认值。

3）单击"确定"按钮完成图案填充，结果如图 7-1b 所示。

4）编辑填充图案的比例：双击填充的图案，系统将弹出"图案填充和渐变色"对话框，将"比例"设置为 3，单击"确定"按钮。

3.选项说明

调用"图案填充"工具后，将弹出如图 7-2 所示对话框。

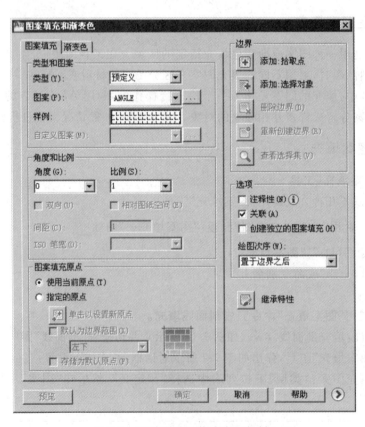

图 7-2   "图案填充和渐变色"对话框

包括图案填充和渐变色两个选项卡,其中图案填充选项卡用于定义填充图案的外观,包括以下选项:

1)定义填充图案

定义填充图案包括填充图案的图案、比例、角度、图案填充原点等。

(1)类型:填充图案可以是:

• 预定义:AutoCAD 中预先定义好的填充图案(预定义图案存储 acad.pat 或 acadiso.pat 文件中)。一般使用预定义的图案。

• 用户定义:使用当前的线型定义图案填充,允许用户指定角度和间距。

• 自定义:允许用户选择已经在自定义的 .pat 文件中创建好的图案。

(2)图案:当类型中选择"预定义"时,下拉列表中列出可用的预定义图案。单击按钮┈,将弹出"填充图案选项板"对话框(如图 7-3 所示),从中可以查看所有预定义图案的预览图像,这有助于用户作出选择。"填充的图案"可以在"图案"下列表中选择,也可以在"填充图案选项板"对话框中单击图像块再单击"确定"按钮来选择。

(3)样例:显示所选图案的预览图像。单击"样例"按钮,也将弹出"填充图案选项板"对话框。

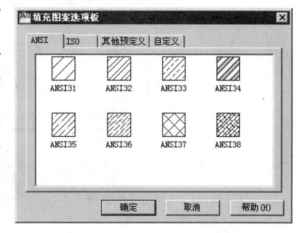

图 7-3 "填充图案选项板"对话框

(4)角度:指定填充图案相对当前 UCS 坐标系 X 轴的角度。

(5)比例:放大或缩小预定义或自定义图案。只有"预定义"或"自定义"类型此选项才可用。

(6)间距:指定用户定义图案中的直线间距。只有"自定义"类型此选项才可用。

(7)图案填充原点:决定从何处开始进行图案填充。默认为"使用当前原点",填充原点与图形原点是一致的,即通常是(0,0)点。这会导致有些对象可能会从中间某处开始填充(如图 7-4a 所示)。

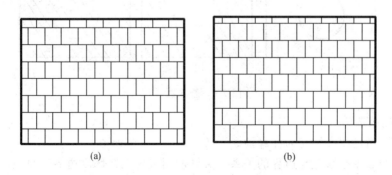

图 7-4 不同的图案填充原点,填充效果不同

要指定图案填充原点，请选择"指定的原点"，然后单击"单击以设置新原点"按钮，再选择一点(如图7-4b所示，是以矩形框左下角为"图案填充原点"时的填充效果)。如果希望将原点设置为某个填充区域的边角或中心，则需要选择"默认为边界范围"复选框并从下拉列表中选取一项。

2)定义填充边界

AutoCAD中可用"拾取点"或"选择对象"两种方式指定图案填充边界：

(1)拾取点：在填充区域内任意取一点，AutoCAD会自动确定包围该点的封闭填充边界，并且将这些填充边界高亮显示。

(2)选择对象：直接选择构成填充区域的边界对象。以"选择对象"方式指定填充区域时，AutoCAD不会自动检测内部对象。"拾取点"与"选择对象"两者的区别如图7-5所示。

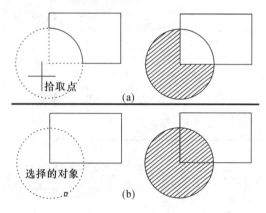

图7-5 "拾取点"与"选择对象"确定的填充区域

(3)删除边界：从边界定义中删除以前添加的对象。如图7-6a所示，以"拾取点"方式在矩形之内、圆之外区域中单击左键，矩形内部的圆所围成的区域将是一个孤岛(所谓孤岛，就是一个完全位于图案填充边界内的闭合区域)，在没有删除孤岛的情况，孤岛内部将不填充，如b所示；删除孤岛(选择对话框中的"删除边界"按钮，然后选择圆)后，图案将填充满整个矩形区域，如c所示。

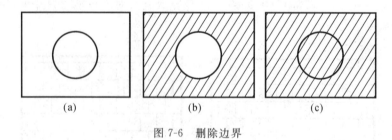

图7-6 删除边界

3)其他高级选项

• 注释性：指定图案填充为注释性。

• 关联：控制图案填充与边界的关系。关联的图案填充在修改边界后将重新生成。

• 创建独立的图案填充：当指定了几个独立的闭合边界时，用于控制是创建单个图案填充对象还是创建多个图案填充对象，如图7-7a创建的是独立的图案填充，两个图案各自独立,可以单独编辑;而图 7-7b 所示是同一个图案,是一个整体。

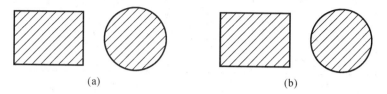

(a)   (b)

图 7-7   创建独立的图案填充

• 继承特性:获取已有的填充图案的特性。选择 图标,然后选择已填充的某个图案,
系统将自动获取该图案的特性(如图案、角度、比例等)并用于当前填充。

4)扩展区

单击对话框右下角的 图标,将弹出扩展区,如图 7-8 所示。

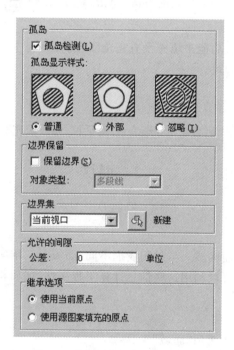

图 7-8   "填充图案选项板"扩展区

(1)控制孤岛的填充

"孤岛"选项区提供了三种边界样式,默认采用"普通"样式。

• 普通。从外部边界向内交替填充图案,如图 7-9a 所示。

• 外部:从外部边界向内填充,遇到内部孤岛就停止填充,如图 7-9b 所示,即只对最外层
进行填充。

• 忽略:忽略所有内部的对象,图案充满整个区域,如图 7-9c 所示。

(2)保留边界

当以"拾取点"方式指定图案填充边界时,图案填充会临时创建一个边界。如果要将边
界作为一个对象来绘制,则选中"保留边界",并在"对象类型"下拉列表中指定边界要成为面

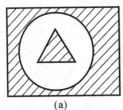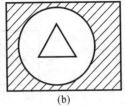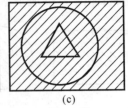

图 7-9　孤岛填充方式

域还是多段线。否则，完成图案填充后，将放弃边界。

（3）边界集

默认情况下，使用"拾取点"方式来定义边界时，系统将分析当前视口范围内的所有对象。如果是大图形，分析的时间可能会比较长。此时，可以重定义边界集，减少分析对象以加快生成边界的速度。重定义边界集的方法：单击"新建"按钮 并指定图形窗口即可。

（4）允许的间隙

可以使用"允许的间隙"功能来填充没有完全闭合的区域。在"允许的间隙"文本框中输入一个比间隙尺寸大的值即可。

7.1.3　编辑图案填充

双击填充的图案，将弹出"图案填充和渐变色"对话框，修改填充选项，单击"确定"按钮即可。

7.2　面域

7.2.1　什么是面域

面域是具有边界的平面区域。与封闭线框不同，面域是二维实体模型，它不但包含边的信息，还有边界内的信息，可以利用这些信息计算工程属性，如面积、质心、惯性等。

7.2.2　创建面域

可以通过以下几种方式调用"面域"工具：

• 功能区："常用"选项卡 | "绘图"面板 | "面域"图标

• 菜单："绘图（D）" | "面域（N）"

• 命令：region

调用"面域"工具后，选择一个或多个封闭图形，按＜Enter＞键后即可将它们转换为面域。

7.2.3　面域的布尔运算

布尔运算是一种逻辑运算，包括并集、差集、交集三种。利用布尔运算能大大提高绘图的效率。

可以通过以下几种方式调用"并集/差集/交集"工具：

- 菜单:"修改(M)"|"实体编辑(N)"|"并集(U)/差集/交集"
- 命令:union/subtract/intersect

并集:创建面域的并集。连续选择要进行并集操作的面域对象,按<Enter>键后即可将所选的多个面域合并为一个面域(如图 7-10b 所示)。

差集:创建面域的差集,使用一个面域减去另一个面域(如图 7-10c 所示)。

交集:创建多个面域的交集即各个面域的公共部分。需要同时选择两个或两个以上面域对象,然后按<Enter>键(如图 7-10d 所示)。

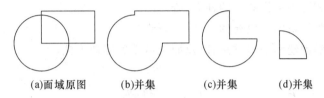

(a)面域原图   (b)并集   (c)并集   (d)并集

图 7-10 布尔运算的结果

【例 7-2】利用布尔运算创建如图 7-10c 所示图形。

打开"布尔操作.dwg"文件,然后依命令行提示操作:

命令:_subtract 选择要从中减去的实体、曲面和面域...

选择对象:(选择布尔运算主体对象:保留的对象)找到 1 个

选择对象:↙(结束主体对象选择)

选择要减去的实体、曲面和面域...

选择对象:(选择要减去的对象)找到 1 个

选择对象:↙(结束主体对象选择)

7.2.4 面域的数据提取

面域对象除具有一般图形对象的属性外,还有面积、质心、惯性等属性。

选择"工具"|"查询"|"面域/质量特性"命令(MASSPROP),选择面域对象后按<Enter>键,系统将自动打开到"AutoCAD 文本窗口"(如图 7-11 所示)以显示面域对象的特性。

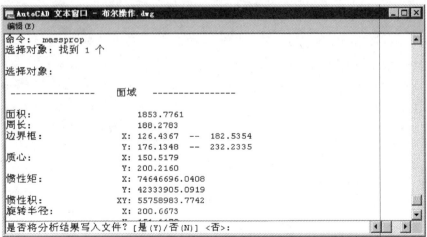

图 7-11 "面域数据"文本窗口

7.3　小结

　　"图案填充"是绘制机械工程图中常用的工具，使用方法比较简单，需要注意的是填充的图案要符合机械制图标准，即什么样的材料应填充什么样的图案。虽然"面域"工具在机械工程图中使用较少，但利用"面域"工具可以计算不规划图形的周长和面积，且可以通过"布尔运算"获得不规则图形。通过本章的学习，应掌握：

　　(1)了解机械制图中剖面图案的种类(☆)。

　　(2)掌握创建和编辑图案填充的方法(☆☆☆)。

　　(2)掌握面域的创建和编辑方法，以及面域数据的提取方法(☆☆☆)。

7.4　习题

　　1.图案填充的命令和命令别名分别是什么？

　　2.AutoCAD 中如何指定图案填充边界？

　　3.金属零件的剖面线和塑料零件的剖面线在 AutoCAD 中的填充图案是什么？

　　4.什么是面域？面域有什么作用？

第8章　图形设计辅助工具

为了提高图形设计与管理效率，AutoCAD提供了大量图形设计辅助工具，包括：图块、设计中心、工具选项板、查询工具等。通过图形设计辅助工具，不仅可以重用同一文件中的图形，而且可以重用其它文件中的图形、设置等。

8.1　图块

8.1.1　什么是图块

图块（简称块）是一个或多个对象组成的集合。如图 8-1 所示，AutoCAD 中，用"矩形"工具绘制的矩形是一个由四条互相垂直的直线所组成的块；引线是由一个箭头和一条直线所组成的块；一个标注是由边界线、尺寸线和标注文字组成的块。

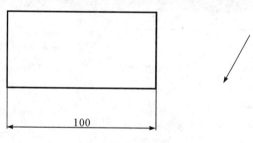

图 8-1　图块示例

尽管图块是由多个对象所构成的，但图块在 AutoCAD 中是作为一个整体来处理的，选取图块中的任意一个图形对象即可选中图块中的所有对象，可对图块整体进行缩放、旋转等操作。除非将图块分解，否则无法编辑修改图块中的对象。

在 AutoCAD 中，使用图块可以：

• 提高绘图效率：绘制工程图时，常常要绘制一些相同的图形，若将这些图形定义成图块，需要时可以直接插入图块即可，从而避免了重复性工作。

• 减小图形文件大小：AutoCAD 会保存图形中每一个对象的相关信息，如对象的类型、位置、图层、线型、颜色等。若图形文件中含有大量相同的图形，应将这些图形定义为图块，"图块"的定义中包括了块内图形对象的全部信息，但系统只需定义一次，每次插入"图块"，系统仅仅是引入"图块"的信息而不是块内图形的信息。

• 便于修改。修改图块，当前文件中的所有图块均会自动更新。

"图块"只能在当前图形文件中使用，若要在其它图形文件中使用，需要将图块制作为块文件；通过"设计中心"，也可以相互复制图块。

8.1.2　创建图块

1.调用"创建图块"工具

可以通过以下几种方式调用"创建图块"工具：

- 功能区："常用"选项卡|"块"面板|"创建"按钮
- 菜单："绘图(D)"|"块(K)"|"创建(M)"
- 命令：block 或命令别名 b

2.操作示例

【例 8-1】将图 8-2 所示图形定义为块，插入点为 A 点。

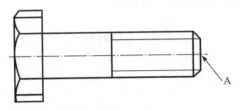

图 8-2　将图形定义成块

1)打开文件：六角头螺栓.dwg，然后调用块工具，弹出如图 8-3 所示"块定义"对话框。

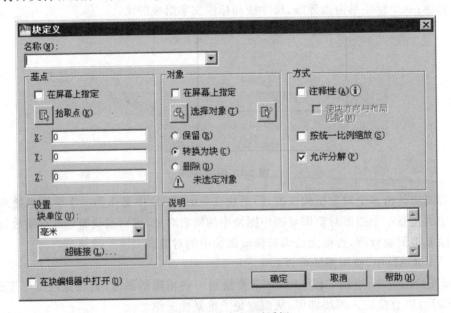

图 8-3　"块定义"对话框

2)在"名称"文本框中输入图块的名称：六角头螺栓。

3)单击"拾取点"图标　，然后选择图 8-2 中的 A 点作为基点。

4)单击"选择对象"图标　，然后选择图 8-2 中所有对象，按<Enter>键返回"块定义"

对话框。

5)接受其它默认设置,按击"确定"按钮即可创建块。

6)单击菜单"文件"|"另存为",以"插入块—六角头螺检.dwg"为文件名保存。

3.使用说明

定义块时必须确定块的名称、块的组成对象以及插入块时要使用的插入基点。图块名称及块定义保存在当前图形文件中。

1)名称:输入图块的名称(最多可达 255 个字符)。单击 ▼ 按钮可打开列表框,其中列出当前图形文件中的所有图块。

2)基点:指定块的基点。默认插入点坐标值(0,0,0),可以单击"拾取点"按钮 ⬚,然后在图形中拾取一点作为插入,也可以直接在 X、Y、Z 文本框中输入基点的坐标值。

提示:

插入块时,需要指定一个插入点,块的基点就位于插入点,基点不一定在对象上,但应该在易于插入块的位置。

---

3)对象:指定图块中要包括的对象,以及创建图块后如何处理这些对象。单击"选择对象"按钮 ⬚,然后选择图块中所包含的对象,选择完后单击<Enter>键返回到"块定义"对话框。也可以单击"快速选择"按钮 ⬚,用"快速选择"过滤器选择图块中的对象,关于"快速选择"过滤器请参阅 5.1.3 节。

● 保留:创建块以后,所选对象继续按独立地保留在图形中。

● 转换为块:创建块以后,选定对象将转换成一个块(相当于删除所选对象,然后插入刚创建的图块)。

● 删除:创建块以后,从图形中删除所选的对象。

4)设置:指定块参照的插入单位。

5)在块编辑器中打开:选中该选项,单击"确定"按钮后,将在块编辑器中打开当前的块定义。如果想创建动态块,则应选择该选项。

(6)方式

● 注释性:可以创建注释性块参照。使用注释性块和注释性属性,可以将多个对象合并为可用于注释图形的单个对象。

● 使块方向与布局匹配:指定在图纸空间视口中的块参照方向与布局方向匹配。若未选择"注释性"选项,则该选项不可用。

● 按统一比例缩放:设置块参照是否按统一的比例进行缩放。

● 允许分解:设置块参照是否可以分解。

7)说明:与块相关联的文字说明。该说明可被设计中心使用。

8.1.3 保存图块

由于使用"block"命令所创建的图块只能在定义该块的图形文件中使用。如果要在其它文件中使用,最简单的方法就是使用写块命令 wblock 来创建块。

Wblock 命令和 Block 命令都可以定义块,只是该块的定义是作为一个图形文件单独存储在磁盘上,它所建立的图块本身就是一个图形文件(可被其它图形引用),因此可以单独打开。

1.调用"写块"工具

使用命令 wblock 或命令别名 w 即可调用"写块"工具：

2.操作示例

【例 8-2】将【例 8-1】中所创建的块，以六角头螺栓.dwg 文件保存。

1）打开文件：插入块－六角头螺栓.dwg，然后调用"保存图块"命令后，将打开"写块"对话框，如图 8-4 所示。

2）在"源"组合区选择"块"，在右侧下拉列表中选择要输入块的名称：六角头螺栓。

3）指定文件名称和路径，如："F:\块：六角头螺栓"。

4）单击"确定"按钮，即可将块写入文件。

3.使用说明

调用"写块"工具后，弹出如图 8-4 所示"写块"对话框。

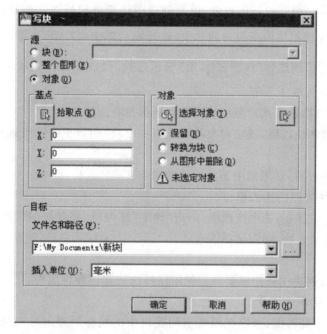

图 8-4 "写块"对话框

1）源：指定块或整个图形或图形中的其它对象写入到指定的文件中。

• 块：从当前文件中选择一个图块，并保存为块文件。右侧的列表中列出了当前文件中所有的图块名称；

• 整个图形：将当前整个图形保存为一个块文件。

• 对象：按定义"块"的方式创建图块，并保存为块文件。

2）文件名和路径：可以直接在文本框中输入文件的名称和路径，也可以通过单击 ... 按钮，然后从打开的"浏览图形文件"对话框中指定。

8.1.4　插入单个图块

可以根据需要随时把已经定义的图块插入到图形。"插入图块"操作将创建一个称为块参照的对象（因为参照了存储在当前图形文件中的块定义）。插入图块时，可以确定其位置、比例因子和旋转角度。

1.调用"创建图块"工具

可以通过以下几种方式调用"插入"工具：

- 功能区："常用"选项卡|"块"面板|"插入"按钮
- 菜单："插入(I)"|"块(B)"
- 命令：insert 或命令别名 i

2. 操作示例

【例 8-3】将【例 8-2】中所创建的块，插入到图形中。

1）新建一文件，然后调用插入块工具（别名 i）。

2）单击"名称"右侧的 浏览(B)… 按钮，在弹出的"选择图形文件"对话框中选择要输入的块，如："F:\六角头螺栓.dwg。"

3）选中对话框中"在屏幕上指定"。

4）取消缩放比例、旋转，并在 X、Y、Z 文本框中输入 1（即指定各个方向上的缩放比例均为 1），旋转角度设置为 0（即不旋转）。

5）单击"确定"按钮，然后在图形中合适位置处单击左键，即可将块插入到该点。

3. 使用说明

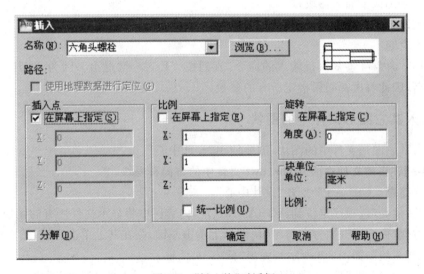

图 8-5　"插入块"对话框

- 名称：指定要插入的块。可以在"名称"下拉列表中选择一个现有的图块；或者单击"浏览"按钮，打开"选择图形文件"对话框，寻找文件所在的驱动器和文件夹，然后选择文件。对话框右侧的预览图将显示所选择的块。
- 插入点：指定图块基点在图形中的位置。可直接输入插入点的 x、y、z 坐标值或者选中"在屏幕上指定"复选框，然后用左键指定插入点。

• 缩放比例：指定 x、y、z 的值作为缩放比例。如果选择"统一比例"复选，则各个方向上的缩放比例相同。

• 旋转：插入图块时，可以绕基点旋转一定的角度。角度值可以直接在文本框中输入；也可以选中"在屏幕上指定"复选框，然后在绘图区指定一点，AutoCAD 会自动测量插入点与该点的连线和 X 轴正方向之间的夹角，并以该夹角作为旋转角度。

• 分解：如果选择此复选框，插入到图形中的块将自动分解成独立的对象。

提示：
插入图块后，图块中对象仍位于原图层上；当前图形文件没有相应的图层时，AutoCAD 将自动增加相应的图层。

8.1.5 块的多重插入

AutoCAD 中，可以用 Multiple 来实现块的多重插入。

1.操作示例

【例 8-4】在当前文件中插入"块：六角头螺栓. dwg"。

1）在命令行中输入 Multiple，并按＜Enter＞键；然后输入 insert 或命令别名 i，并按＜Enter＞键，弹出"插入"对话框；

2）"插入"对话框中选择要插入的块"块：六角头螺栓. dwg"，单击"确定"按钮，在绘图区中插入块；

3）插入块后，AutoCAD 将返回到"插入"对话框，在"角度"文本框中输入 90，单击"确定"按钮，在绘图区中插入图块；

4）按＜Esc＞键。

2. 使用说明

Multiple 命令可重复执行输入的命令，直到按＜Esc＞ 键退出。因为 MULTIPLE 只重复命令名，因此每次都必须指定所有的参数。

8.1.6 插入其它图形文件中的图块

要插入其它图形文件中的图块，需要使用"设计中心"。

【例 8-5】在当前文件中插入 gba. dwt 文件中的方向符号块。

1）按快捷键＜Ctrl＞＋2 打开"设计中心"。

2）在"文件夹"选项区定位到:\GBA. dwt\块，内容区中将显示文件所有的图块；

3）在右侧"内容区"的"方向符号"块图标上单击左键，并在其上单击右键，然后在快捷菜单中选择"插入块"（如图 8-6 所示），弹出"插入"对话框。

4）单击"确定"按钮后，在图形区域中单击左键，即可插入"方向符号"图块。

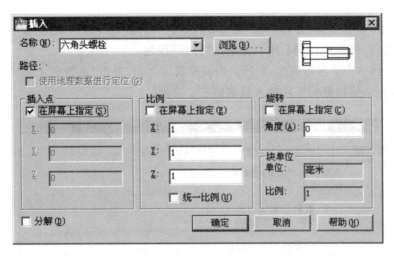

图 8-6　利用"设计中心"插入其它图形文件中的图块

8.1.7　编辑块

AutoCAD 中,重定义块后,则图形文件中所有该块的实例都会自动更新,无需逐个修改。可以通过以下两种方式编辑块:在块编辑器中修改块;分解块,修改,然后创建同名的块。

1.在块编辑器中编辑块

双击块,可以打开"编辑块定义"对话框;在"要创建或编辑的块"列表中选择块;单击"确定"按钮即可打开"块编辑器"。

在"块编辑器"中进行修改操作,完成后单击"保存块"并"关闭块编辑器"按钮。

2. 在绘图区中编辑块

使用"分解"命令(参见 5.6.4 节),把块的一个实例分解;编辑修改图元对象,如添加、删除图元对象、修改对象的颜色、线型等;最后用 Block 命令重新定义成块(相同的块名)。

【例 8-6】修改图块:将【例 8-4】中插入的"六角头螺栓"中的中心线全部改为黄色。

1)分解块:(续【例 8-4】),调用"分解"命令 Explode,然后选取任意一个六角头螺栓,按<Enter>键,将螺栓分解成单独的图元;

2)修改块内对象:拾取"中心线"对象,然后在"特性"对话框中将其颜色改为"黄色";

3)调用 Block 命令,在"名称"列表框中选择"六角头螺栓"、单击"拾取点"图标并选择图 8-2 中的 A 点作为基点,单击"选择对象"图标并选择图 8-2 中所有对象,按<Enter>键返回"块定义"对话框,其它参数采用默认值。

4)单击"确定"按钮,关闭"块定义"对话框。系统将出现"块-重新定义块"对话框,单击"重新定义块"按钮,完成"六角头螺栓"的修改,图形中已插入的"六角头螺栓"都会自动更新。

3.更新块

如果在图中插入某个文件作为块,改动该文件后,要更新当前文件中的实例,可按如下步骤：

1）调用"插入块"工具；然后单击"浏览"按钮，选择已经修改过的文件（提示：是实际的文件，而不是"名称"列表中的同名块），并单击"打开"按钮。

2）弹出如图 8-7 所示对话框，询问是否要重新定义块，单击"重新定义块"按钮。

3）按＜Esc＞键以避免实际插入该块的一个实例。

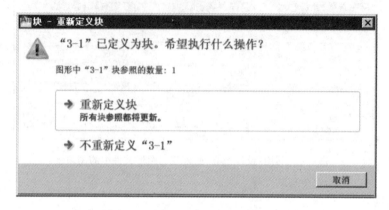

图 8-7　"块－重新定义块"对话框

4. 替换块

用另一个不同的文件为基础替换图形中的块。操作步骤如下：

1）从命令行中输入-insert ↙。提示：insert 前面须加上一，使该命令将以命令行的形式执行。

2）按＜Enter＞键后，输入 blockname＝filename。Blockname 为要被替换的块名称，filename 为替换该块的文件名，一般应输入完整路径。

3）按＜Enter＞键后，系统将提示该名称的块已经存在，询问是否重定义，输入 y↙

4）按＜Esc＞键，以避免实际插入该文件的一个实例。

【例 8-7】 以"六角螺母"替换"六角头螺栓"。

打开文件：替换块.dwg（该文件中已经插入块：六角头螺栓），然后依命令行提示操作，用"F:\六角螺母.dwg"文件来代替"块：六角头螺栓"。

命令：-INSERT ↙
输入块名或 ［?］：块：六角头螺栓＝F:\六角螺母.dwg
块"块：六角头螺栓"已存在。是否重定义？［是(Y)/否(N)］＜N＞：y↙
块"块：六角头螺栓"已重定义

3）使用说明

块替换使用场合：

• 如果图形文件中有很多复杂的块，重新生成会比较费时时，此时可先用简单的块来替换，直到绘图结束时，再替换回来。

• 不同版本的零件替换。

8.2 属性块

机械制图中经常要使用表面粗糙度、基准符号、焊接符号等,这些符号形状相同,但标注的文字不同。AutoCAD 中,可以把图形定义成块,把文字定义为块的属性。带有属性的块,一般称之为属性块。

AutoCAD 创建属性块很容易:先创建属性,再创建块。创建块时,同时选择属性和图形对象。

创建属性块(粗糙度符号)的操作请参阅例 8-7。

8.2.1 创建属性

可以通过以下几种方式调用"属性定义"工具:

• 功能区:"常用"选项板|"块"面板|"定义属性"

• 菜单:"绘图"|"块"|"定义属性"

• 命令:Attdef

调用"属性定义"工具后,将弹出如图 8-8 所示对话框。

图 8-8 "属性定义"对话框

1)"模式"选项区,用于定义插入块时与块关联的属性值选项。

• 不可见:控制插入块后是否显示属性值。选中,则属性值不可见,否则将在块中显示属性值。

• 固定:指定属性是否为定值。选中,则在插入块时赋予属性固定值。

• 验证:设置是否对属性值进验证。选中,则需要用户验证所输入的属性值是否正确,否则不要求用户验证。

- 预设：设置是否将属性值预定为它的默认值。选中，则插入块时，直接把"默认"文本框中的值作为属性值，用户可以输入新的值。
- 锁定位置：锁定块参照中属性的位置。解锁后，属性可以相对于使用夹点编辑的块的其他部分移动，并且可以调整多行文字属性的大小。
- 多行：指定属性值可以包含多行文字。选定此选项后，可以指定属性的边界宽度。

2)"属性"选项区，用于设置属性的标记、插入块时的提示信息以及属性的默认值。

- 标记：用于标识属性。使用任何字符组合（空格除外）输入属性标记。小写字母会自动转换为大写字母。标记一般应取能反映属性意义的字母组合，如标记 NUM 可以表明该属性值是数字。
- 提示：控制插入包含该属性定义的块时是否显示提示。如果不输入提示，属性标记将用作提示。如果选择了"固定"选项，则"提示"选项将不可用。
- 默认：指定默认的属性值。
- 单击"插入字段"按钮 : 将显示"字段"对话框，可以插入一个字段作为属性的全部或部分值。

3)插入点：指定属性的位置，即属性文字排列的起点。可以在 X、Y、Z 文本框中输入点的坐标值，也可以选中"在屏幕上指定"，然后使用左键在绘图窗口指定插入点。

4)文字设置：指定属性文字的高度、对齐方式、旋转角度等。

创建属性后，就可以将属性附加到块定义中了。一个块定义可以有多个属性定义。为块添加属性的方法为：在定义块时，同时选择属性和其它对象。

8.2.2 编辑属性

1. 创建成块之前，编辑属性定义

在创建成块之前，可以利用"特性"选项板或 DDEDIT 命令（选择菜单"修改"|"对象"|"文字"|"编辑"项或在命令行中输入 DDEDIT）编辑属性标记。

调用 DDEDIT 命令后，命令行提示：

选择注释对象或［放弃(U)］:

在该提示下选择属性定义的标记后，会弹出如图 8-9 所示"编辑属性定义"对话框。在该对话框中，可以直接修改属性的标记名称、提示和默认值。

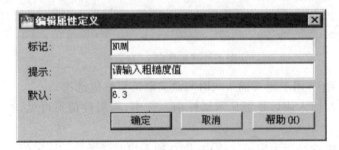

图 8-9 "编辑属性定义"对话框

2.在"块属性管理器"中编辑

选择菜单"修改"|"对象"|"属性"|"块属性管理器",弹出如图 8-10 所示"块属性管理器"对话框。

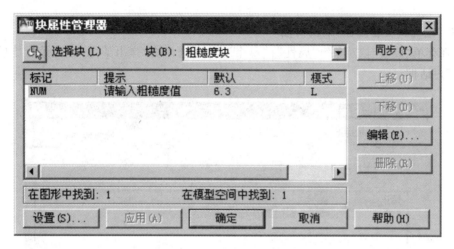

图 8-10　块属性管理器

从"块"下拉列表中选择需要修改属性值的块,也可以单击"选择块"按钮,然后在图形中选择块。使用"块属性管理器",可以:

1)改变属性提示的顺序:在列表中选择属性,单击"上移"或"下移"按钮即可改变顺序。

2)删除属性:选择属性,然后单击"删除"按钮。

3)添加删除"块属性管理器"对话框中列出的特性:单击"设置"按钮,将弹出"块属性设置"对话框,选择要在"块属性管理器"对话框中列出的特性,单击"确定"按钮。

4)编辑属性:单击"编辑"按钮,打开如图 8-11 所示"编辑属性"对话框。

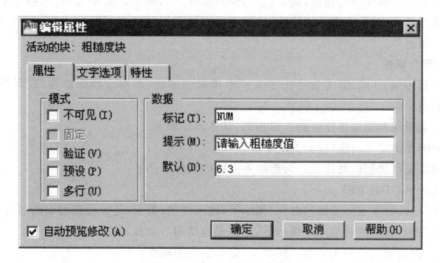

图 8-11　"编辑属性"对话框

• 属性选项卡:可以修改属性模式的特性。在"默认"文本框中单击右键,然后在快捷菜单中选择"插入字段"项,可以使用一个字段。

• 文字选项卡：改变文字样式、高度及对齐方式等。

• 特性选项卡：修改属性的图层、颜色和线型等。

5)同步：在"编辑属性"对话框修改之后，一般应单击"同步"按钮以更新图形文件中的块。

3.在"增强属性管理器"编辑属性

选择菜单"修改"|"对象"|"属性"|"单个"，然后选择块，弹出如图 8-12 所示"增强属性编辑器"对话框。

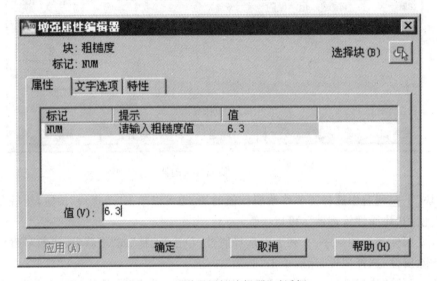

图 8-12 "增强属性编辑器"对话框

"增强属性编辑器"对话框和"编辑属性"对话框类似，也包含了三个选项卡："属性"选项卡中显示了选中属性块的标记、提示和值，但只能修改属性值；"文字选项"选项卡中可以修改属性文字样式、对正方式等；"特性"选项卡可以修改属性块文字特性内容，包括文字的图层、线型、颜色等。

4.重定义属性

可以利用 ATTREDET 命令重定义一个带属性的块：添加或删除属性，或者重定义含有属性的块。

重定义属性和创建属性块的步骤相似，具体步骤如下：

1)分解要重定义的块（嵌套的块要修改，也一并分解）；

2)按需要创建新的属性、图形、删除不需要的属性和图形；

3)输入 ATTREDEF↙

4)在"输入要重定义的块的名称"提示下，输入块名（提示：是要覆盖的块的名称）；

5)在"选择新块的对象..."提示下，选择要包括的对象和属性；

6)在"指定新块地插入基点："提示下，拾取定块的基点。

8.3 动态块

8.3.1 什么是动态块

先看一个动态块的例子：

1）按 Ctrl＋3 打开"工具选项板"（关于"工具选项板"详见 8.5 节），单击"机械"选项卡上的"六角螺母—公制"图标，然后在绘图区中单击左键，将插入一动态块。

2）单击刚插入的动态块，将显示出夹点，如图 8-13a 所示。

3）单击"查找"夹点 ▼，弹出螺母规格，选择一种规格，可以发现图形大小也随之改变，如图 8-13b 所示。

可见，动态块比普通的块更灵活、更智能，可以通过自定义夹点或自定义特性来操作动态块参照中的几何图形，从而可以根据需要在位调整块，而不是插入其它块或重定义现有块。

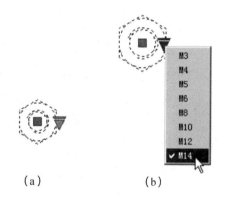

(a)　　　　　　(b)

图 8-13　调整动态块：六角螺母

8.3.2 创建动态块

可以使用"块编辑器"创建动态块。要使块变成动态块，必须至少添加一个参数及与参数相关联的动作。创建动态块的过程如下：

1）在创建动态块之前规划好动态块的内容。

在创建动态块之前，应当了解其外观以及在图形中的使用方式，特别是要确定块中的哪些对象会更改，应如何更改。

2）在块编辑器中绘制几何图形。

可以在绘图区域或块编辑器中为动态块绘制几何图形，也可以使用图形中的现有几何图形或现有的块定义。

3）了解块元素如何共同作用。

在向块定义中添加参数和动作之前，应了解它们相互之间以及它们与块中的几何图形的相关性。向动态块参照添加多个参数和动作时，需要设置正确的相关性，以便块参照在图形中正常工作。

4）添加参数

按照命令行提示的信息向动态块定义中添加适当的参数。

动态块中的参数可以是位置、距离和角度。向块定义中添加参数后，AutoCAD 会自动向块中添加自定义夹点和特性。利用这些自定义夹点和特性可以操作图形中的块参照。动态块中的参数类型对应的动作类型如表 8-1 所示。

表 8-1　参数类型和动作类型

参数类型	说明	动作类型
点	在图形中定义一个 X 和 Y 位置，在块编辑器中，点参数类的外观与坐标标注类似。	移动、拉伸
线性	线性参数显示两个目标点之间的距离，夹点移动被约束为只能沿预设角度进行。在块编辑器中，线性参数类似于对齐标注。	移动、缩放、拉伸、阵列
极轴	极轴参数显示两个目标点之间的距离和角度值。可以使用夹点和"特性"选项板同时更改块参照的距离值和角度。在块编辑器中，极轴参数类似于对齐标注。	移动、缩放、拉伸、极轴拉伸、阵列
XY	显示距离参数基点的 X 距离和 Y 距离。在块编辑器中，XY 参数显示为一对标注（水平标注和垂直标注）。	移动、缩放、拉伸、阵列
旋转	用于定义角度。在块编辑器中，旋转参数显示为一个圆	旋转
翻转	用于翻转对象。在块编辑器中，翻转参数显示一条投影线。可以围绕这条投影线翻转对象。该参数显示的值用于表示块参照是否已翻转。	翻转
对齐	定义 X、Y 位置和角度。允许块参照自动围绕一个点旋转，以便与图形中的另一对象对齐。对齐参数会影响块参照的旋转特性。在块编辑器中，该参数的外观与对齐线类似。对齐参数总是应用于整个块，并且无需与任何动作相关联。	无
可见性	控制块中对象的可见性。在图形中单击夹点可以显示块参照中所有可见性状态的列表。在块编辑器中，显示为带有关联夹点的文字。	
查寻参数	可以指定或设置为计算用户定义的列表中的值的自定义特性。可以与单个查寻夹点关联。在块参照中单击该夹点可以显示可用值的列表。在块编辑器中，查寻参数显示为带有关联夹点的文字。	查寻动作
基点参数	用于定义动态块参照相对于块中的几何图形的基点。在块编辑器中，基点参数显示为带有十字光标的圆。	无

5）添加动作

向动态块定义中添加适当的动作。按照命令行中的提示进行操作，确保将动作与正确的参数和几何图形相关联。动态块中，夹点、参数和动作之间的关系如表 8-2 所示。

表 8-2　夹点、参数和动作之间的关系

夹点类型	参数类型	可和参数关联起来的动作
标准　■	点	移动、拉伸
线性　▶	线性	移动、缩放、拉伸、阵列
标准　■	极轴	移动、缩放、拉伸、极轴拉伸、阵列
标准　■	XY	移动、缩放、拉伸、阵列
旋转　●	旋转	旋转
翻转　➡	翻转	翻转

续表

夹点类型	参数类型	可和参数关联起来的动作
对齐 ▶	对齐	无
查寻 ▼	可见性	无
查寻 ▼	查寻	查寻
标准 ■	基点	无

6)定义动态块参照的操作方式

用户可以指定在图形中操作动态块参照的方式。可以通过自定义夹点和自定义特性来操作动态块参照。在创建动态块定义时,用户将定义显示哪些夹点以及如何通过这些夹点来编辑动态块参照。另外还指定了是否在"特性"选项板中显示出块的自定义特性,以及是否可以通过该选项板或自定义夹点来更改这些特性。

7)测试块

保存动态块并退出块编辑器,然后将动态块插入到图形中,并对动态块的功能进行测试。

【例 8-8】创建螺栓的动态块。

1)新建文件,并插入:六角头螺栓块。

2)双击六角头螺栓块,进入块编辑器。

3)选择选项板"参数"选项卡上的"线性"图标按钮,如图 8-14AB 处所示;然后按命令行提示操作:

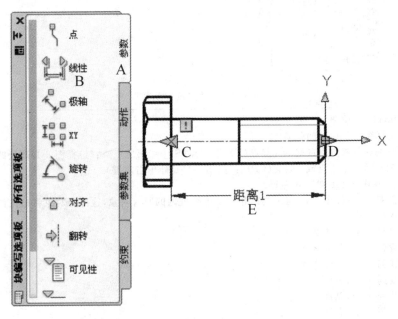

图 8-14　设置"线性"参数

命令：_BParameter 线性
指定起点或［名称(N)/标签(L)/链(C)/说明(D)/基点(B)/选项板(P)/值集(V)］：(指定线性参数的起点,如图 8-14C 处的点)
指定端点：(指定线性参数的端点,如图 8-14D 处的点)
指定标签位置：(指定线性参数标签的位置,如图 8-14E 处的点)

提示：
指定线性参数,如同进行线性标注。

　　4)单击"动作"选项卡上的"拉伸"动作图标按钮,如图 8-15 所示 A、B,然后按命令行提示操作：

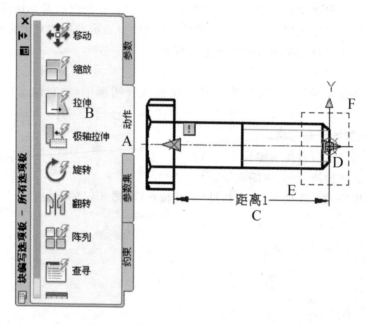

图 8-15　设置"拉伸动作"

命令：_BActionTool 拉伸
选择参数：(选择图 8-15C 处的距离 1)
指定要与动作关联的参数点或输入［起点(T)/第二点(S)］<第二点>：(选择图 8-15D 处的点)
指定拉伸框架的第一个角点或［圈交(CP)］：(在图 8-15E 处单击左键)
指定对角点：(在图 8-15F 处单击左键)
指定要拉伸的对象(选择图 8-15 与虚线框相交及虚线框内的所有对象,这部分对象将被拉伸)
选择对象：找到 1 个
选择对象：找到 1 个,总计 2 个
选择对象：找到 1 个,总计 3 个
选择对象：找到 1 个,总计 4 个
选择对象：找到 1 个,总计 5 个
选择对象：找到 1 个,总计 6 个
选择对象：找到 1 个,总计 7 个
选择对象：找到 1 个,总计 8 个
选择对象：找到 1 个,总计 9 个
选择对象：↙

5）单击"保存块定义"图标按钮,然后单击"关闭块编辑器"图标按钮。

6）输入 i↙,弹出"插入"对话框,在下拉列表中选择"六角头螺栓",单击"确定"按钮以插入块。

7）单击插入的块,显示如图 8-16 所示;左键单击夹点▶,然后向右移动鼠标可以发现螺栓被动态拉长了,在合适位置处单击左键确定螺栓的长度。

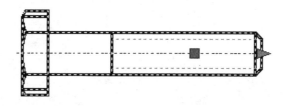

图 8-16　单击六角头螺栓动态块显示的夹点

8.3.3　创建参数化动态块

AutoCAD 中能创建参数化动态块。参数化动态块的创建过程请参阅立体词典电子版例 18-3。

8.4　外部参照

8.4.1　什么是外部参照

有时需要在当前文档中"参照"其他图形而不是"插入"图形,此时可以使用"外部参照"功能。使用"外部参数"可以将其他图形链接到当前图形文件中。"外部参照"与"块"不同:以"块"形式插入的图形,数据会存储在当前图形文件中,且只能插入 dwg 格式文件;而以"外部参照"引用图形,当前图形文件中只包含对外部文件的引用,外部参照的图形并不是当前文档的一部分,除 dwg 格式文件外,还可以参照 dwf、dng、pdf 及其它图形文件。

与"块"相比,使用"外部参照"具有以下优点:

• 由于"外部参照"仅存储链接路径,而不保存图形数据,因而更省空间。

• 以外块形式插入的图形,修改外块图形后,插入的图块不会随之更新;以"外部参照"插入图形,每次打开图形文件时,都会加载外部参照的当前版本。因而"外部参照"更适合团队协作,团队中的其他用户可以通过外部参照管理中的重载命令更新图形。

• 可以灵活地显示、隐藏或临时覆盖外部参照。

8.4.2　附着外部参照

1.调用"附着外部参照"命令

命令:XATTACH

2.操作示例

调用"附着外部参照"命令后,在"选择参照文件"对话框中指定 dwg 文件,单击"打开"

按钮,弹出如图 8-17 所示对话框;其它步骤与插入"块"相同。

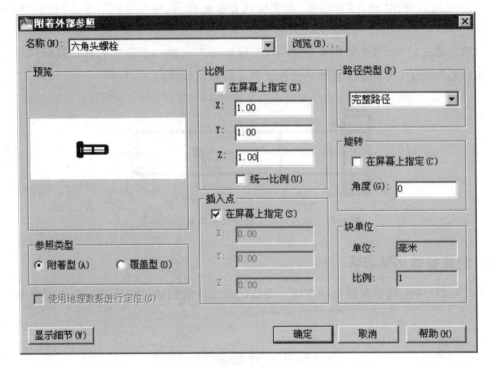

图 8-17 "附着外部参照"对话框

1)"参照类型":该选项区用于控制编辑主文件时,外部参照在当前文件中的显示情况。例如,在联网环境中,A 文件外部参照了 B 文件。则当 B 文件被打开编辑时,A 文件中"附着型"的外部参照仍将显示;反之,则不显示。

2)路径类型,包括:

• 完整路径:指定外部参照图形的完整路径,包括驱动器符。

• 相对路径:仅仅指定外部参数图形路径中的一部分。通常假定是当前驱动器或文件夹,使用相对路径便于将外部参照迁移动到具有相同文件夹结构的不同驱动器上。

• 无路径:使用主图形文件的当前文件夹。

8.4.3 管理外部参照

1.调用"管理外部参照"命令

菜单:"插入"|"外部参照"。

2.操作示例

1)调用"管理外部参照"后,将弹出如图 8-18 所示对话框;

2)添加外部参照:单击 图标,选择"附着 DWG"

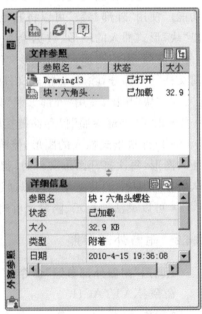

图 8-18 "外部参照"管理器

选项,在弹出"选择参照文件"对话框中指定文件夹中的 dwg 文件,单击"打开"按钮,弹出如图 8-17 所示对话框;参数设置后,按"确定"按钮,在绘图区中指定插入点,即可放置外部参照图形,并返回"外部参照"选项板。

4)编辑外部参照:在"文件参照"列表框中,选中外部参照(块:六角头螺栓),单击右键,在弹出的快捷菜单中选择相应的命令即可进入编辑(如打开、附着、卸载、重载、拆离、绑定等)。

- 打开:在新的图形窗口中打开选定的外部参照。
- 附着:打开图 8-17 所示"附着外部参照"对话框,以便指定附着到图形的外部参照。
- 拆离:拆离外部参照,拆离的外部参照不再显示,且其定义不再保存在图形中。
- 卸载:卸载选定的文件参照而不拆离,外部参照不再显示,但其定义仍保存在图形中。可使用"重载"再次显示外部参照。
- 重载:重载加载文件参照的最新版本。
- 绑定:把外部参照变成块。选择此菜单,将打开如图 8-19 所示"外部参照"对话框,若选择"绑定",则由外部参数创建块时,可以确保没有符号重复,更于用户跟踪符号的来源。反之,则完全融入当前文件的图层中。

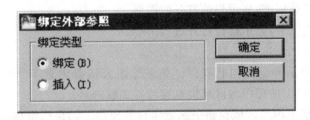

图 8-19 "绑定外部参照"对话框

8.5 设计中心

用 AutoCAD 绘制图形时,不仅要创建图形对象,而且往往还会创建命名块、设置图层、布局、文字样式、标注样式、表格样式、线型等等,这些工作往往会花费很多的时间。利用设计中心,可以组织和重用设计结果,因而可以大大提高工作效率。

8.5.1 启动设计中心

可以通过以下几种方式启动"设计中心":
- 菜单:"工具"|"选项板"|"设计中心"
- 快捷键:Ctrl+2
- 命令:adcenter 或命令别名 adc

启动设计中心后,将弹出如图 8-20 所示对话框。

设计中心包括"文件夹"、"打开的图形"和"历史记录"三个选项卡。

1)"文件夹"选项卡与 Windows 资源管理器很类似,单击驱动器或文件夹旁边的加号可以展开目录,用垂直滚动条可以查看任何目录。通过"文件夹"选项卡,可以定位到当前计算机中任何一个文件。

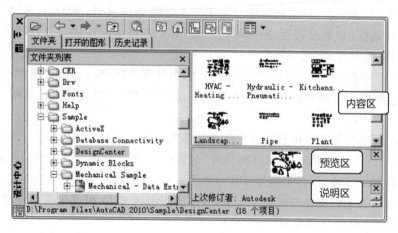

图 8-20　设计中心

"内容区"显示的是在目录或文件中所包含的内容:"文件夹列表"中为文件夹时,"内容区"显示的是该文件夹下的子目录或文件;"文件夹列表"中为图形文件时,显示的是该文件中的块、图层、线型等。

2)"打开的图形"选项卡:显示当前打开的图形。

3)"历史记录"选项卡:显示最近打开过的图形。

4)工具栏图标

• 树状图切换:显示和隐藏树状视图。如果绘图区域需要更多的空间,可以隐藏树状图。树状图隐藏后,可以使用内容区域浏览容器并加载内容。

• 预览:显示和隐藏内容区域窗格中选定项目的预览。如果选定项目(如图层、线型、文字样式等)没有保存的预览图像,"预览"区域将为空。

• 说明:显示和隐藏内容区域窗格中所选项目的文字说明。如果所选项目没有保存的说明,"说明"区域将为空。

• 视图:指定用"大图标"、"小图标"、"列表"或"详细信息"方式来显示内容。

8.5.2　设计中心显示控制

1)左键单击设计中心标题栏,按住不放,拖动鼠标即可移动设计中心。

2)将鼠标移动到设计中心边缘,光标将变成双向箭头,按住左键,拖动鼠标即可缩放设计中心。

3)设计中心的标题栏中有一个"特性"按钮▦,单击该按钮,将弹出一菜单(在标题栏上单击鼠标右键,将弹出同样的菜单):

• 选择"允许固定"菜单项,然后选择"锚点居左"或者"锚点居右",将它停靠在绘图窗口的左边或右边。

• 选择"自动隐藏"菜单项(或单击标题栏上"自动隐藏"按钮◀▶),则只要光标从设计中心离开,它就折叠起来只剩下标题栏;光标返回到标题栏上,它将再次展开。

8.5.3 使用设计中心

1.查找已命名的部件和图形

使用"设计中心"的查找功能,可以查找包含指定图层、线型、文字样式、外部参照等的图形文件。

【例 8-9】在"图形设计辅助工具"目录下查找含有"块:六角头螺栓"的文件。

1)在设计中心工具栏中单击"搜索"按钮 ,将打开如图 8-21 所示"搜索"对话框。

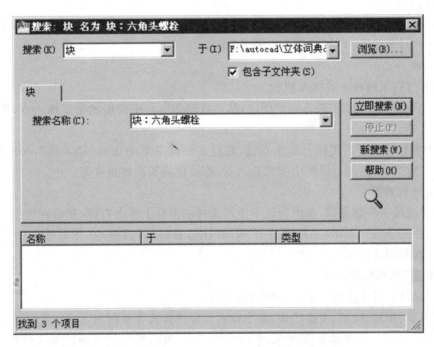

图 8-21　使用设计中心"搜索"功能查找图形

2)指定搜索类型:在"搜索"下拉列表中选择要查找的类型:块。

3)指定搜索位置:单击"浏览"按钮,然后定位到搜索目录,并选中"包含子文件夹"复选框(以便查找指定位置下的所有子文件夹和文件)。

4)指定查找内容:在"搜索名称"中输入"块:六角头螺栓"(提示:选项卡的名称和内容会因"搜索"类型不同而不同)。

5)单击"立即搜索"按钮。

2.使用收藏夹

收藏夹内包括常用文件的快捷方式(文件仍保留在原始位置),通过快捷方式,可以打开对应的文件。

• 在收藏夹中添加快捷方式:在设计中心的文件或文件夹上单击右键,然后在快捷菜单中选择"添加到收藏夹"。

• 通过收藏夹访问图形:单击设计中心工具栏上的"收藏夹"按钮,也可以在内容区中单击右键然后在快捷菜单中选择"收藏夹",收藏夹中的内容将显示在内容区。

• 移动、复制或删除"收藏夹"中的快捷方式:在内容区中单击右键,然后在快捷菜单中选择"组织收藏夹"。

3.插入图形

可以将整个图形插入到另一个图形中。在"文件夹"选项卡中定位于图形文件所在的文件夹,内容区将显示该图形。将该图形的图标拖动到绘图区,命令行将提示输入插入点、比例和旋转角度。

如果在图形文件图标上单击右键,可以选择是以块方式插入还是以外部参照方式附着图形。

4.打开图形

在内容区图形文件图标上单击右键,然后在快捷菜单中选择"在应用程序窗口中打开",AutoCAD 将打开图形。

5.插入块

可以通过以下两种方式插入块:

• 将内容区中的"块"图块拖到绘图区,然后根据命令行中的提示指定插入点、缩放比例和旋转角度等。

• 在内容区中"块"的图标上单击右键,然后在快捷菜单中选择"插入块",AutoCAD 将打开"插入"对话框,在此对话框中指定插入点、缩放比例和旋转角度等。

6.附着外部参照

要附着或覆盖外部参照,在内容区中图形文件的图标上单击右键,然后在快捷菜单中选择"附着为外部参照",AutoCAD 将打开"附着外部参照"对话框,在此对话框中指定插入点、缩放比例和旋转角度等。

7.复制图层、布局和样式

AutoCAD 可以从任何一个图形中复制图层。

要把图层、布局、线型、表格样式、文字样式及标注样式等复制到当前文件中,可以:

• 将对应的图标看拖动至绘图区,AutoCAD 就会自动添加到当前图形文件中(可以在相应的管理器中查看到)。一次可以拖动多个项目。

• 选中要复制的一个或多个图标,在其上单击右键,然后选择"复制"或"添加……"或"插入块……"等。

操作实例请参阅例 8-11。

8.6　工具选项板

8.6.1　什么是工具选项板

工具选项板包含图形、块、填充图案、图形对象、外部参照、表格以及绘图命令、修改命令等多个选项卡。工具选项板是 AutoCAD 中组织、共享和放置块及填充图案的有效方法。

可以通过以下几种方式打开"工具选项板"工具:

• 菜单:"工具"|"选项板"|"工具选项板"

• 快捷键:Ctrl＋3

• 命令:ToolPalettes 或命令别名 tp

"工具选项板"如图 8-22 所示,其中设置了一些常用的图形选项卡。

单击将工具选项板上的任意一个工具图标或将图标拖动到绘图区,就可以执行相应的命令或放置该图块。

工具选项板可以自定义其中的内容,可以创建新的选项卡。

提示:
工具选项板中有 30 个左右的选项卡,所以大部分选项卡会在底部重叠在一起,单击这些选项卡时,会弹出一个列出所有选项卡名称的菜单,从中可以选择需要的选项卡来显示它。
工具选项板的显示控制和设计中心类似。

8.6.2 创建新的工具选项卡

可以创建新的工具选项卡以满足特殊需要。

1.创建空白的工具选项板

工具选项板上单击右键,在快捷菜单中选择"新建选项板",然后在出现的标签中输入选项卡的命名,按<Enter>键后,就会在工具选项板中增加一个空白的工具选项卡。

2.结合设计中心创建工具选项板

在"设计中心"某一个文件夹、图形文件、块图标、填充图案上单击鼠标右键,然后在快捷菜单中选择"创建块的工具选项卡",将创建一个以文件夹名(或文件名)为选项卡名称的工具卡,并且:

图 8-22　工具选项板

• 如果选择的是一个文件夹,则选项卡上包含该文件夹中的所有图形文件。

• 如果选择的是一个图形文件,则选项卡包含这个块。

• 如果选择的是填充图案文件,则选项卡包括该.pat 文件中的所有填充图案。

• 如果选择的是填充图案图标,则选项卡包括该填充图案。

8.6.3 向工具选项卡添加工具

1.从图形中拖动对象

可以将图形对象(如圆、文件等)拖动到工具选项板中:选择要拖动的对象;在对象上单击鼠标右键不放,约 2 秒后光标将变成拖动箭头;将对象拖动到工具选项板中。

2.复制工具

使用剪切、复制和粘贴命令,可以将一个工具选项卡中的工具移动或复制到另一个工具选项卡中。

3.从工具栏中拖动图标

要将工具栏上的工具按钮复制到工具选项板上,只需:

1)显示要使用的工具栏(AutoCAD 2010 默认不显示工具栏,要打开工具栏,只要选择

菜单"工具"|"工具栏"|"AutoCAD"子菜单中要显示的工具条)。

2)在工具选项板上单击右键,然后在弹出的快捷菜单中选择"自定义选项板",系统将弹出"自定义"对话框(必须打开该对话框,否则无法将按钮拖离工具栏)。

3)将所需要的按钮从工具栏上拖动到工具选项板中。

8.7 获取图形信息

8.7.1 列出图形的状态

"状态"工具可以列出:图形中的对象数,包括图形对象(如圆弧和多段线)、非图形对象(如图层和线型)和块定义;图形界限和范围;捕捉方式、栅格间距;当前图层、颜色、线型和线宽;磁盘空间和可用内存等信息。

1.调用"状态"工具

可以通过以下几种方式调用"状态"工具:

• 菜单:"工具"|"查询"|"状态"

• 命令:STATUS

2.操作示例

调用"状态"工具后,系统就将弹出如图 8-23 所示文本窗口。

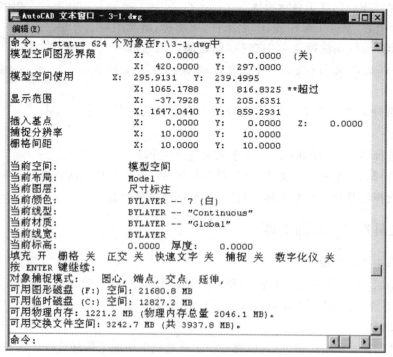

图 8-23 执行 STATUS 命令后显示的状态列表

8.7.2 列出对象信息

"列表"工具可以列出所选对象的信息,所显示的信息取决于对象。

1.调用"列表"工具

可以通过以下几种方式调用"列表"工具：

- 菜单："工具"|"查询"|"列表"

- 命令：LIST

2.操作示例

调用"列表"工具，并选择要显示信息的对象后，系统将弹出如图 8-24 所示文本窗口。

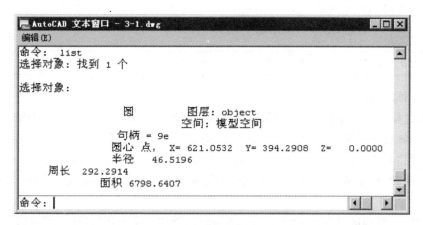

图 8-24　对象信息列表文本窗口

8.7.3　查询距离

用"距离"工具可以查询任意两点之间的距离。

1.调用"距离"工具

可以通过以下几种方式调用"列表"工具：

- 菜单："工具"|"查询"|"列表"

- 功能区："常用"选项卡|"实用工具"面板|"测量"下拉式菜单中"距离"

- 命令：DIST

2.操作示例

调用"距离"工具后，根据命令行提示指定两点，系统即可显示指定两点间的距离。

命令：DIST↙
指定第一点：(指定第一点)
指定第二个点或 [多个点(M)]：(指定第二点)
距离 = 238.2621，XY 平面中的倾角 = 34，与 XY 平面的夹角 = 0
X 增量 = 198.5264，Y 增量 = 131.7424，Z 增量 = 0.0000

8.7.4　查询坐标

用"查询点"工具可以查询任意点的相对 ucs 坐标值。

可以通过以下几种方式调用"查询点"工具：

- 菜单："工具"|"查询"|"查询点"

- 命令：id

调用"查询点"工具后,指定一点,系统自动列出该点的相对 ucs 坐标值

8.7.5 查询面积和周长

用"面积"工具可以查询任意一个区域的面积和周长。

可以通过以下几种方式调用"面积"工具:

* 菜单:"工具"|"查询"|"面积"
* 命令:AREA

调用"面积"工具后,命令行提示如下:

指定第一个角点或［对象(O)/增加面积(A)/减少面积(S)］＜对象(O)＞:

指定计算区域的方法有:

(1)通过拾取点来限定要计算的区域:拾取点过程中,AutoCAD 会自动用一个面来填充该区域。该方法只能限于每个边都是直线的区域。

(2)使用"对象"选项计算区域面积:输入该选项代码 O↙,然后选择对象。可接受的对象包括圆、椭圆、样条曲线、多段线、多边形、面域等。该选项可以对包含曲线的区域进行计算。

(3)计算不规则区域面积:可以使用"增加面积"或"减少面积"选项得到总面积。首先指定一个区域,然后使用"加"或"减"选项,再指定第二个区域。结果就是两者面积之和或之差。

8.7.6 从"特性"选项板获取信息

选择某一对象,并打开"特性"选项板。该选项板中列出了与 LIST 命令结果类似的信息。

8.8 典型实例

8.8.1 创建表面粗糙度符号图块

【例 8-10】创建表面粗糙度符号图块。

由于 AutoCAD 中没有提供现成的标注粗糙度的工具,因此需要创建粗糙度图块。

国家标准规定表面粗糙度的画法为等边三角形,其度高为 H(H=1.4h,h 为文字的高度),如图 8-25 所示。如文字高度为 3.5,则 H=4.9;文字高度为 5,则 H=7。

本例以字高 3.5 来定义一个带属性的粗糙度图块(该图块制作为一个单位块),实际插入块时,再根据图样中采用的字高,采用不同的缩放比例并输入粗糙度值,即可生成符合标准的表面粗糙度符号。

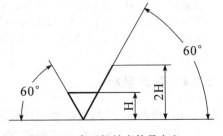

图 8-25　表面粗糙度符号定义

提示：

国标中相邻字高之比为$\sqrt{2}$，因此只需缩放$\sqrt{2}n$或1.4n倍就可以得到与字高相应的粗糙度符号。

1）新建一个文件。

2）绘制表面粗糙度符号。

切换到"标注层"，然后调用直线工具。在绘制区域任意取一点，然后采用相对极坐标的方式绘制其它点。命令行操作过程如下：

```
命令:L↙
指定第一点:(选取屏幕上的任意一点)
指定下一点或 [放弃(U)]:@5<120
指定下一点或 [放弃(U)]:@5<0
指定下一点或 [闭合(C)/放弃(U)]:↙
命令:↙(再次调用直线工具)
LINE 指定第一点:(选取初始点作为第一点)
指定下一点或 [放弃(U)]:@10<60
指定下一点或 [放弃(U)]:↙
```

至此就绘制了一个粗糙度符号，如图 8-26 所示。

3）设置粗糙度属性。

选择菜单"绘图"|"块"|"属性定义"或输入 Attdef ↙，系统会弹出一个"属性定义"对话框，填写相关内容，如图 8-27 所示。

4）全部输入完毕后，单击"确定"按钮返回到绘图区域；在图 8-28 所示位置单击左键作为属性的插入点。

图 8-26　粗糙度符号

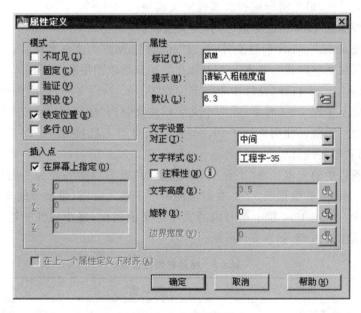

图 8-27　定义粗糙度属性

5）调用"创建块"工具（输入命令别名 b ↙），弹出"块定义"对话框；在"名称"文本框中输入"粗糙度"；单击"拾取点"按钮 ，然后选择粗糙度符号下方斜线交点作为基点；单击"选择对象"按钮 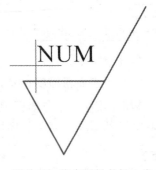，选取粗糙度符号的三条线以及标记 NUM，然后单击鼠标右键，返回到"块定义"对话框；"对象"选项区中选择"删除"单选按钮。

6）单击"确定"按钮，完成粗糙度图块的创建。

7）进行写入块操作。

调用 WBLOCK 命令（在命令行中输入 W↙），系统将弹出"写块"对话框。"源"选项区中选择"块"，然后在下拉列表中选择"粗糙度"，在"文件名和路径"文本框中指定块存放的目录。单击"确定"按钮，即可将块写入文件。

图 8-28　指定属性的插入点

8）插入块：在命令行中输入 i↙，在"插入"对话框"名称"列表框中选择"粗糙度"图块，单击"确定"按钮；在绘图区中单击左键，指定插入点，当系统提示："请输入粗糙度值"时输入数值或直接按＜Enter＞键（默认值 6.3），完成粗糙度符号的插入。

8.8.2　创建标题栏块

每一张工程图样上均要画出标题栏，而且其位置配置、线型、字体等均需遵守国家标准，详见 13.2.2 节。虽然可以用表格工具来创建标题栏，但用表格工具创建的标题栏，填写内容时操作较为繁琐。

本例介绍基于块和属性来定义标题栏，然后通过"特性窗口"或"增加属性编辑器"对话框来填写标题栏。

基于块和属性来定义标题栏的实现过程：按国家标准绘制标题栏图形，然后将绘图时填写的文字定义成属性，最后将标题栏和属性定义成块。

【例 8-11】根据图 13-4 创建标题栏，并定义成块。

1）基于样板 acadiso.dwt 创建文件，并以"标题栏.dwg"为文件名保存。

2）创建图层和文字样式。参考 6.3.1 和 9.2.3 节新建图层和文字样式，或者从"设计中心"复制：按＜Ctrl＞+2 打开"设计中心"，定位到"GBA.dwt"文件，然后将粗实线、细实线、文本三个图层以及工程字、工程字 35 两个文字样式复制到"标题栏.dwg"文件中。

3）绘制标题栏图框。使用直线工具、偏移工具、修剪工具，根据图 12-4 绘制标题图框，并将边框移动到"粗实线"层。

4）创建标题栏中的文本。将"工程字 35"设置为"置为当前"；在命令行中输入 dt↙调用"单行文本"工具，然后根据图 12-4，在对应的格子中输入标题（带括号的文字除外）。

5）创建属性。将图 13-4 位于括号内的文字定义成属性，每个属性一般具有属性标记、属性提示和默认值等内容，如表 8-3 所示。

表 8-3　标题栏属性设置

属性标记	属性提示	默认值	功　能
（签名）	设计者签名	无	填写设计者名称
（日期）	设计日期	无	填写绘图日期
（签名）	标准化者签名	无	填写标准化者名称

续表

属性标记	属性提示	默认值	功　能
（日期）	标准化日期	无	填写标准化日期
（材料标记）	材料标记	无或根据实际情况填写	填写零件的标注标记
（单位名称）	单位名称	无或根据实际情况填写	填写单位名称
（图样名称）	图样名称	无或根据实际情况填写	填写图样名称
（图样代号）	图样代号	无或根据实际情况填写	填写图样代号
（重量）	重量	无	填写实物重量
（比例）	图形与实体尺寸比例	1∶1	填写图样比例
（Z1）	图纸总张数	无	填写图纸的总张数
（Z2）	本图纸序号	无	填写本图形的序号

定义属性时，属性文字"对正"选择"中间"、文字样式设置为"工程字"，除"材料标记"、"单位名称"、"图样名称"、"图样代号"字高设置为 7 外，其余设置为 3.5。

属性创建过程请参阅 8.2.1 节。

提示：
本例中要定义的属性有 12 个，可以先定义一个属性，然后利用"复制"命令将它复制到对应的位置，最后双击属性，在弹出的"编辑属性定义"对话框中进行修改。

6）定义块。在命令行中输入 b↙弹出"定义块"对话框，将块名定义为"块－标题栏"；单击"拾取点"按钮，拾取标题栏的右下角位置作为块的基点；单击"选择对象"按钮，然后选择所有标题栏图形、文字及属性标记文本；选择"删除"单选钮按钮，单击"确定"按钮即可创建块。

7）插入块。在命令行中输入 i↙，弹出"插入"对话框；选择"在屏幕上指定"复选框，其余选项采用默认值；单击"确定"按钮，在绘图区合适位置单击左键，命令行中将按块中设置的属性逐个提示输入；全部按＜Enter＞键，直到在绘图区放置了标题栏。

8）填写标题栏。双击插入的标题栏块，将弹出如图 8-29 所示对话框；在"值"文本框中输入"属性"列表中相应属性的值，按＜Enter＞键，标题栏对应的属性将以刚输入的值代替，并且系统会自动跳到下一个属性。重复执行，直到全部属性设置完成后单击"确定"按钮。

提示：
在"块属性管理器"中可以调整改变属性提示的顺序。
在标题栏块单击右键，然后在快捷菜单中选择"特性"窗口，在"特性"窗口的属性区（如图 8-30 所示）也可输入属性值。

9）保存标题栏块。在命令行中输入 w↙，弹出"写块"对话框；"源"选择"块"，并在下拉列表中选择"块－标题栏"；在"目标"文本框中输入保存块的目录及名称；单击"确定"按钮。

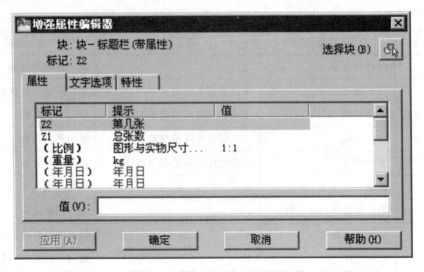

图 8-29　标题栏的增强属性编辑器

图 8-30　在"特性窗口"属性区输入属性的值

8.8.3　复制现有文件的图层设置

利用"设计中心"可以很方便地从现有文件中复制相关设置。

【例 8-12】利用设计中心复制现有文件的图层设置。

1）基于样板 acadiso.dwt 新建一文件。

2）按 Ctrl＋2 打开"设计中心"，在"文件夹"选项区定位到：\GBA.dwt\图层，内容区中将显示 GBA.dwt 文件中所设置的图层。

3）按住＜Shift＞键，然后选择内容区内所有图层。

4）按住左键不放，拖动到绘图区，释放左键后即可将所选图层复制到新建的文件中。

提示：
图层并不是具体的对象，所以复制图层后，绘图区域并没有新增新的对象，但可以在"图层特性管理器"或"图层控制"下拉列表看到复制的图层。

8.9　小结

一个 CAD 软件绘图效率的高低除绘图工具、编辑工具等是否高效外，还体现在是否提供高效的图形重用工具。本章主要介绍 AutoCAD 中常用的图形设计辅助工具，通过本章的学习，应达到以下学习目标：

(1)熟练掌握定义块和插入块的方法(☆☆☆)。

(2)掌握属性块的定义过程和使用属性块(☆☆)。

(3)了解动态块的特性以及动态块的创建和应用(☆)。

(4)了解外部参照(☆)。

(5)了解设计中心，掌握利用设计中心以组织和重用设计结果的方法(☆☆☆)。

(6)了解工具选项板，学会创建工具选项板、从工具选项板中调用图块(☆☆)

8.10　习题

1.什么是块，它的主要作用是什么？

2.AutoCAD 中，创建内部图块的命令是(　　　　)，别名是(　　　　)；创建外部图块的命令是(　　　)，别名是(　　　)；插入图块的命令是(　　　)，别名是(　　　)。

3.打开设计中的快捷键是(　　　)，打开工具选项板的快捷键是(　　　)。

3.什么是属性块？如何定义图块属性？

4.什么是外部参照？与块有什么区别？

5.动态块有什么优点？

6.什么是设计中心？设计中心有哪些功能？

7.什么是工具选项板？怎样利用工具选项板进行绘图？

8.利用工具选项板，绘制"滚珠轴承"。

9.提炼机械制图中常用到的符号(如剖切位置符号)，然后做成图块或属性块。

第9章　文本与表格

　　一张完整的工程图，除了图形外，还需要有标注尺寸文字、技术要求、标题栏等。Auto-CAD 提供了丰富的文字、表格等工具，并且提供了控制文字和表格外观的文字样式和表格样式。

9.1　文本标注基本规范

　　绘制工程图时，经常需要标注文字，如：标注技术要求、填写标题栏等。

　　工程图上标注的文字，不仅应符合国家标准（详见 12.2 节），而且同一张工程图应具有相同的外观。

　　在 AutoCAD 中，用文字样式来控制文本的外观。

9.2　文字样式

9.2.1　什么是文字样式

　　文字样式用来控制字体、字号、倾角、方向及其他文字特征，即用于控制文字字符的外观。AutoCAD 图形中，所有文字都具有与之相关联的文字样式。

　　AutoCAD 自身提供了多种文字样式，但所提供的文件样式并不符合国家的制图标准。因此，输入文字、标注尺寸前，应预先创建符合国标的文字样式，并置为当前样式。

9.2.2　文字样式设置

　　利用文字样式可以建立和强制执行标准，且有利于对标注格式及其用途的修改。文字样式的设置主要在"文字样式"管理器中进行。

　　可以通过以下几种方式调用"文字样式"管理器：

- 功能区："常用"选项卡|"注释"面板|文字样式"图标"
- 主菜单："格式"|"文字样式"
- 命令：Style

执行命令后，将弹出如图 9-1 所示对话框。

- "样式"列表框：显示图形中已定义的样式。选择一种样式，"文字样式"对话框就列出该样式的所有参数。修改参数并单击"应用"按钮，即可修改该文字样式。

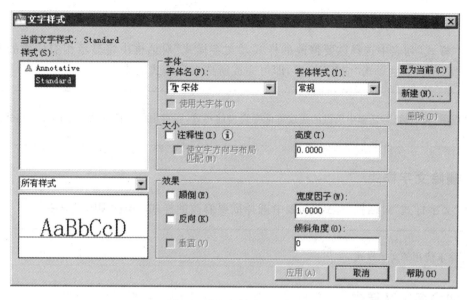

图 9-1 "文字样式"对话框

- 预览框：随样式参数的修改，动态显示相应的样例文字。
- 字体名：下拉列表内为当前可用的字体，用于指定样式的字体（如宋体、楷体等）。
- 字体样式：用于指定字体格式，如斜体、粗体或者常规字体。选定"使用大字体"后，该选项变为"大字体"，可在下拉列表中选择大字体文件。
- 使用大字体：指定亚洲语言的大字体文件。只有在"字体名"中指定 SHX 文件，才能使用"大字体"。
- 高度：指定文字高度。如果设置为 0，则在标注时，将提示输入文字高度；如果不想将字高固定，可以将其设置为 0。
- "效果"选项组：用于设置字体的特殊效果。如："颠倒"选项用于控制是否将文字颠倒显示；"反向"用于控制是否反向显示字符；"垂直"用于控制是否将文字垂直显示，但"垂直"效果对 txt.sh 字体才有效；"宽度因子"用于设置文字高度与宽度的比值，小于 1 的值将压缩文字，大于 1 的值则扩大文字；"倾斜角度"用于设置文字的倾斜角，正数向右倾斜，负数向左倾斜，取值范围 -85~85 。各选项对应的效果可以在预览框中动态显示。

9.2.3 创建文字样式

创建文字样式的操作步骤如下（具体示例请参阅例 9-1）。

1）调用"文字样式"管理器，弹出"文字样式"对话框（如图 9-1 所示）。

2）单击"新建"按钮，弹出如图 9-2 所示。

3）输入样式名称后单击"确定"按钮，将创建新的样式，并返回到"文字样式"对话框。

4）在"文字样式"对话框中设置相关选项。

5）单击"应用"和"关闭"按钮。

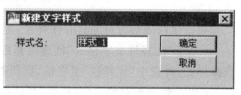

图 9-2 "新建文字样式"对话框

9.2.4　修改文字样式

在"样式"列表中选择欲要修改的样式，"文字样式"对话框中将显示相应样式的参数。直接修改参数，然后单击"应用"按钮，即可完成所选文字样式的修改。

提示：
单击"应用"按钮后，对话框中所做的更改将保存到当前样式，图形中由当前样式控制的文字格式也随之改变。

9.2.5　删除文字样式

在"文字样式"对话框"样式"列表中选择欲要修改的样式，单击"删除"按钮。

提示：
只能删除末使用的文字样式。

9.2.6　重命名文字样式

在"文字样式"对话框"样式"列表中选择欲要重命名的文字样式，然后在其上单击鼠标右键，在弹出的快捷菜单中选择"重命名"，输入新的样式名即可。

9.2.7　指定文字样式

在"文字样式"对话框"样式"列表中选择欲要置为当前的样式，然后单击"置为当前"按钮。

AutoCAD 中，使用"当前文字样式"控制新创建的文字格式。

9.2.8　使用注释性

在 AutoCAD 中，用于注释图形的对象有文字、多行文字、标注、图案填充、公差、多重引线、引线、块、属性等。AutoCAD 2008 以后版本中，将注释图形对象的"注释性"特性打开，可使其成为注释性文字。

例如，选择文字，并在其上单击右键；在快捷菜单中选择"特性"，打开"特性"对话框（如图 9-3 所示）；在"注释性"下拉列表中选择"是"，则所选文字将成为注释性文字。

使用"注释性"这一特性，可以使缩放注释的过程自动化（注释性对象根据当前注释比例设置进行缩放），从而使注释在图纸上以正确的大小打印。关于注释性对象的打印，请参阅第 11 章。

要使注释图形的对象具有注释性，可以通过以下几种方式：

• 基于"注释性文字样式"创建注释图形对象。在"文字样式"对话框（如图 9-1 所示）中，选择样式，并选中"注释性"复选框，则所选文字样式就变成"注释性文字样式"。

• 将注释图形对象的"注释性"特性设置为"是"（如图 9-3 所示）。

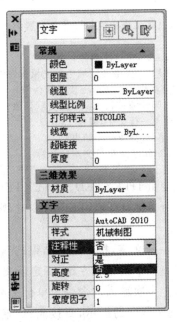

图 9-3　文字"特性"对话框

9.3　文本标注

AutoCAD 中,提供两种文字输入工具:单行文本 DText 和多行文本 MText。输入文字时会同步显示在屏幕中。"单行文本"工具可创建单行或多行文字,常用于创建标注文本、标题栏文字等。"多行文本"创建或修改多行文字对象,常用于创建技术要求、注释等文本。

在文本标注之前,应设置好文本样式,并"置为当前"。

9.3.1　单行文本

1.创建单行文本

"单行文本"工具可以创建一行或多行文字,但每一行文字都是一个独立的对象(故称为单行文本),所以可以对每一行的文字单独进行旋转、对正和大小调整等操作。

可以通过以下几种方式调用"单行文字"工具:

- 功能区:"常用"|"注释"|"单行文字"图标 **A**(位于"多行文字"下拉列表中)
- 菜单:"绘图(D)"|"文字(X)"|"单行文字(S)"
- 命令:text 或 Dtext 或命令别名 DT

【例 9-1】在 AutoCAD 中创建文字高度为 7,旋转角度为 0 度的单行文本。

命令：dtexted↙
输入 DTEXTED 的新值 ＜2＞：1↙（将系统变量 DTEXTED 置为1）
命令：dtext↙
当前文字样式："Standard" 文字高度：2.5000 注释性：否
指定文字的起点或［对正(J)/样式(S)］：（在绘图区域中单击鼠标左键,确定文字的起点）
指定高度 ＜2.5000＞：7↙（输入文字高度或按 Enter 接受默认值）
指定文字的旋转角度 ＜0＞：↙（输入倾角值或按 Enter 接受默认值）
输入文字：AutoCAD 立体词典↙（输入一行文字,并按 Enter）
输入文字：立体词典↙（输入一行文字,并按 Enter 结束）
输入文字：↙（不输入任何文字,按 Enter 结束单行文本命令）

　　dtexted 命令用于设置系统变量 DTEXTED。DTEXTED 为1时,单行文字将显示"编辑文字"对话框,退出时按＜Enter＞键；DTEXTED 为2时,则将显示在位文字编辑器,退出时按 Esc 键。

　　创建多行"单行文本"：输入一行文字,按 Enter 结束；光标会自动跳到上一行文字的下方,也可在绘图区域新的位置处直接单击鼠标左键,确定新文字的起点。

　　调用"单行文本"工具,如果上一次输入的命令为单行文本,在"指定文字的起点"提示下按＜Enter＞键,将跳过高度和旋转角度的提示,直接显示"输入文字"提示。文字默认将放在上一行文字的下方,也可在绘图区域新的位置处直接单击鼠标左键,确定新文字的起点。

2.单行文本对齐方式

　　在创建单行文本时,系统将提示用户指定文字的起点(用鼠标左键在绘图区域中指定),该点与实际字符的位置关系由对齐方式"对正(J)"选项控制。默认情况下,文本是左对齐的,即指定的点是文字的基线左端点,如图 9-4 所示。

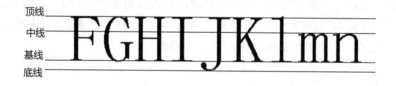

图 9-4　文本行的底线、基线、中线和顶线

　　在"指定文字的起点或［对正(J)/样式(S)］："提示下,输入 J 并按＜Enter＞键,可以重新设定对齐方式,命令行提示如下：

［对齐(A)/布满(F)/居中(C)/中间(M)/右对齐(R)/左上(TL)/中上(TC)/右上(TR)/左中(ML)/正中(MC)/右中(MR)/左下(BL)/中下(BC)/右下(BR)］：

常用选项含义如下：

　　• 对齐(A)：需要指定两点,作为文字串的起点、终点,系统将调整文字高度以使文字处于两点之间,文字字符串越长,字符越矮。

　　• 布满(F)：与对齐类似,但布满(F)方式下,文字的高度由用户来指定。

　　• 居中(C)：文字串基线中点位于插入的点。

　　• 中间(M)：所有文字(包括下行文字在内)的中点位于插入的点。

9.3.2 多行文本

可以通过以下几种方式调用"单行文字"工具：

- 功能区："常用"|"注释"|"单行文字"图标 **A**
- 菜单："绘图(D)"|"文字(X)"|"多行文字(M)"
- 命令：Mtext 或命令别名 MT

调用命令后，再在绘图区中指定一个矩形区域用来置多行文字。

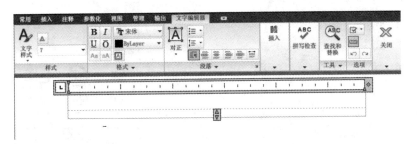

图 9-5 "多行文本"输入界面

1."样式"面板

"样式"面板用于指定多行文本的文字样式及文字高度：单击 按钮，在如图 9-6 所示的 "样式"列表中选择合式的文字样式，然后在"文字高度"框中输入文字的高度。

图 9-6 "样式"面板

2."格式"面板

"格式"面板中，可以为文字选择颜色、字体、标示上划线或下划线、加粗和倾斜文字等。

- 倾斜角度：用于控制文字的倾斜程度，正的角度值向右倾斜，负的角度值向左倾斜。
- 追踪：控制选定字符间距，1.0 为常规间距，大于 1 增大间距，小于 1.0 减小间距。
- 宽度因子：用于扩展或收缩选定字符，1.0 为字体中字母的常规宽度，大于 1 的宽度因子使宽度加倍，小于 1 的宽度因子使宽度减小。

3.“段落”面板

在“段落”面板中，可以设置多行文本的段落格式。

4.“插入”面板

“插入”面板主要用于插入符号和字段。

图 9-7 “格式”面板

图 9-8 “插入”面板

5.“工具”和“选项”面板

“工具”和“选项”面板主要包括：文字的“查找和替换”、“拼写检查”、“撤销和恢复”、“标尺”等功能。

6.“关闭”面板

单击“关闭”面板中的“关闭”按钮可以关闭“多行文本”对话框。需要注意的是：按 Esc 键将会中断多行文本的输入。在“多行文本”对话框外单击左键，将保存多行文本的输入内容并退出对话框。

9.3.3 特殊字符的输入

可以在文字字符串中使用控制信息来插入特殊字符，每个控制信息都通过一对百分号引入，但控制代码只能使用标准 AutoCAD 字体。常用的控制代码如表 9-1 所示。

表 9-1 特殊字符控制代码

控制代码	功能	示例	屏幕显示
％％o	控制是否加上划线。	％％oABCD	$\overline{ABCD}$
％％u	控制是否加下划线	％％uABCD	$\underline{ABCD}$
％％d	绘制度符号（o）	123％％d	123°
％％p	绘制正/负公差符号（±）	123％％p1	123±1
％％c	绘制圆直径标注符号（）	％％c123	⌀123
％％％	绘制百分号（％）	123％％％	123％

9.4　编辑文本

无论单行文本还是多行文本,其外观均受"文字样式"控制,修改"文字样式"即可修改文本的外观。

9.4.1 编辑单行文本

编辑单行文本主要是指修改单行文本内容、对正方式、缩放比例及文字的显示效果(如反向、颠倒等)。

可以通过以下几种方式编辑单行文本内容:

- 菜单:"修改"|"对象"|"文字"|"编辑"
- 命令:DDEdit,然后选择单行文本
- 双击单行文本

执行命令后,将弹出如图 9-9 所示"编辑文字"对话框,修改单行文本的内容,然后单击"确定"。

图 9-9　"编辑文字"对话框

菜单:"修改"|"对象"|"文字"中可以选择"比例"或"对正",用于修改文本的缩放比例或对齐方式。

9.4.2 编辑多行文本

可以通过以下几种方式编辑多行文本:

- 菜单:"修改"|"对象"|"文字"|"编辑"
- 命令:DDEdit,然后选择多行文本
- 双击多行文本

执行命令后,将进入创建"多行文本"界面,参照多行文本的设置方法编辑文字、修改外观等,然后在对话框外单击鼠标左键退出对话框。

9.4.3　利用特性选项板编辑

选择文本,并在其上单击鼠标右键;在快捷菜单中选择"特性",将弹出"特性"对话框(如图 9-3 所示);在特性对话框中修改所选文本的内容、样式、高度等。

9.4.4　查找与替换

单击"文字编辑器"选项卡|"工具"面板|"查找和替换"工具,将弹出"查找并替换"对

话框。

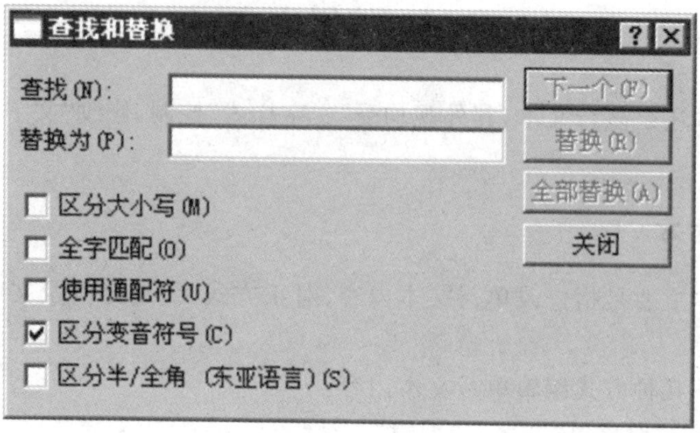

图 9-10 "查找并替换"对话框

利用该工具可以在当前文件中快速定位到"查找"文本框中的文字,并用"替换为"文本框中的文字来替换查找到的文字。

9.5 表格

表格在工程制图中常用于标题栏、技术说明、齿轮参数表及装配图中的零件明细表等。利用表格可以使信息表达更有条理。

AutoCAD 中的表格还具有计算功能。

9.5.1 定义表格样式

AutoCAD 中,表格的外观由表格样式来控制。表格样式可以控制表格标题文字和数据文字的文字样式、字高、对齐方式及表格单元的填充颜色。除此之后,还可以设定表格单元边框的线宽和颜色、控制是否显示边框等。

定义表格样式操作步骤如下:

1)单击主菜单"格式"|"表格样式",将弹出如图 9-11 所示对话框。默认情况下,表格样式是"Standard",用户可以根据需要创建新的表格样式。

2)单击"新建"按钮,弹出"创建新的表格样式"对话框,如图 9-12 所示。AutoCAD 是在基础样式(如 Standard)基础上创建新的表格样式的。

3)在"新样式名"文本框中输入样式名称、在"基础样式"选择要继承的样式,然后单击"继续"按钮,将弹出如图 9-13 所示对话框。设置表格参数后,单击"确定"按钮。

(1)起始表格:可以在图形文件中指定一个表格用作样例来设置此表格的格式。选择表格后,可以指定要从该表格复制到表格样式的结构和内容。使用"删除表格"图标,可以将表格从当前指定的表格样式中删除。

(2)表格方向:用于设置表格方向。"向下"则标题行和列标题行位于表格的顶部,单击"插入行"并单击"下"时,将在当前行的下面插入新行;"向上"则标题行和列标题行位于表格的底部,单击"插入行"并单击"上"时,将在当前行的上面插入新行。

(3)预览区:显示当前表格样式设置效果的样例。

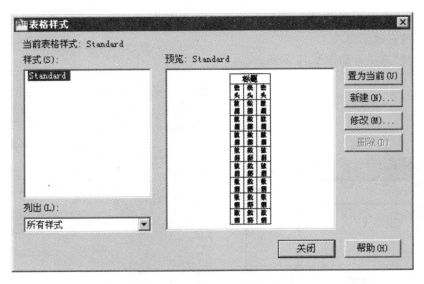

图 9-11 "表格样式"对话框

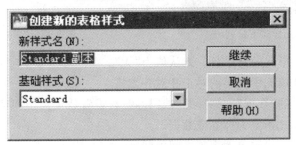

图 9-12 "创建新的表格样式"对话框

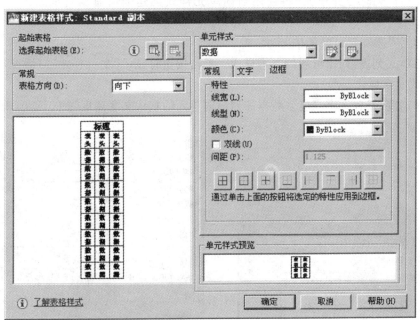

图 9-13 "新建表格样式"对话框

(4)单元样式下拉列表：显示表格中的单元样式，如图 9-14 所示。还可以定义新的单元样式或修改现有单元样式

(5)"常规"选项卡如图 9-15 所示。

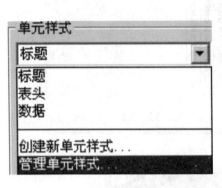

图 9-14　单元样式下拉列表

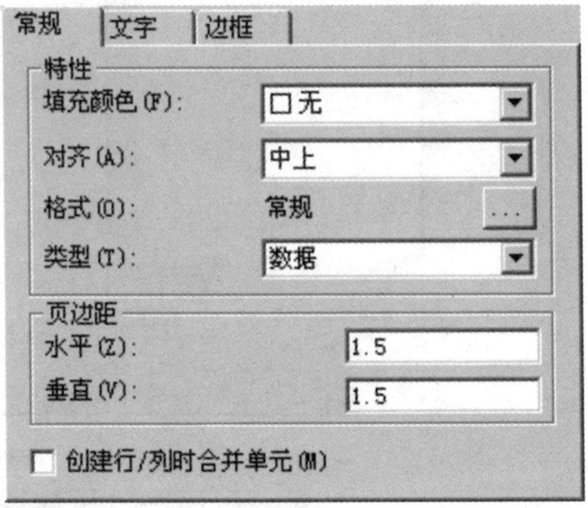

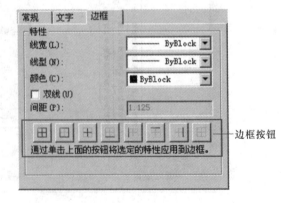

图 9-15　"常规"选项卡

• 填充颜色：指定单元的背景色。默认值为"无"。

• 对齐：设置表格单元中文字的对正和对齐方式。

• 格式：为表格中的"数据"、"列标题"或"标题"行设置数据类型和格式。

• 类型：将单元样式指定为标签或数据。

• 边距：控制单元边界和单元内容之间的间距。

•"创建行/列时合并单元"将使用当前单元样式创建的所有新行或新列合并为一个单元。

(6)"文字"选项卡如图 9-16 所示。

• 文字样式列表：列出可用的文本样式。单击按钮将显示"文字样式"对话框，从中可以创建或修改文字样式。

• 文字高度：设置文字高度。数据和列标题单元的默认文字高度为 0.1800，表标题的默

图 9-16　"文字"选项卡

图 9-17　"边框"选项卡

认文字高度为 0.25。

- 文字颜色:指定文字颜色。
- 文字角度:设置文字角度。默认的文字角度为 0 度,角度范围 −359 − +359 度。

(7)"边框"选项卡如图 9-17 所示:

- 线宽:单击"边框"按钮,设置将要应用于指定边界的线宽。
- 线型:单击"边框"按钮,设置将要应用于指定边界的线型。
- 颜色:单击"边框"按钮,设置将要应用于指定边界的颜色。
- 双线:将表格边框显示为双线。
- 间距:确定双线边框的间距。

9.5.2 修改表格样式

在"表格样式"对话框(图 9-11)中,单击"修改"按钮,将弹出与"新建表格样式"(图 9-13)相同的对话框;修改表格参数;单击"确定"按钮返回到"表格样式"对话框。

9.5.3 创建表格

可以通过以下几种方式调用"表格"工具:

- 功能区:"常用"选项卡|"注释"面板|"表格"
- 菜单:"绘图(D)" |"表格"
- 命令条目:table

执行命令后,将弹出如图 9-18 所示对话框。

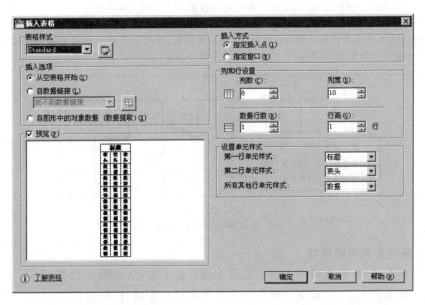

图 9-18 "插入表格"对话框

选择表格样式、设置列数、列宽、数据行数、行高等参数后,单击"确定"按钮即可完成表格创建。

提示：
AutoCAD 表格有 3 种单元样式：表头、标题及数据，前 2 行为表格起始行（表头和标题行），如果没有起始行，可将第一行和第二行设置为数据行。因此表格的行数＝数据行数＋2。

9.5.4　编辑表格

1.利用"表格单元"选项卡编辑表格

选择表格后，将进入"表格单元"选项卡。

图 9-19　"表格单元"选项卡

选择单元格，然后单击"从上方插入"、"从下方插入"、"删除行"、"从左侧插入"、"从右侧插入"、"删除列"即可在所选单元格上方/下方插入行，可以删除单元格所在的行；可以在所选单元格的左侧/右侧插入列，可以删除单元格所在的列。

AutoCAD 中还允许将表格中的连续单元合并为一个单元：选择需要合并的单元格，然后单击"合并单元"列表框中相应的合并方式（"合并全部"、"按行合并"、"按列合并"）。

提示：
• 若合并的表格单元内容已经填写，则合并单元时仅保留第一个单元的内容。
• 通过以下两种方式选择连续单元：选择第一个单元，然后按住 SHIFT 键在最后一个单元内单击左键，系统将选中这两个单元及它们之间的所有单元；用矩形框选，在第一个单元内单击鼠标左键，按住左键不放，拖动至最后一个单元（如图 9-20 所示），释放左键。

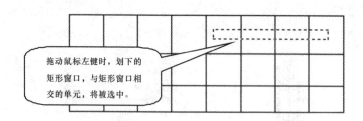

拖动鼠标左键时，划下的矩形窗口，与矩形窗口相交的单元，将被选中。

图 9-20　拖动鼠标方式选择连续单元

2.利用表格夹点编辑表格

1)选择整个表格（框选整个表格），表格上就会显示夹点，如图 9-21 所示。
鼠标左健单击夹点，然后拖动至合适位置单击鼠标左键，即可完成高度（宽度）的改变。
• 左上夹点：移动表格；
• 右上夹点：均匀拉伸表格宽度；
• 左下夹点：均匀拉伸表格高度；
• 右下夹点：均匀拉伸表格高度和宽度

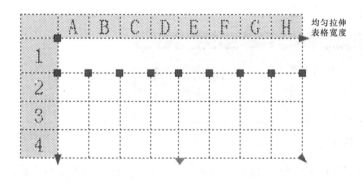

图 9-21　表格夹点

图 9-22　单元夹点

• 列夹点：修改单独的各列宽度。

• 表格打断夹点：可以将表格打断成多个片段。

2）单击表格单元，单元边框的中内也将显示夹点（如图 9-22 所示），利用夹点可以方便地更改行高和列宽。

3.利用右键快捷菜单操作表格

选择表格单元，并在其上单击鼠标右键，将弹出如图 9-23 所示快捷菜单。可以调整单元格的单元样式、填充背景、对齐方式、边框形态、插入（块、字段和公式等）、编辑文字、合并行（或列）等。

9.6　典型实例

9.6.1　机械制图文字样式设置

在机械制图中，按国家标准，数字和字母可写成斜体或直体，一般应写成斜体；汉字应写成长仿宋体。AutoCAD 字库中，可标注符合国家制图标准的中文字体是：gbcbig. shx，英文字体是：gbenor. shx 和 gbeitc. shx。其中 gbenor. shx 用于标注正体，gbeitc. shx 用于标注斜体。

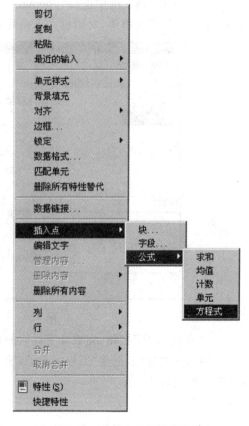

图 9-23　表格单元右键菜单

在机械制图中，国家标准规定字体的号数分为 20、14、10、7、5、3.5、2.5 共 7 种，其数值为字的高度（单位为 mm），字的宽度为字体高度的 2/3。一般 3、4、5 号图纸，应采用 3.5 号字，而 0、1、2 号图，应采用 5 号字。

【例 9-2】创建符合国标，且字体高度为 3.5 的文字样式。

1）选择"格式"|"文字样式"，系统将弹出如图 9-1 所示"文字样式"对话框。

2）单击"新建"按钮，弹出如图 9-24 所示对话框。在"样式名"文本框中输入：工程字—

35,然后单击"确定"按钮返回"文字样式"对话框。

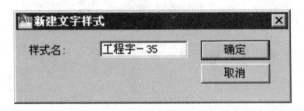

图 9-24 "新建文字样式"对话框

3)在"样式"下拉列表中选择刚创建的样式名称：工程字－35,然后在"SHX 字体"下拉列表框中选择"gbeitc. shx"；选中"使用大字体"复选框（"字体样式"变成"大字体"下拉列表框），在"大字体"列表框中选择"gbcbig. shx"；字体高度设置为 3.5,宽度比例为 1.000,如图 9-25 所示。设置过程中,对话框左下角可以预览文字样式的效果。

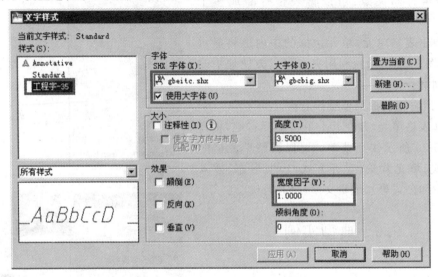

图 9-25 "工程图 3.5"样式设置

4)单击"应用"按钮,完成文字样式的设置；单击"关闭"按钮退出对话框。

用同样的方法,创建"工程字－5"（字高设置为 5）、"工程字－7"（字高设置为 7）、"工程字"（字高设置为 0）。

提示：

(1)文字样式默认高度设置为非 0 时,标注样式对话框"文字"选项卡中的"文字高度"将不可更改；设置为 0 时,创建文字时,需要指定字高。

(2)gbeitc. shx 和 gbcbig. shx 是 AutoCAD 为中国专门开发的字库。

(3)只有选中"使用大字体",才能指定亚洲语言的大字体文件。另外只有在"字体名"中指定 SHX 文件,才能使用"大字体"。

(4)大字体也可采用目前网上流行的工程汉字字库,只需下载该字库并复制到 AutoCAD 安装目录下的 Fonts 中即可。

9.6.2 用多行文字编写技术要求

【例 9-3】使用多行文字编写技术要求

1)调用"多行文本"工具,使用鼠标左键指定矩形区域的两个角点,如图 9-26 所示。

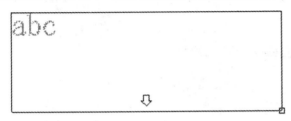

图 9-26 确定多行文本的输入范围

2)在"样式"面板中选择例 9-1 中创建的"工程字－7"样板。

3)在文字框中输入多行文字的内容,并进行适当排版,如图 9-27 所示。

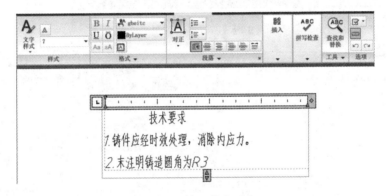

图 9-27 输入技术要求

4)在"多行文本"对话框外单击鼠标左键,将保存多行文本的输入内容并退出对话框。

9.6.3 利用表格工具设置标题栏

【例 9-4】表格工具绘制标题栏。

1)新建一个名为:标题栏. dwg 的文件;然后新建一个名为"标题栏"的图层,线型为"Continous",颜色为"黑色",线宽为"默认",并将"标题栏"图层设置为"当前层"。

2)单击菜单"格式"|"表格样式"命令,打开"表格样式"对话框;单击"新建"图标按钮,弹出"创建新的表格样式"对话框;在"新样式名"文本框中输入"标题栏"(如图 9-28 所示);单击"继续"按钮,弹出"新建表格样式:标题栏"对话框。

3)"新建表格样式:标题栏"对话框:在"单元样式"下选择"数据";"常规"选项卡"对齐"下拉列表中选择"正中";"文字"选项卡的"文字样式"选择"工程标注";"边框"选项卡"线宽"列表中选择 0.5mm,然后单击"外边框"按钮,如图 9-29 所示。

4)单击"确定"按钮返回"表格样式"对话框,单击"置为当前"按钮,然后关闭"表格样式"对话框。

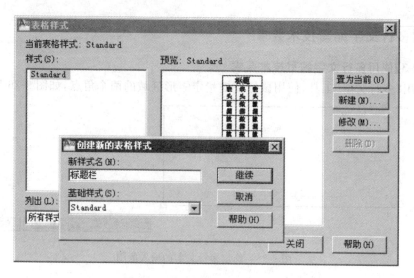

图 9-28　"创建新的样式"对话框

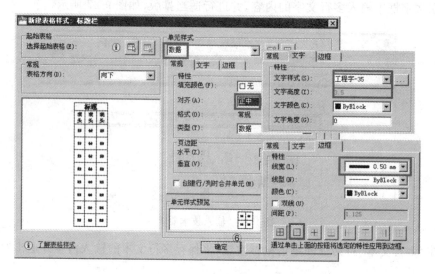

图 9-29　"创建表格格式－标题栏"设置对话框

5)单击菜单"绘图"|"表格"，弹出"插入表格"对话框。在"表格样式"下拉列表中选择"标题栏"、在"插入方式"中选择"指定插入点"、在"列数"中输入 5、在"列宽"中输入 10、在"数据行数"中输入 1、在"行高"中输入 1、"设置单元样式"下拉列表中全部选择"数据"，如图 9-30 所示。

提示：

创建的表格行数＝2＋数据行数。

---

6)在绘图区域合适位置单击鼠标左键，即可插入 3 行 8 列的表格，同时系统会自动打开"文字编辑器"，如图 9-31 所示。单击"文字编辑器"选项卡中的"关闭"按钮，以关闭"文字编辑器"。

7)选择表单元，然后单击右键，在快捷菜单中选择"合并"|"按行"，如图 9-32 所示。

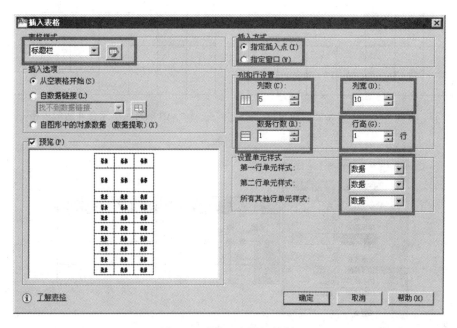

图 9-30 "插入表格"对话框

图 9-31 插入表格

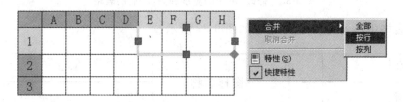

图 9-32 合并单击操作

8)按 Esc 键,退出表格编辑状态,结果如图 9-33 所示。

9)用类似的方式合并表格单元,结果如图 9-34 所示。

10)修改单元的宽和高,使其尺寸满足标题栏的规定:

(1)选择单元 1,单击鼠标右键并在快捷菜单中选择"特性",在弹出的"特性"对话框中将"单元高度"的值改为 8(如图 9-35 所示),并按 Enter 确认;

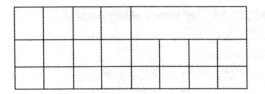

图 9-33　合并 E1－H1 单元之后的表格

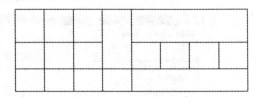

图 9-34　单元合并后的表格

图 9-35　修改单元的高与宽

（2）在"特性"对话框打开的情况下，分别单击"单元 2"、"单元 3"，将它们的单元高度修改为 8（每次修改值后，都要按 Enter 确认，下同）；分别单击"单元 4"、"单元 6"、"单元 8"、"单元 10"，并将对应的单元高度修改为 20、40、15、15；

（3）单击"特性"对话框"关闭"按钮，关闭"特性"对话框，结果如图 9-36 所示。

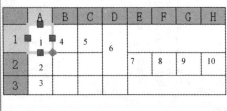

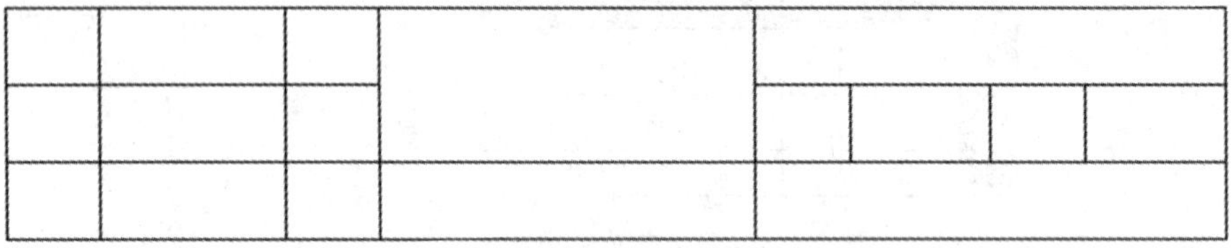

图 9-36　修改"单元的宽度和高度"后的表格

11）在表格中输入文字，最终结果如图 9-37 所示：

制图			图样名称	图号			
校对				数量		比例	
审核			材料				

图 9-37　输入文字后的表格

（1）在要输入文字的单元中双击鼠标左键，"功能区"打开"文字编辑器"选项卡；

（2）在"样式"面板中，"样式"选择"工程标注"，然后输入文字如"制图"；在空白处单击鼠标左键，即可退出"文字编辑器"。

(3)用同样的方式,在对应的单元里输入文字。注意在输入"图样名称"时,应采用"工程字-5"文字样工。

12)单击状态栏上的"显示/隐藏线宽"按钮╋,使标题栏表格根据设置线宽来显示,结果如图 9-38 所示。

制图			图样名称	图号			
校对				数量		比例	
审核			材料				

图 9-38　标题栏

13)按 Ctrl＋S 保存文件。

9.7　小结

本章主要是介绍 AutoCAD 中文字样式的创建,单行文本与多行文本的创建与编辑,表格样式的创建,表格的创建与编辑。最后通过实例讲述了创建符合国标的文字样式、标题栏等。通过本章的学习,应达到以下学习目标:
(1)了解文字样式的创建与修改(☆☆)
(2)掌握单行文本与多行文本的创建与编辑方式(☆☆☆)
(3)了解表格样式的创建与修改(☆)
(4)了解表格的创建与编辑(☆)

9.8　习题

1.文字样式的作用是什么?
2.DText 能创建一行或多行文字,但为什么称其所创建的文字对象为单行文本? 与 MText 创建的多行文本相比有什么优缺点?
3.一个完整的表格由几部分组成?

第 10 章 尺寸标注

工程图中,绘制各种图形的目标是为了体现零件的形状、尺寸以及零件之间的装配关系等,为此需要正确的添加尺寸标注,且所标注的尺寸必须符合国家标准的相关规定。Auto-CAD 提供多种尺寸标注工具,并使用"标注样式"控制尺寸标注的格式和外观。

10.1 尺寸标注基本原则

10.1.1 尺寸标注基本要求

图形只能表达机件的形状,它们的真实大小及其相对位置,需要通过标注的尺寸来确定。标注尺寸是一项极为重要的工作,标注尺寸应做到以下几点:

- 正确:尺寸标注要符合国家标注及《机械制图》中的有关尺寸标注的规定。
- 完整:尺寸标注必须齐全,不能遗漏,也不能重复。
- 清晰:尺寸标注布局要整齐、清晰。
- 合理:尺寸标注既要保证设计要求,又要适合加工、检验、装配等生产工艺的要求。

10.1.2 尺寸标注的组成

尺寸标注包括四个要素,如图 10-1 所示:

- 标注数字:尺寸数字一般应标注在尺寸线的中间,且应按标准字体书写。尺寸数字遇到图形时,须将图形断开。如果图线断开影响图形的表达,则应调整尺寸标注的位置。尺寸数字前的符号区分不同类型的尺寸,如∅——表示直径、R——表示半径、S——表示球面等。

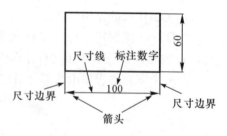

图 10-1 尺寸标注的组成

- 尺寸线:用于表明标注的范围,尺寸线应使用细实线绘制。标注线性时,尺寸线必须与所标注的线段平行;当有几条互相平行的尺寸线时,大尺寸标注在小尺寸外面,以免尺寸线与尺寸界线相交。在圆或圆弧上标注直径或半径时,尺寸线一般应通过圆心或延长线通过圆心。

- 箭头:箭头显示在尺寸线的末端,用于指出测量的开始和结束位置。

- 尺寸线界线:应从图形的轮廓线、轴线、对称线引出,同时轮廓线、轴线和对称线也可以作为尺寸界线。尺寸界线也应使用细实线画出。

10.1.3　尺寸标注基本规则

1) 机件的真实大小只以图样上标注的尺寸数字为依据, 与图形大小及绘图准确度无关。

2) 图样中的尺寸以毫米为单位时, 不需要标注单位, 如采用其它单位, 则必须注明。

3) 图样中所标注的尺寸为该图样所示机件最后完工尺寸, 否则应另加说明。

4) 机件的每一尺寸, 一般只标注一次, 并应标注在最能反映形体特征视图上, 同一形体的尺寸应尽量集中在同一视图中。

5) 尺寸线到轮廓线、尺寸线和尺寸线之间的距离为 6mm~10mm, 尺寸线超出尺寸界限 2mm~3mm, 尺寸数字一般为 3.5 号字, 箭头长 5mm, 箭头尾部宽 1mm。

6) 尺寸标注中尺寸数字的方向:线性尺寸数字通常写在尺寸线的上方或中断处。对于非水平方向上的尺寸, 其数字方向也可水平地注写在尺寸线的中断处;角度的数字一律写成水平方向, 一般注写在尺寸线的中断处, 也可写在尺寸线的上方, 或引出标注;尺寸数字不允许被任何图线所通过, 否则, 需要将图线断开。

7) 半径尺寸一般标注在投影为圆弧的视图上, 直径尺寸最好标注在非圆视图上。对于圆弧, 小于等于半圆标注半径, 大于半圆标注直径。同心圆较多时, 不宜标注在反映圆的视图上, 以免出现辐射形式。

8) 在同一图形中, 对于尺寸相同的孔、槽等成组要素, 可仅在一个要素上标注其数量和尺寸, 均匀分布在圆上的孔可在尺寸数字后加注"EQS"表示均匀分布。

9) 尺寸线平行排列时, 应使小尺寸在内, 大尺寸在外, 以免尺寸线与尺寸边界线干涉。

10) 尺寸应尽量标注在视图外面, 以保持视图清晰。

11) 在截交线和相贯线上标注尺寸是错误的, 虚线处也应尽量不要标注尺寸。

12) 不能封闭尺寸链。如图 10-2 所示, 尺寸 10、尺寸 9 与尺寸 19 形成了封闭的尺寸链, 因此是错误的。

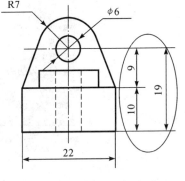

图 10-2 "封闭尺寸链"示意图

13) 在 AutoCAD 中, 标注尺寸前应为尺寸标注建立单独的图层和创建符合国标的标注样式。

提示:

创建尺寸时, AutoCAD 会自动创建一个名为"Defpoints"的图层, 该图层上保留了一些标注信息, 请不要清除这个图层, 它是 AutoCAD 图形的一个组成部分。

10.2　尺寸标注样式

尺寸是一个复合体, 在 AutoCAD 中, 它以块的形式存储在图形中。尺寸由尺寸线、尺寸界线、标注文字和箭头组成, 这些元素的外观都由尺寸样式来控制的。

在标注尺寸之前, 一般都要预先创建符合国标的尺寸样式, 并将符合国标规定的样式指定为当前样式(AutoCAD 将使用"当前样式"控制尺寸标注)。

尺寸标注中的标注数字由文字样式控制(因此, 创建尺寸标注样式前, 应先创建好符合国标的文字样式,关于文字样式创建方式请参见 9.2 及 9.6.1 节),尺寸线、尺寸边界、箭头由尺寸样式控制。

10.2.1　设置标注样式

标注样式控制标注的格式和外观,用它可以建立和强制执行图形的绘图标准,并有利于对标注格式及其用途的修改。在 AutoCAD 中,是基于"基础样式"来创建新的标注样式的:新创建的标注样式参数默认与"基础样式"完全一致,也就是说,创建样式实质上就是修改从"基础样式"中继续下来的参数。样式参数很多,按控制类别分布在七个选项卡中,如图 10-3 所示。

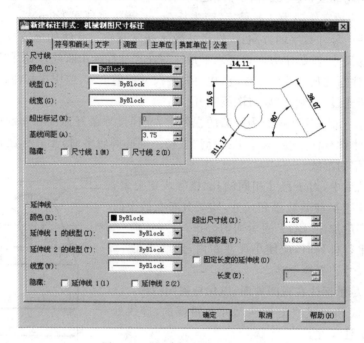

图 10-3　"新建标注样式"对话框

1."线"选项卡

"线"选项卡包括三个区域:尺寸线设置选项组、延伸线(尺寸界线)设置选项组、预览区。

尺寸线设置选项组主要是设置尺寸线的颜色、线型、线宽、基线间距及是否隐藏尺寸线。一般尺寸线的颜色、线型、线宽通过"层"工具来控制(即选择 ByLayer,AutoCAD 中一般会为尺寸专门设置一个或多个图层的)。

- 基线间距:设置基线标注时,并行尺寸线之间的距离。
- 原点偏移量:设置尺寸界线到图形的偏移距离,如图 10-4 所示。
- 是否隐藏尺寸:选中"尺寸线 1"或"尺寸线 2"复选框,则将隐藏"尺寸线 1"或"尺寸线 2",如图 10-5 所示,是选中"尺寸线 1"复选框的效果。

2."符号和箭头"选项卡

由"箭头"设置选项组、"圆心标记"选项组等组成,用于控制箭头、圆心标记、弧长符号和折弯半径标注的格式和位置。

3."文字"选项卡

设置标注文字的格式、放置和对齐。

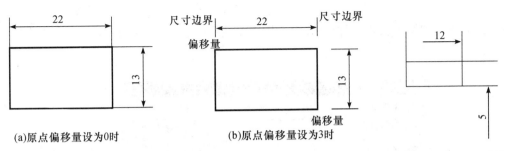

(a)原点偏移量设为0时　　　　(b)原点偏移量设为3时

图 10-4　"原点偏移量"示意图　　　　图 10-5　隐藏了"尺寸线 1"

4."调整"选项卡

"调整"选项卡用于设置文字位置、尺寸线的管理规则以及标注特征比例,由"调整选项"组、"文字位置"组等构成。

"调整选项"组主要作用是:当尺寸边界之间空间很小,不足以放置文字、箭头时,控制首先移到尺寸边界外面的对象:文字还是箭头。

5."主单位"和"换算单位"选项卡

主单位和换算单位选项卡用于设置主单位、换算单位和角度标注单位的格式和精度。

6. "公差"选项卡

公差选项卡用于设置公差值的格式和精度。

10.2.2　新建标注样式

可以通过以下几种方式调用"标注样式管理器":

- 功能区:"注释"选项卡 | "标注"面板 | "标注样式"
- 菜单:"格式(O)" | "标注样式(D)"
- 命令:dimstyle

执行命令后,将弹出"标注样式管理器",如图 10-6 所示。

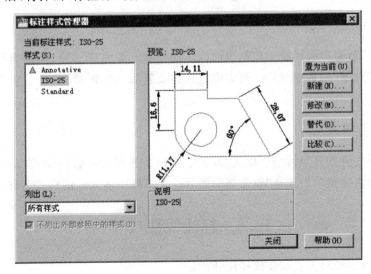

图 10-6　"标注样式管理器"

单击"新建"按钮,将弹出"创建新标注样式"对话框,如图 10-7 所示。在"新样式名"文本框中输入名称,在"基础样式"下拉列表中选择欲要继承的板式,在"用于"下拉列表中指定应用场合。

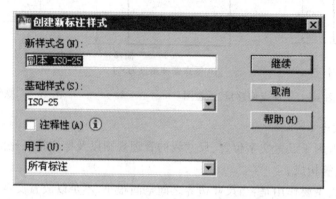

图 10-7 "创建新标注样式"对话框

单击"继续"按钮,将弹出如图 10-3 所示的"新建标注样式"对话框。修改七个选项卡中的参数,单击"确定"按钮,即可完成新标注样式的创建。

10.2.3 修改标注样式

在"标注样式管理器"对话框"样式"列表中选择欲要修改的样式,单击"修改"按钮,将弹出与"新建标注样式"对话框相似的"修改标注样式"对话框。修改七个选项卡中的参数,单击"确定"按钮,即可完成所选标注样式的修改。

10.2.4 删除标注样式

在"标注样式管理器"对话框"样式"列表中选择欲要删除的样式,在其上单击鼠标右键,在弹出的快捷菜单中选择"删除"。

10.2.5 指定标注样式

"当前样式"就是所有样式中控制当前标注的样式。要将样式设置为"当前样式",只需在"标注样式管理器"对话框"样式"列表中选择欲要置为当前的样式,然后单击"置为当前"按钮。

10.2.6 重命名样式

在"标注样式管理器"对话框"样式"列表中选择欲要重新命名的样式,在其上单击鼠标右键;在弹出的快捷菜单中选择"重命名",然后在文本框中输入新的样式名称。

10.3 标注线性尺寸

可以通过以下两种方式标注线性尺寸:

• 通过在标注对象上指定尺寸线起始点和终止点,创建尺寸标注。

• 直接选取要标注的对象。

在标注过程中,可以随时修改标注文字及文字的倾斜角度,可以动态调整尺寸线的位置。

10.3.1　标注线性直尺寸

可以用"线性"工具创建水平、竖直或旋及倾斜方向的尺寸。标注时,若要使尺寸线倾斜,则输入 R 选项,然后输入尺寸倾斜角度即可。

1.调用"线性"标注工具

可以通过以下几种方式调用"线性"标注工具:

• 功能区:"常用"选项卡|"注释"面板|"标注"下拉式菜单的"线性"图标

• 菜单:"标注(N)"|"线性(L)"

• 命令:dimlinear

2."线性"标注操作示例

调用"线性"标注工具后,指定第一条尺寸界线的起始点(如 A 点)、第二条尺寸界线的起始点(如 B 点),拖动光标至合适位置(如 C 点),单击左键即可放置尺寸线,如图 10-8 所示。

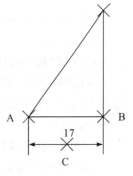

图 10-8　线性标注

提示:
如果修改了系统自动标注的文字,就会失去尺寸标注的关联性,即尺寸数字不再随标注对象的改变而改变。

3."线性"标注选项说明

在"线性"标注过程中,命令行中会提供相关选项以供选择:

• 行文字(M):使用该选项,将打开"多行文本编辑器",可以输入新的尺寸值。

• 文字(T):在命令行中输入新的尺寸值。

• 角度(A):设置文字的放置角度。

• 水平(H)／垂直(V):设置标注水平或垂直类型尺寸。如图 10-9 中,第一、二条的尺寸界线指定为 A 和 B 点时,系统会根据用户的指定标注水平或垂直类型的尺寸(也可以通过移动光标,系统会根据光标所在位置,自动判断采用水平或垂直类型进行标注)。

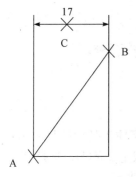
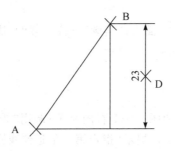
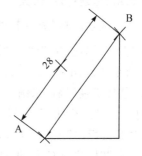
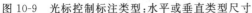

图 10-9　光标控制标注类型:水平或垂直类型尺寸　　　　图 10-10　对齐标注

• 旋转（R）：使尺寸线倾斜。标注时，输入 R，然后输入尺寸倾斜角度即可。

10.3.2　对齐标注

对齐标注主要用于标注倾斜对象，其尺寸线与倾斜的标注对象平等，如图 10-10 所示。

1.调用"对齐"标注工具

可以通过以下几种方式调用"对齐"标注工具：

• 功能区："常用"选项卡|"注释"面板|"标注"下拉式菜单的"对齐"图标↖。

• 菜单："标注（N）"|"对齐（G）"

• 命令：dimaligned

2."对齐"标注操作示例

调用"对齐"标注工具后，指定第一条尺寸界线的起始点（如 A 点）、第二条尺寸界线的起始点（如 B 点），拖动光标至的合适位置（如 C 点），单击鼠标左键即可放置尺寸线放置，如图 10-10 所示。

3."对齐"标注选项说明

"对齐"标注选项与"线性"选项基本相同，"对齐"标注的尺寸线与两点的连线平行。

10.3.3　基线标注

基线标注是指所有尺寸都是从同一点开始的标注，它们共用一条尺寸界线，如图 10-11 所示。

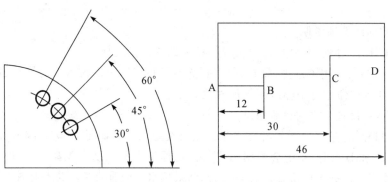

图 10-11　基线标注

1.调用"基线标注"工具

• 功能区："注释"选项卡|"标注"面板|"连续"下拉菜单|基线标注图标。

• 菜单："标注（N）"|"基线（B）"；

• 命令条目：dimbaseline。

2."基线标注"操作示例

打开："基线标注.dwg"文件，如图 10-11 右图所示；调用"线性"标注工具标注尺寸 12；再调用"基线标注"工具，当 AutoCAD 提示"指定第二条延伸线原点或［放弃（U）/选择（S）］<选择>："时，选择 C 点，即可创建尺寸 30；再选择 D 点即可创建尺寸 46。

3."基线标注"说明

创建"基线标注"时,应先建立一个尺寸标注,然后调用"基线标注";提示"指定第二条延伸线原点或〔放弃(U)/选择(S)〕<选择>:"时,可以采用以下两种方式之一:

• 直接选择对象上的点。由于已经建立了一个尺寸,因此 AutoCAD 将以该尺寸的第一条尺寸界线作为基准线生成基准型尺寸。

• 如果不在前一个尺寸的基础上生成基线型尺寸,就按<Enter>键,AutoCAD 将显示:"选择基准标注",AutoCAD 将以新选择的尺寸界线作为"基线标注"的基准线。

10.3.4 连续标注

连续标注是一系列首尾相连的标注形式,如图 10-12 所示。

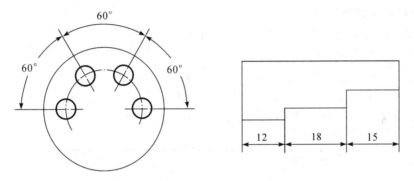

图 10-12 连续标注

"连续标注"与"基线标注"类似,首先建立一个尺寸标注,然后调用"连续标注",指定第二条延伸线原点即可进行连续标注。

可以通过以下几种方式调用"基线标注"工具:

• 功能区:"注释"选项卡|"标注"面板|"连续"下拉式菜单|连续标注图标┼┼┼

• 菜单:"标注(N)"|"连续(B)"

• 命令条目:dimcontinue

10.4 标注径向尺寸

径向尺寸指圆或圆弧的半径尺寸和直径尺寸。标注径向尺寸时,AutoCAD会自动在直径(或半径)标注文字前面加上 Φ(或 R)符号,如图10-13 所示。

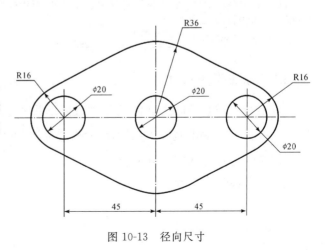

图 10-13 径向尺寸

10.4.1　标注直径尺寸

1.调用"直径"标注工具

可以通过以下几种方式调用"直径"标注工具：

- 功能区："常用"选项卡|"注释"面板|"标注"下拉式菜单直径图标

- 菜单："标注(N)"|"直径(D)"

- 命令条目：dimdiameter

2."直径"标注操作示例

打开"径向尺寸标注.dwg"文件；调用"直径"标注工具；选择要标注的圆，将标注文字移动至合适的位置，单击左键，如图10-13所示。

3."直径"标注选项说明

直径尺寸也可用"线性"标注在非圆表示的视图上标注：

1)调用"线性"标注工具；

2)指定第一尺寸界线的起始点A，选择第二条尺寸界线的起始点B；

3)在命令行中输入T，调用"文字T"选项，再输入"%%C〈〉"；

4)在C处单击左键放置尺寸线，结果如图10-14。

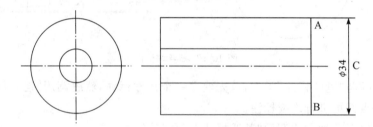

图10-14　在非圆表示的视图上用线性标注直径

提示：

1)尖括号 <> 表示采用AutoCAD的测量值，也可以直接输入%%C34。但只有采用AutoCAD的测量值的才可以设置为"关联"；

2)也可在创建线性尺寸后，再将其修改为直径尺寸：双击线性尺寸，在弹出的"特性"对话框的"文字替代"文本框中输入%%C<>。

3)直径应尽可能标注在非圆视图上。

10.4.2　标注半径尺寸

半径标注与直径标注相似，可以通过以下几种方式调用"半径"标注工具：

- 功能区："常用"选项卡|"注释"面板|"标注"下拉式菜单直径图标

- 菜单："标注(N)"|"半径(D)"

- 命令条目：dimradius

10.5 标注角度型尺寸

AutoCAD 中,可以通过拾取两条连线、3 个点或一段圆弧来创建角度尺寸。国标中对于角度标注有相应的规定:角度文本一般水平书写,通常写在尺寸线的中断处,必要时允许写在尺寸线的外面或引出标注。

为使角度标注符合国标规定,可对当前样式进行定制,详见例 10-3。

1.调用"角度"标注工具

可以通过以下几种方式调用"角度"标注工具:

• 功能区:"常用"选项卡|"注释"面板|"标注"下拉式菜单角度标注图标

• 菜单:"标注(N)"|"角度(A)"

• 命令条目:dimangular

2."角度"标注操作示例

1)打开"角度标注.dwg";

2)拾取两条连线标注角度:调用"角度"标注工具;选择左侧的斜线为第一条边,选择右侧的斜线为第二条边;在合适位置处单击左键放置尺寸线,结果如图 10-15 左图所示。

3)标注圆弧:调用"角度"标注工具;选择圆弧,AutoCAD 直接标注圆弧所对的圆心角;在合适位置处单击左键放置尺寸线,结果如图 10-15 右图所示。

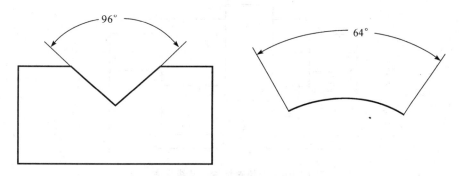

图 10-15 角度标注

10.6 快速标注

"快速"标注可以快速创建成组的基线、连线、阶梯的坐标标注,快速标注多个圆、圆弧及编辑标注的布局。

1.调用"快速"标注工具

可以通过以下几种方式调用"快速"标注工具:

• 功能区:"注释"|"标注"面板|"快速标注"图标

• 菜单:"标注(N)"|"快速标注(Q)"

• 命令条目:qdim

2."快速"标注操作示例

打开"快速标注.dwg"文件；调用"快速"标注工具，然后从左到右框选要标注的几何图形（提示：不包括中心线）；单击<Enter>键，并拖动鼠标到适合位置处单击左键以放置尺寸线。如图10-16所示。

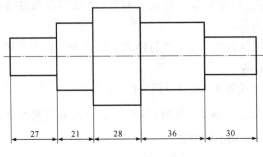

图 10-16　快速标注一连续标注

3."快速"标注选项说明

选择要标注的几何对象后，命令行提示"指定尺寸线位置或［连续(C)/并列(S)/基线(B)/坐标(O)/半径(R)/直径(D)/基准点(P)/编辑(E)/设置(T)]＜连续＞:"默认创建的是连续标注类型，可以通过输入选项改变标注类型，如输入 b，创建的"快速"标注如图10-17所示。

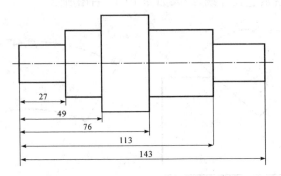

图 10-17　快速标注一基线标注

10.7　引线标注

引线标注由箭头、引线、基线（引线与标注文字间的线）、多行文字或图块组成。使用引线标注可以方便地创建多种注释类型（如多行文本、公差）的引线标注，如图10-18所示。

图 10-18　快速引线标注

1.调用"引线"标注工具

命令：qleader

2."引线"标注操作示例

创建如图 10-18(左)所示的引线标注。

命令：QLEADER↙
指定第一个引线点或［设置(S)］＜设置＞:(指定第一点:箭头位置)
指定下一点:(指定第二点:弯折位置)
指定下一点:(指定第三点:基线终点位置)
输入注释文字的第一行＜多行文字(M)＞:1×45％％d(输入多行文字)
输入注释文字的下一行:↙(按＜Enter＞键结束引线标注)

3."引线"标注选项说明

引线的形式、箭头的外观、注释的类型由"qleader"命令中的"［设置(s)］"选项控制。

调用"qleader"命令后,命令行提示"指定第一个引线点或［设置(S)］＜设置＞:",直接按＜Enter＞键,将弹出如图 10-19 所示"引线"设置对话框,该对话框中分别有"注释"、"引线和箭头"和"附着"三个选项,分别控制注释类型、引线和箭头的外观等。

1)"引线设置－注释"选项卡

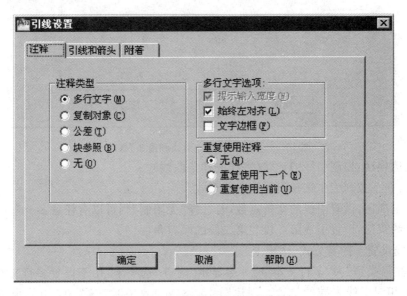

图 10-19 "引线设置－注释"选项卡

(1)"注释类型"选项区用于设置引线末端的注释类型:

• 多行文字:可以在引线的末端加入多行文本。

• 复制对象:将其它图形对象复制到引线的末端。

• 公差:引线标注过程中将打开如图 10-25 所示"形位公差"对话框,使用户方便地进行形位公差标注。

• 块参照:可以在引线末端插入图块。

• 无:引线末端不加入任何对象。

(2)多行文字选项区,只有当注释类型为"多行文本"时才可用。

- 提示输入宽度：创建引线标注时，提示用户指定文字分布宽度。
- 始终左对齐：输入文字采用左对齐的方式。
- 文字边框：给文字添加矩形边框。

(3)"重复使用注释"选项区：

- 无：不重复使用注释内容。
- 重复使用下一个：把本次创建的文本注释复制到下一个引线标注中。
- 重复使用当前：把上一次创建的文字注释复制到当前引线标注中。

2)"引线设置－引线和箭头"选项卡

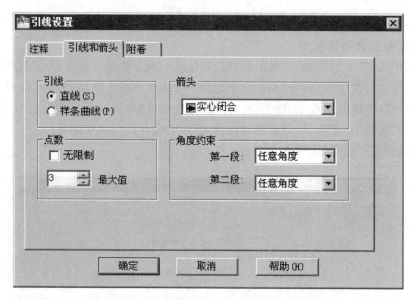

图10-20 "引线设置－引线和箭头"选项卡

- 引线选项区：控制引线的形状（直线或样条曲线）。
- 箭头：在下拉列表中选择引线箭头的形式。
- 点数选项区：设置引线的弯折点数，若选择"无限制"则可以有任意多个弯折点。
- 角度约束区：设置引线第一段和第二段的倾斜角度。

3)"引线设置－附着方式"选项卡

只有"注释类型"为"多行文本"时才会显示"附着"选项卡，用于设置多行文本在引线左边或右边时相对引线末端的位置。创建图10-18(左)效果时，需要在"引线设置－附着方式"选项卡中选中"最后一行加下划线"复选框。

图 10-21 "引线设置－附着方式"选项卡

10.8 多重引线

在 AutoCAD 2010 中还可以通过"多重引线"工具标注引线。"多重引线"工具有更多的选项,可以先放置箭头、引线基线或内容。

1.调用"多重引线"标注工具

可以通过以下几种方式调用"多重引线"标注工具:

• 功能区:"常用"选项卡|"注释"面板|"多重引线"下拉式菜单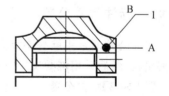

• 功能区:"注释"选项卡|"引线"面板|"多重引线"按钮

• 命令:mleaderedit

2."多重引线"标注操作示例

【例 10-1】完成图 10-23(右)所示的多重引线标注。

1)打开"千斤顶装配图.dwg"文件,并调用"多重引线"工具;

2)在 A 处单击左键以指定箭头位置,在 B 处单击左键以指定弯折位置,输入多行文字 1,即可创建多重引线 1,如图 10-22 所示。

3)用同样的方法,创建多重引线 2、3、4、5、6,如图 10-23(左)所示;

图 10-22 创建"顶垫"引线

4)对齐多重引线:在"注释"选项卡|"引线"面板中选择"对齐"图标 ;选择多重引线 1、2、3、4、5、6,按<Enter>键完成选择;选择多重引线 6 为要对齐的引线,单击右键即可对齐 6 条多重引线。

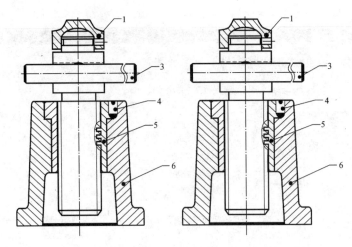

图 10-23 "多重引线"标注

3."多重引线"标注选项说明

1)多重引线中的箭头、引线及注释由"多重引线样式"控制。单击菜单"格式"|"多重引线样式"，弹出"多重引线样式管理器"对话框；选择"Standard"样式，并单击"修改"按钮，在"引线格式"选项卡中一般将前头符号设置为"点"、"内容"选项卡可将"多重引线类型"设置为多行文字或块。

2)在装配图中，可能会有多个相同的零件，此时可以使用"注释"选项卡|"引线"面板中的"添加引线"按钮 ，在选定的多重引线对象添加更多的引线。

4)可以使用"注释"选项卡|"引线"面板中的"删除引线"按钮 ，从选定的多重引线对象中删除引线。

5)使用"注释"选项卡|"引线"面板中的"多重引线合并"按钮，可以将选定的包含块的多重引线的内容组成一组并附着到单一引线。

10.9 尺寸公差与形位公差标注

尺寸公差与形位公差是机械制图中的重要内容。

10.9.1 标注尺寸公差

尺寸公差通常用堆叠文字方式标注公差：标注尺寸时，利用"多行文本"选项打开多行文本编辑器，然后采用堆叠文字方式标注公差。

【例 10-2】标注公差

1)打开"公差标注.dwg"文件；

2)单击 ├─┤ 图标；指定第一条尺寸边界的起始点和第二条尺寸边界的起始点后；输入m，并按<Enter>键，启动多行文本编辑器；

3)输入"％％C34＋0.010^－0.010"（如图 10-24a 所示）；

4)选中"＋0.010^－0.010"，并在其上单击右键，在快捷菜单中选择"堆叠"，AutoCAD将以公差格式显示；

5)单击左键,然后拖动鼠标到合适位置单击左键以放置尺寸线。结果如图 10-24b 所示。

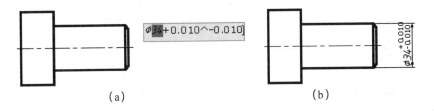

(a)　　　　　　　　　　　　　　　　　　　(b)

图 10-24　堆叠文字方式标注公差

10.9.2　标注形位公差

标注形位公差可使用 TOLERANCE 命令及 QLEADER 命令,前者只能产生公差框格,而后者既能形成公差框格又能形成标注指引线。因此常用 qleader 命令创建形位公差。

【例 10-3】用引线标注方式创建形位公差。

1)打开"公差标注.dwg";

2)输入 qleader 命令,按<Enter>键;

3)按<Enter>键,弹出"引线设置"对话框(如图 10-19 所示),在"注释"选项卡中,将"注释类型"设置为"公差",单击"确定"按钮退出对话框。

4)指定箭头位置(A 处)、弯折位置(B 处)及基线终点位置(C 处)后,将弹出"形位公差"对话框(如图 10-25 所示),在"符号"类型选择"垂直度"、公差值输入 0.05,基准 1 中输入 A。

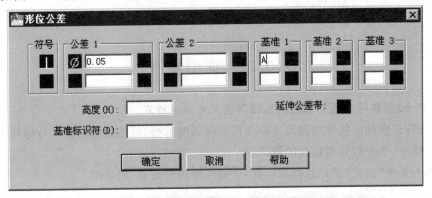

图 10-25　"形位公差"对话框

5)单击"确定"按钮,完成形位公差标注,结果如图 10-26 所示。

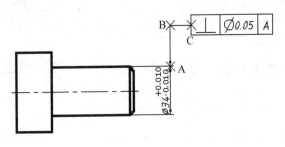

图 10-26　标注形位公差

10.10 编辑尺寸标注

10.10.1 利用夹点调整标注位置

夹点编辑方式非常适合于移动尺寸线和标注文字,进入这种编辑模式后,一般利用尺寸线两端或标注文字所在处的夹点来调整标注位置。

10.10.2 修改尺寸标注文字

修改尺寸标注样式,所有由此样式控制的尺寸标注都将发生变化。修改单个尺寸标注文字的最佳方法是使用 DDEDIT 命令。发出该命令后,用户可以连续地修改想要编辑的尺寸。

可以通过以下几种方式调用 DDEDIT 命令:

- 命令:DDEDIT
- 菜单:"修改"|"对象"|"文字"|"编辑"

【例 10-4】修改尺寸标注文字

1)打开"形位公差标注－结果.dwg",并调用 DDEDIT 命令;

2)选择形位公差,将弹出图 10-25 所的形位公差,可将公差值修改为 0.06,然后单击"确定"按钮,退出"形位公差"对话框;

3)单击<Enter>键退出。

10.11 典型实例

【例 10-5】创建符合国标的通用机械制图尺寸标注样式。

分析:符合国标的机械制图尺寸标注样式包括两部分:通用机械制图尺寸标注样式及专用于角度标注、半径和直径标注的样式。

1)单击菜单"格式"|"标注样式",弹出"标注样式管理器"对话框。

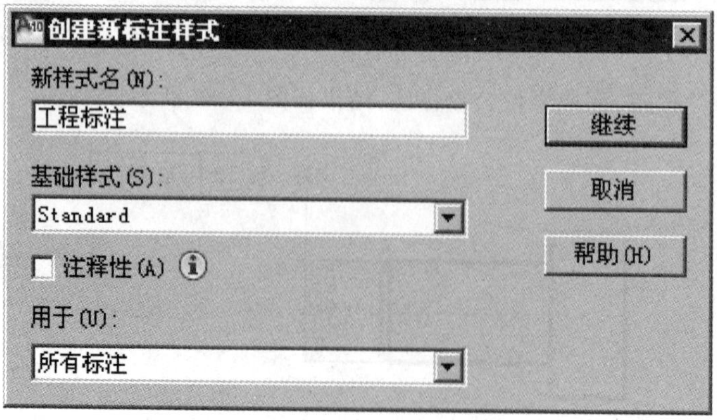

图 10-27　"创建新标注样式"对话框

2)在对话框中单击"新建"按钮,在打开的"创建新标注样式"对话框中的"新样式名"文本框中输入"工程标注","基础样式"采用"Standard",其它采用默认设置。

3)单击"继续"按钮,打开"新建标注样式:工程标注"对话框。在"线"选项卡中,将"基线间距"设置为7、"超出尺寸线"设置为2、"起点偏移值"设置为0,其余采用默认值。如图10-28 所示。

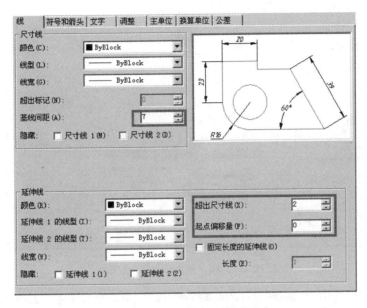

图 10-28 "标注样式-线"选项卡

4)单击"符号和箭头"选项卡,将"箭头大小"设置为3.5、"圆心标志"选项组中选择"标记",并将大小设置为3.5,其余采用默认址。如图 10-29 所示。

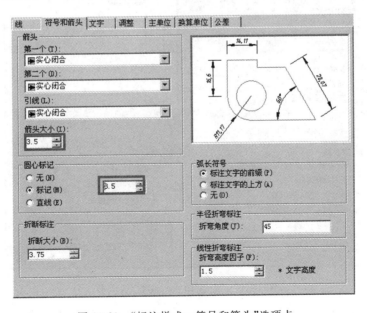

图 10-29 "标注样式-符号和箭头"选项卡

5)单击"文字"选项卡,将"文字样式"设置为"工程字"、"文本高度"设置为3.5、"从尺寸线偏移"设置为1,其余设置如图10-30所示。

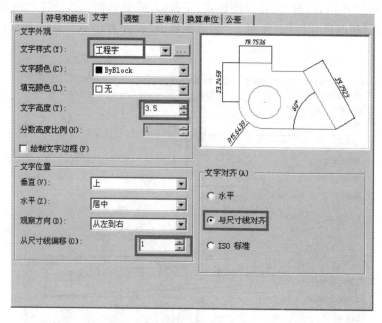

图10-30 "标注样式－文字"选项卡

6)单击"调整"选项卡,选择"文字"单选按钮、选择"手动放置文字"(启用该选项,标注尺寸时,由鼠标拖动来控制文字的位置),其余采用默认址。如图10-31所示。

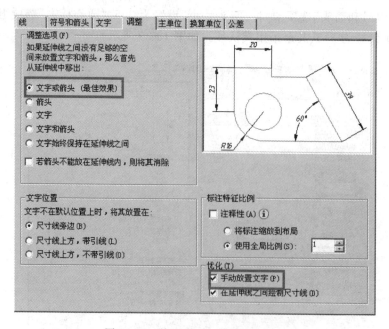

图10-31 "标注样式－调整"选项卡

7)单击"主单位"选项卡,将"精度"设置为0或0.0(提示:零件的误差由公差来控制,而

不是绘图精度的位数），选择"小数分隔符"下拉列表中的"句点"，其余采用默认址。如图
10-32 所示。

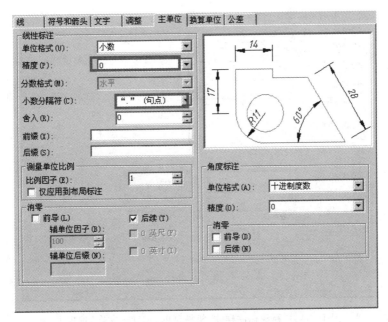

图 10-32 "标注样式－主单位"选项卡

8) 单击"确定"按钮，完成"工程标注"标注样式的设置。

【例 10-6】创建符合国标的角度、半径及直径尺寸标注样式

基于例 10-5 创建的"工程标注"标注样式，所标注出的尺寸，除角度、半径及直径尺寸
外，均能满足国标要求。因此需要在"工程标注"标注样式的基础上，创建适用于标注角度的
板板。

国标规定：标注角度时，角度的数字一律写成水平方向，一般应标注在尺寸线的中断处。
半径及直径尺寸的数字一般也写成水平方向，位于尺寸线的上方。

1) 在"标注样式管理器"对话框中，单击"新建"按钮，在弹出的"创建新标注样式"对话
框中，"基础样式"下拉列表中选择"工程标注"、"用于"下拉列表中选择"角度标注"，如图
10-33 所示。

图 10-33 "创建新标注样式"

2）单击"继续"按钮，弹出"新建标注样式"对话框，在"文字"选项卡中，选择"文字对齐"选项组中的"水平"单选钮，其余采用默认值。如图 10-34 所示。

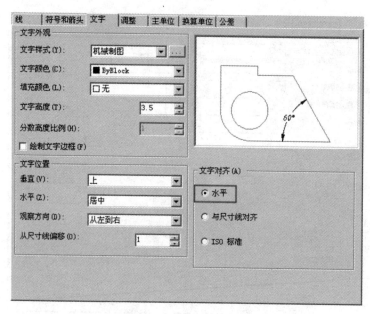

图 10-34 "新建标注样式：机械制图：角度—文字"选项卡

3）单击"确定"按钮，返回"标注样式管理器"。在"样式"列表中可以看到增加了"角度"样式，且从属于"工程标注"样式。单击"工程标注"样式，然后单击"置为当前"按钮，就可以用"工程标注"样式标注尺寸了，且当标注角度时，自动采用"工程标注—角度"样式。

4）创建"半径"标注样式：在"标注样式管理器"对话框中，单击"新建"按钮，在弹出的"创建新标注样式"对话框中，"基础样式"下拉列表中选择"工程标注"、"用于"下拉列表中选择"半径标注"；单击"继续"按钮，弹出"新建标注样式"对话框，在"文字"选项卡中，选择"文字对齐"选项组中的"水平"单选钮，其余采用默认值；单击"确定"按钮，返回"标注样式管理器"。

5）创建"直径"标注样式：在"标注样式管理器"对话框中，单击"新建"按钮，在弹出的"创建新标注样式"对话框中，"基础样式"下拉列表中选择"工程标注"、"用于"下拉列表中选择"直径标注"；单击"继续"按钮，弹出"新建标注样式"对话框，在"文字"选项卡中，选择"文字对齐"选项组中的"水平"单选钮，其余采用默认值；单击"确定"按钮，返回"标注样式管理器"。

6）单击"关闭"按钮，退出"标注样式管理器"。

10.12　小结

本章主要是介绍 AutoCAD 中不同标注样式的创建、各种类型尺寸的标注与编辑等。通过本章的学习，应达到以下学习目标：

（1）掌握尺寸样式的创建与修改（☆☆☆）

（2）掌握各种类型的尺寸标注，如线性尺寸、角度尺寸、直径尺寸等（☆☆☆）

（3）掌握形位公差和线性公差的创建方法（☆☆）

10.13　习题

1. 要标注倾斜两点之间的距离,应使用(　　　　　),选择两个点来创建对齐尺寸,尺寸线与两点的连线(　　　　)。

2. 形位公差使用(　　　　)命令进行标注。

3. 绘制平面图形并标注尺寸,如图 10-35 所示。

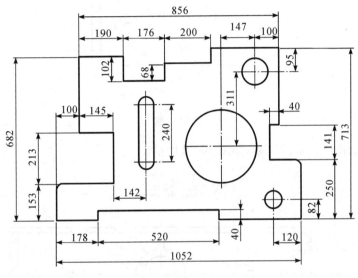

图 10-35　题 3

4. 绘制平面图形并标注尺寸,如图 10-36 所示。

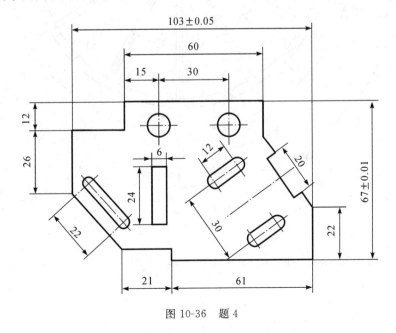

图 10-36　题 4

5. 绘制平面图形并标注尺寸，如图 10-37 所示。

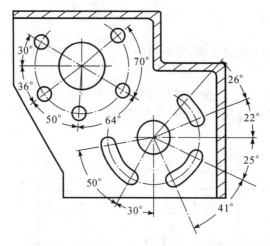

图 10-37　题 5

6. 绘制平面图形并标注尺寸，如图 10-38 所示。

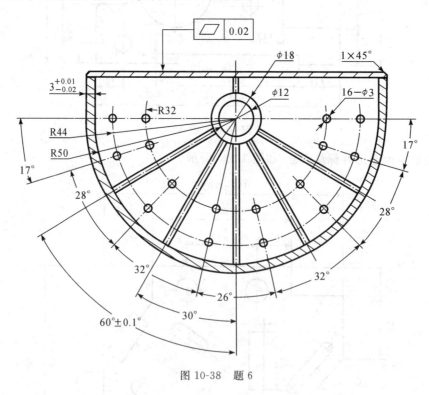

图 10-38　题 6

7. 打开第 5 章绘制的平面图形，参考附录完成尺寸标注。

第 11 章　图纸输出

在 AutoCAD 中完成绘图工作之后,一般还需要打印到图纸上。AutoCAD 具有强大的打印功能,可以将图样打印到绘图仪、打印机,还可以打印成电子格式以便与其他用户交流。

一个图形文件中可以绘制一张工程图,也可以绘制多个工程图。当一个图形文件中只绘制一张工程图时,通常基于"图纸空间"输出图形;当一个图形文件中绘制了多张工程图,则应通过"模型空间"输出图形。

11.1　模型空间与图纸空间

模型空间是 AutoCAD 专门为绘图而设计的一种工作环境,虽然在模型空间可直接对所绘制的图样进行打印预览或打印,但主要用于几何模型的构建。

图纸空间则是 AutoCAD 为输出图样而设计的一种工作环境,专用于构建打印布局,而不用于绘图或设计工作。在图纸空间输出图形,AutoCAD 将模拟创建一张具有打印尺寸的打印纸,然后在其上安排视图、添加边框、注释、标题栏及尺寸标注等。

AutoCAD 是通过浮动视口安排视图的。在浮动视口中可以调整缩放比例以及图形的位置,使之符合打印需求。视口是查看模型空间的一个窗口,通过它可以看到图形(在三维图形中,通过不同的视口查看,就可以能到不同的视图)。

使用图纸空间输出图形更具有优势:

(1)绘图时可以 1∶1 的比例绘制,在打印的时候,再根据具体的需要采用不同的比例,从而提高绘图效率。

(2)可通过创建多种布局,实现多种输出类型。如可以为不同的人员创建不同比例的布局和图纸。

绘图区域底部状态栏上有一个"模型"选项卡和多个"布局"选项卡,如图 11-1 所示。单击"模型"或"布局"选项卡,可以在它们之间进行切换。

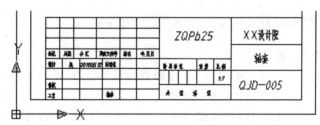

图 11-1　利用模型和布局选项卡切换

11.2 打印参数设置

无论是在模型空间还是在图纸空间输出图形,均需要根据出图的情况设置打印参数。调用"打印"工具后,AutoCAD将首先弹出页面设置对话框,打印参数就是在"页面设置"对话框中设置的。

可以通过以下几种方式调用"打印"工具：

- 功能区："输出"选项卡|"打印"面板|"打印"图标🖨
- 应用程序菜单："打印"|"打印"
- 快捷菜单：在"模型"选项卡或布局选项卡上单击鼠标右键,然后单击"打印"
- 命令条目：plot

执行上述命令后,将弹出图11-2页面设置对话框。

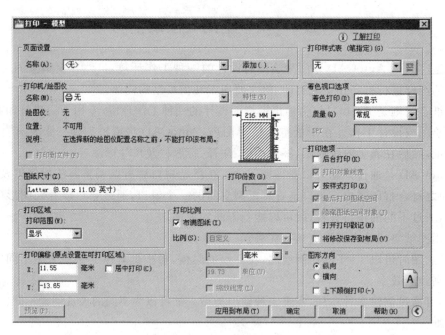

图11-2 页面设置对话框

提示：

单击"更多选项"按钮 ⊙ 或单击"更少选项" ⊙ 按钮可以控制"打印"对话框中显示更多选项；

1.选择打印设备

在"打印机/绘图仪"的"名称"下拉列表中可以选择 Windows 系统打印机或 AutoCAD 内部打印机(.PC3 文件)作为输出设备。

选定打印设备后,"特性"按钮将处于激活状态。单击"特性"按钮,将打开"绘图仪配置编辑器"对话框,在此对话框中可以重新设定打印机商品及其他输出设置,如打印介质、图形、物理笔配置、自定义特性、自定义图纸尺寸等。

选择"打印到文件"复选框,可以将打印输出到文件而不是绘图仪或打印机。

2.设置打印样式

图形中每个对象或图层都具有打印样式属性,通过修改打印样式,可以能改变对象原来的颜色、线型和线宽。

在"打印样式表"下拉列表中可以选择打印样式。选择一个打印样式后,单击 按钮,将打开"打印样式编辑器"对话框。该对话框含有三个选项卡:常规、表视图和表格视图。表视图和表格视图中都列出了打印样式及其设置,如果打印样式的数量较少,使用"表视图"选项卡比较方便,反之则应使用"表格视图"。

图 11-3 "打印样式编辑器"对话框

• 颜色:指定对象的打印颜色。打印样式颜色的默认设置是"使用对象颜色"。如果指定了打印样式颜色,在打印时该颜色将替代对象的颜色。

• 浅显:确定打印时在纸上使用墨的多少。

• 线型:打印时,用指定的打印样式线型代替对象的线型。

• 线宽:系统允许为每一种颜色设置线宽。

3.选择图纸幅面

在"图纸尺寸"下拉列表中指定图纸大小。

"图纸尺寸"下拉列表中包含了已选打印设备可用的标准图纸尺寸。当选择某种幅面图纸时,对话框中将显示一个所选图纸及实际打印范围的预览图。将光标移动到预览图上,光标位置处就显示出精确的图纸及图纸上可打印区域的尺寸。

除从"图纸尺寸"下拉列表中选择标准图纸外,还可以创建自定义的图纸尺寸:

(1)指定"打印机/绘图仪"后,单击"特性"按钮,然后在弹出的"绘图仪配置编辑器"对话框中选择"设备和文档设置"选项卡。

(2)选择"自定义图纸尺寸"，然后单击"添加"按钮，将弹出"自定义图纸尺寸"对话框；不断单击"下一步"按钮，并根据 AutoCAD 提示修改图纸参数。

(3)单击"完成"按钮，返回"打印"对话框，AutoCAD 将在"图纸尺寸"下拉列表中显示自定义的图纸尺寸。

4.设定打印区域

"打印区域"选项区"打印范围"列表中可以设置要输出的图形范围。

• 窗口：打印设定区域内的图形。在模型空间打印图形时，通常用该方式指定打印区域。

• 范围：打印图形中的所有图形对象。

• 图形界限：打印图形界限（用 Limits 命令进行设置）范围内的图形对象。

• 显示：打印整个图形窗口。

• 视图：打印 VIEW 命令保存的视图。选中"视图"选项后，将显示"视图"列表，列出当前图形中保存的命名视图，可以从此列表中选择视图。如果图形中没有已经保存的视图，此选项不可用。

5.设定打印比例

与手工绘制工程图样不同，在 AutoCAD,绘制阶段用户可以按 1：1 比例绘图，出图阶段再根据图纸尺寸等确定打印比例。

打印比例是图纸尺寸单位与图形单位的比值。如：当图纸尺寸单位是毫米，打印比例设置为 1：2 时，表示图纸上的 1mm 代表 2 个图形单位。

在"比例"下拉列表中包含了一系列常用的缩放比例值，此外，通过"自定义"选项可以指定其它打印比例。

从模型空间打开时，"打印比例"默认是"布满图纸(I)"，AutoCAD 将缩放图形以充满所选定的图纸。

6.调整图形打印方向和位置

图形打印方向和位置在"图形方向"选项区中设置。该区域中的图标表明图纸的放置方向，图标中的字母代表图形在图纸上的打印方向。

• 纵向：图形在图纸上水平放置。

• 横向：图形在图纸上竖直放置

• 反向打印：打印时相当于将纸张水平方向转了 180 度，主要用于印刷出版。

• 图形在图纸上的打印位置由"打印偏移"选项区确定。默认情况下，AutoCAD 从图纸左下角打印图形，打印原点处于图纸左下角位置，坐标是(0,0)，用户可在"打印偏移"中设定新的打印原点。

• X：指定打印原点在 X 方向的偏移值。

• Y：指定打印原点在 Y 方向的偏移值。

• 居中打印：在图纸正中间打印图形（系统自动计算 x、y 方向的偏移值）。

7.打印预览

打印参数设置完成后，可通过打印预览观察图形的打印效果。

单击"预览"按钮，AutoCAD 将显示实际的打印效果。预览时，光标变成 🔍+，可以进行实时缩放操作以观察图形。按<Esc>或<Enter>键返回"打印"对话框。

8.保存打印设置

打印参数设置后,可以保存在"页面设置"中,以备后用。

"页面设置"选项区"名称"下拉列表中显示了所有已命名的页面设置,若要保存当前页面设置,只需:单击"添加"按钮,打开"添加页面设置"对话框;在此对话的"新页面设置名"文本框中输入页面名称,然后单击"确定"按钮。

也可从其它图形中输入定义好的页面设置:在"页面设置"选项区"名称"下拉列表中选择"输入",将打开"从文件选择页面设置"对话框,选择并打开所需的图形文件,出现如图11-4 所示的"输入页面设置"对话框,该对话框显示图形文件包含的页面设置;选择其中一项,单击"确定"按钮。

图 11-4 "输入页面设置"对话框

11.3 在模型空间输出图形

如果一个图形文件中绘制了多张工程图,应采用模型空间输出图形方式。

在"模型空间"输出图形的操作步骤如下:

1)在命令行输入 plot 并按<Enter>键,或用其它方式调用"打印"工具。

2)指定"打印"参数,特别是打印区域。

3)单击"打印"对话框中的"确定"按钮。

"模型空间"输出图形,关键在于指定打印区域。通常采用"窗口"和"图形界限"来指定打印区域:

1.以"窗口"方式指定打印区域

有时,同一个图形文件中绘制多个工程图样,且每个工程图样都有对应的图框和标题栏等。此时可通过"窗口"方式指定打印区域。

在"打印范围"列表选择"窗口"后,系统将临时关闭"打印"对话框,然后按命令行提示指定窗口的两个对角点。

```
命令：PLOT↙
指定打印窗口
指定第一个角点：(在绘图区域指定一个触点)
指定对角点：(在绘图区域指定矩形窗口的另一个角点)
```

指定这两个对角点时，应打开"对象捕捉"模式，以便准确的选择图框的对角点。

2.以"图形界限"方式指定打印区域

在"打印范围"列表选择"图形界限"，则用 Limits 命令指定的图形界限范围内的所有图形都将被打印。

"图形界限"方式通常用于一个图形文件仅包含一个工程图样，且工程图样位于图形界限之内。要输出标准的工程图样，应该绘制一个和图形界限对应的图框。

11.4 在图纸空间输出图形

11.4.1 图纸空间输出图纸步骤

一般情况下，设计布局环境包含以下几个步骤：

(1) 激活布局，进入图纸空间。

(2) 插入图框和标题栏。

(3) 创建浮动视口并调整浮动视口的大小。

(4) 调整图形在浮动视口中的比例和位置。

(5) 根据需要，可在布局中创建注释和几何图形。

(6) 打印布局。

11.4.2 激活布局

单击布局选项卡标签(如"布局1")，即可激活该布局，进入图纸空间。

进入图形空间后，默认情况下只能看到一下视口。图形空间有三个边框，分别是：图纸边界、打印区域边界和浮动视口边界，如图 11-5 所示。

• 图纸边界：表示当前配置打印设置使用的图纸尺寸，若是 A4 图纸，则应为 210×297。

• 打印区域边界：表示纸张的可打印区域，用虚线框表示。一般应小于图纸边框，但应大于视口边界(可以在"布局的页面设置"对话框中，单击打印机"特性"按钮，然后从"绘图仪配置编辑器"中的"修改标准图纸尺寸(可打印区域)"查看或修改打印区域)。

• 浮动视口边界：视口是查看模型空间的一个窗口，通过它们可以看到模型空间中的视图对象。所绘制的图形可能会超出视口的范围，在视口中可以平移或缩放图形对象，以使图形对象适合视口。在图形空间，视口可以有多个，可移动和调整视口的大小，并且可以相互重叠或者分离，所以称之为浮动视口。

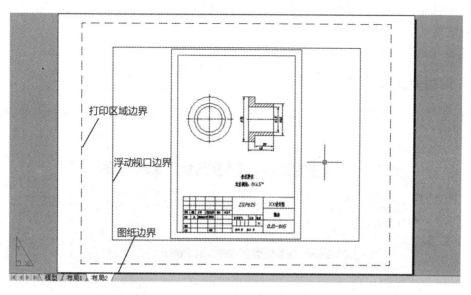

图 11-5　图纸空间

11.4.3　管理布局

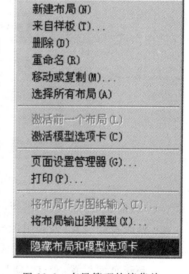

一个布局相当于一张图纸。AutoCAD 中可以很方便地创建和管理布局。

激活一个布局,并在标签上单击右键,弹出如图 11-6 所示快捷菜单。

• 新建布局:创建一个新的布局,状态栏上将增加一个布局选项卡。

• 来自样板:从现有文件中导入布局。选择该选项,将打开"从文件选择样板"对话框;选择 dwg、dxf 或 dwt 文件后,单击"打开"按钮;从弹出的"插入布局"对话框中选择要导入的一个或多个布局。当导入一个样板时,将导入存在于图纸空间布局上的视口、现有文字、标题栏等。

• 删除:删除选中的布局。

图 11-6　布局管理快捷菜单

• 移动或复制:打开"移动或复制"对话框。

提示:

　　采用拖动的方式移动或复制布局更方便:将布局拖动到新的位置即可移动布局;按住<Ctrl>键的同时,将布局拖动到新位置,新布局与原布局的名称相同,但在末尾添加了(2)字样。

• 选择所有:选中所有布局。按<Ctrl>键并单击布局标签,可选择多个布局;按住<Shift>键,然后单击两个布局标签,即可选择两上标签之间的所有布局。

• 激活前一个布局/激活模型选项卡:激活状态栏上的前一个布局/激活模型空间。

• 页面设置管理:打开"页面设置管理"。

• 打印:打开"打印"对话框。

• 发布选定布局：启用 PUBLISH 命令来发布图纸列表中选定的布局。只有选择多个布局，右键菜单中才会有该选项

• 隐藏布局和选项卡：隐藏选项卡。

11.4.4　页面设置管理器

在任意一个布局标签上单击右键，然后选择"页面设置管理器"选项，将弹出如图 11-7 所示对话框。

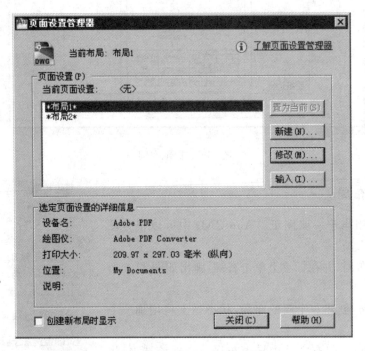

图 11-7　"页面设置管理器"对话框

• "页面设置"列表：列出当前图形文件中所有的布局和页面设置。

• 修改页面设置：列表中选择一个页面设置，单击"修改…"将弹出与图 11-2 相同的"页面设置－布局"对话框，根据需要设置打印参数后单击"确定"按钮。

• 新建页面设置：单击"新建…"按钮，在"新建页面设置"对话框中输入"新页面设置名"，单击"确定"按钮，将创建一个"页面设置"并打开"页面设置－布局"对话框，根据需要设置打印参数后单击"确定"按钮。

• 导入页面设置：单击"输入…"按钮，可以从其它图形文件中导入页面设置。

11.4.5　创建浮动视口

视口相当于观察模型的窗口，因此要在图纸空间要看到模型，必须至少建立一个浮动视口。

要创建浮动视口，应首先激活布局，然后在"视图"|"视口"菜单下选择相应的菜单项，如图 11-9 所示。

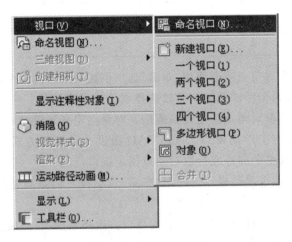

图 11-8　"视口"菜单项

提示：

在视口中不能编辑图形对象，要编辑模型必须切换到模型空间。可以选择"模型"选项卡（或命令行输入 model）来返回模型空间，也可以在浮动视口上双击鼠标左键或单击状态栏上的"模型"按钮，进入视口中的模型空间，此时浮动视口边框显示为粗实线（在浮动视口区域外双击左键或单击状态栏上的"图纸"按扭，则回到图纸空间）。

1）新建视口。选择该选项，将打开"视口"对话框，如图 11-9 所示。选择一种标准配置（在"预览"框中可以看到对应的结果），单击"确定"按钮即可创建视口。

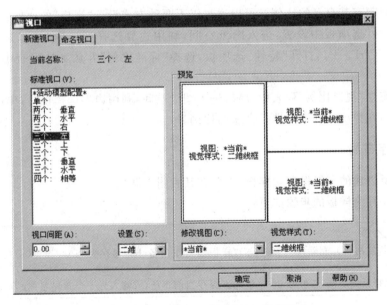

图 11-9　使用"视口"对话框选择一标准视口

2）一个视口。选择该选项，然后按命令行提示操作：

命令：_-vports

指定视口的角点或［开(ON)/关(OFF)/布满(F)/着色打印(S)/锁定(L)/对象(O)/多边形(P)/恢复(R)/图层(LA)/2/3/4］＜布满＞：

可以通过拾取两个对角点或者使用"布满"选项创建一个布满整个屏幕的视口。

3)两个视口：创建两个浮动视口。可以选择水平或垂直配置。可以选择"布满"选项使它们布满整个屏幕或拾取对角点指定视口范围。对角点定义了组合的两个视口。

3)三个视口：创建三个浮动视口。AutoCAD 提供 6 种配置方式，选择一种，然后使用"布满"选项使它们布满整个屏幕或拾取对角点指定视口范围。

4)四个视口：创建四个浮动视口。使用"布满"选项使它们布满整个屏幕或拾取对角点指定视口范围。

5)多边形视口：创建由直线和圆弧组成的视口。选择该选项，然后按命令行提示操作：

命令：_-vports

指定视口的角点或［开(ON)/关(OFF)/布满(F)/着色打印(S)/锁定(L)/对象(O)/多边形(P)/恢复(R)/图层(LA)/2/3/4］

指定起点：(拾取一个点)

指定下一个点或［圆弧(A)/长度(L)/放弃(U)］：(继续指定点或选择某个选项)

6)对象：选择一个已有的封闭的对象，将它转变成视口。

11.4.6　设置视口比例

每个视口都有其自己的比例。可以通过以下两种方式设置"视口"的比例：

1)在"特性"选项板中设置：进入图纸空间，利用边界选择视口(在视口边界上单击左键)，然后按＜Ctrl＞+1，打开"特性"选项板，选择"标准比例"并从下拉列表中选择一个标准比例。

2)在状态栏"视口比例"列表中设置：进入图纸空间，利用边界选择视口，单击状态栏"视口比例"按钮，在弹出的列表中选择合适的比例。

11.4.7　保存布局

可以将所创建的布局保存为样板，以备在其它图中调用。

将布局保存为样板的步骤如下：

命令：layout ↙

输入布局选项［复制(C)/删除(D)/新建(N)/样板(T)/重命名(R)/另存为(SA)/设置(S)/?］＜设置＞：sa ↙

输入要保存到样板的布局 ＜布局 1＞：(输入↙保存当前布局，或输入另一个布局名称↙)

AutoCAD 将弹出"创建图形文件"对话框，同时 Template 文件夹激活，且文件类型自动设置为"AutoCAD 图形样板（＊.dwt)"。输入样板文件名称，单击"保存"按钮。

11.5 图纸集与批量打印

11.5.1 什么是图纸集

设计过程中往往把工程作为一个整体或分成几个部分,对应的工程图便被分成一个或几个图纸集。

AutoCAD 提供"图纸集管理器"来组织、整理图纸。通过"图纸集管理器"可以将多个图形文件整理成一个图纸集、访问图纸、按照逻辑类别对图纸进行编组、创建图纸索引、管理图纸视图、归档图纸集以及使用打印、电子传递等。

可以通过以下几种方式调用"图纸集管理器":

- 命令:SheetSet 键

- 按快捷键:<Ctrl>+4

执行上述命令,将弹出如图 11-18 所示"图纸集管理器"。"图纸集管理器"由"图纸列表"、"图纸视图"及"模型视图"3 个选项卡组成。

"图纸列表"选项卡以树状图形式列出了图纸集中的所有图纸,它们都是图形文件中的布局,用户可以对其进行编号。在树状图中选中"图纸集"名称或某一图纸,单击右键,弹出快捷菜单,菜单中的常用选项如下:

- "关闭图纸集":将选定的图纸集关闭。

- "新建图纸":以图纸集设定的样板创建新图纸。

图 11-10 "图纸集管理器"选项板

- "新建子集":在当前图纸集中创建一个子集。利用图纸子集可将所有图纸划分成几个大的组成部分。例如,它可使子集与部件对应起来,让子集中包含部件的所有图纸,这样就使所有图纸的组织变得更加清晰了。

- "将布局作为图纸输入":创建图纸集后,可从现有图形中输入图纸布局。

- "重新保存所有图纸":重新保存当前图纸集中的每个图形文件,并把对图纸集所做的更改保存到图纸集数据文件(".dst"文件)中。

- "打开":将选中的图纸打开。

- "重命名并重新编号":给图纸重新命名并编号。

- "删除图纸":从图纸集中删除图纸,但并不会删除图形文件本身。

- "发布":将整个图纸集、图纸集子集、多张图纸或单张图纸创建成".dwf"文件,或打印输出。

- "电子传递":将图纸集或部分图纸打包并发送(通过 Internet)。传递包中将自动包含与图形相关的所有依赖文件,如外部参照文件、字体文件等。

- "特性":显示所选项目的特性。如图纸集数据文件的路径及文件名、与图纸集相关联的图形文件的路径、与图纸集相关联的自定义特性、创建新图纸的样板文件、图纸标题和图纸编号等。用户若在树状图中选中某一图纸，在选项卡下部区域将显示该图纸的说明信息或缩微预。

11.5.2 创建图纸集

可以通过向导创建图纸集。

（1）单击菜单"工具"|"向导"|"新建图纸集"或在"图纸集管理器"下拉列表中选择"新建图纸集"，将弹出"新建图纸集－开始"对话框；

（2）选择"现有图形"单选钮后，单击"下一步"，然后在"创建图纸集 － 图纸集详细信息"对话框中输入图纸集的名称、图纸集的保存目录；

（3）单击"下一步"，在"创建图纸集 － 选择布局"对话框中，单击"浏览"按钮，然后选择现有图形保存的目录；AutoCAD 将自动搜索指定目录下的 DWG 文件，并列于表中；选中布局前的复选框以添加到图纸集中。

图 11-11　"创建图纸集 － 选择布局"对话框

提示：

如果图形文件已经按照既定的规则放在设置好的目录结构中，可以单击"输入选项"按钮，然后选择"根据文件夹结构创建子集（C）"复选框，向导会根据目录结构创建相应的子集。

（4）单击"下一步"，在"创建图纸集 －确认"对话框中单击"完成"按钮。

11.5.3 批量打印

在"图纸集管理器"中选择需要批量打印的图纸（布局），然后单击 按钮，在弹出的菜单中选择发布方式，如发布为 PDF，AutoCAD 将自动把所选择的图纸打印成 PDF 文件。

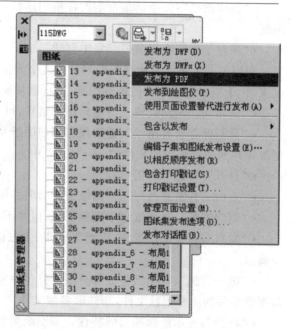

图 11-12　在"图纸集管理器"中批量打印

11.6 使用注释性对象

11.6.1 为什么要使用注释性对象

在图纸空间输出图形,是在布局上放置浮动视口来安排视图的。通过设置视口比例可以实现以不同于模型的比例打印工程图样。但同一个工程图样,在不同视口比例下,标注、文字等将会以不同的大小显示,如图 11-13 所示。即文字、标注等说明性的文字和图形对象按照统一的比例进行缩放了。很显然,这是不合理的。例如以 3.5 高度输入的文字,缩小一半,其高度将不再符合国家标准。

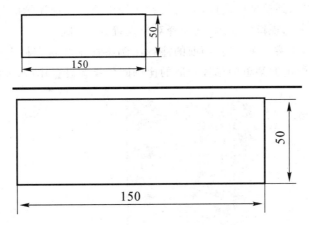

图 11-13 非"注释性"的尺寸标注在不同视口比例下以不同的大小显示

AutoCAD 提供了一个"注释性"选项,可以将文字、标注、图案填充等设置为"注释性"。具有"注释性"的对象可以根据特定的比例来显示。如图 11-14 所示,是具有"注释性"的标注在两个不同视口比例下显示,很显然,视口比例不同但是以相同的大小显示"注释性"标注。

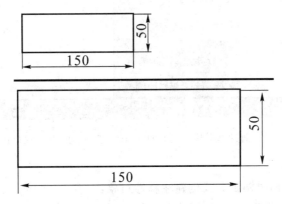

图 11-14 具有"注释性"的尺寸标注在不同视口比例下可以相同大小显示

11.6.2 注释性对象设置

1.什么是注释性对象

AutoCAD中,可用于创建注释性的对象类型包括文字、表格、图案填充、标注、公差、多重引线、块和属性等。可用于注释图形的对象有一个"注释性"的特性,如果这些对象的"注释性"特性处于启用状态,则称其为注释性对象。

2.设置注释比例

注释比例控制注释对象相对于图形中的模型几何图形的大小,是与模型空间、布局视口等一起保存的设置。将注释性对象添加到图形中时,它们将支持当前的注释比例,根据该比例设置进行缩放,并自动以正确的大小显示在模型空间中。

将注释性对象添加到模型中之前,需要设置注释比例。注释比例应与视口比例相同,例如注释对象将在1∶2的视口中显示,则注释对象设置为1∶2。

在模型空间或选择某个视口后,当前的注释比例将显示在状态栏上。单击状态栏上的"注释比例"按钮,在弹出的菜单中选择合适的比例即可重新设置比例,如图11-15所示。

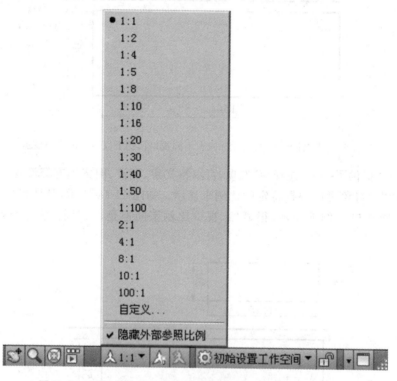

图11-15　通过单击状态栏上的"注释比例"按钮,调整视口比例

3.创建注释性对象

AutoCAD中可以通过两种方式创建注释性对象:

1)在样式对话框中设置。"文字样式"对话框、"标注样式"对话框的"调整"选项卡、"多重引线样式"对话框的"引线结构"选项卡、"块定义"对话框、"图案填充与渐变色"对话框中均有"注释性"复选框。选中样式对话框的"注释性"复选框,即可启动注释性。

2)在对象的特性选项板中设置。要将已经存在的对象重新定义为注释性对象,只需在其上单击右键,在弹出的快捷菜单中选择"特性";单击"特性"选项板中"注释性"项,然后在下拉列表中选择"是"。

提示:
AutoCAD 2010 中,左键单击对象(即选择对象)后,默认会弹出一个"快捷特性"选项卡(如图 11-16 所示),单击"注释性"项,并在下拉列表中选择"是",即可将所选择的对象设置为"注释性"对象。

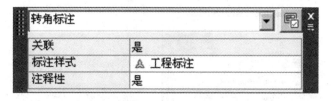

图 11-16 快捷"特性"选项卡

4.显示注释性对象

AutoCAD 2010 中,单击状态栏中的"注释性"按钮可以控制注释性对象的显示。在状态栏中的"注释性"按钮上单击右键,将弹出快捷菜单,用以控制显示所有注释性对象,还是只显示当前比例的注释性对象。

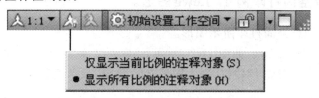

图 11-17 控制注释对象的显示

5.添加/删除注释对象的比例

默认情况下,在图形中创建的注释性对象只有一个注释比例,该注释比例是在创建对象时使用的实际比例。AutoCAD 中允许给注释对象添加或删除注释比例。

可以通过以下几种方式调用"添加/删除比例"工具:

1)功能区:"注释"标签|"注释缩放"面板

2)菜单:"修改(M)"|"注释性对象比例(O)"

3)快捷菜单:选择注释对象,并在其上单击右键,将弹出如图 11-18 所示快捷菜单。

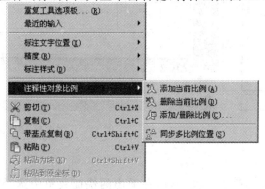

图 11-18 修改注释对象比例的菜单

• 添加当前比例：将当前注释比例添加到选定的注释对象。可以将视口比例添加到选定的注释对象。

• 删除当前比例：删除所选注释对象的当前注释比例。

• 添加/删除比例：弹出图 11-19 对话框。可以删除选中的比例，也可以单击"添加"按钮，在弹出的"将比例添加到对象"对话框中选择一个比例，添加到新的比例。

图 11-19　添加/删除比例

11.7　典型实例

11.7.1　通过图纸空间打印例 11-1.dwg 图形。

【例 11-1】通过图纸空间打印所示图形。

1）打开文件：例 11-1.dwg，如图 11-20 所示。

2）激活布局：单击"布局 1"按钮，进入图纸空间，如图 11-21 所示。

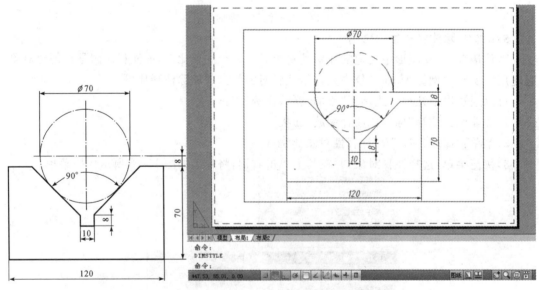

图 11-20　零件图　　　　　　　　　　图 11-21　"布局 1"图纸空间

3）页面设置

（1）在"布局 1"按钮上单击右键，然后在弹出的快捷菜单中选择"页面设置管理器"，系统将弹出图 11-7 所示"页面设置管理器"对话框。

(2)选择对话框中的"布局 1",然后单击"修改"按钮,系统将弹出如图 11-22 所示"页面设置－布局 1"对话框;按图中所示设置打印参数;单击"确定"按钮保存并关闭页面设置。"布局 1"图纸空间将根据所设置参数进行更新。

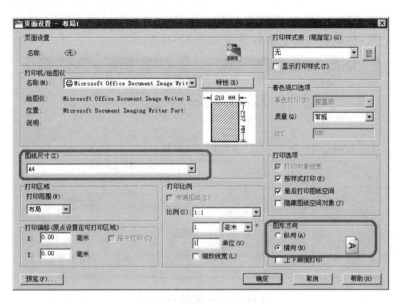

图 11-22 "页面设置－布局 1"对话框

4)绘制边框,并插入标题栏

(1)单击视口矩形边界,将出现夹点(可通过夹点编辑功能调整视口边界的大小),按<Delete>键,删除浮动视口,结果如图 11-23 所示。

图 11-23 删除浮动视口后的布局

(2)新建一个图层:图框,线型为实线、线宽为 0.5,并设置为当前层。调用矩形工具,并按命令行提示绘制 A4 图框:

命令：rec
指定第一个角点或［倒角（C）/标高（E）/圆角（F）/厚度（T）/宽度（W）］：10,10
指定另一个角点或［面积（A）/尺寸（D）/旋转（R）］：@277,190

（3）在命令行中输入 Insert 或命令别名 i，并按＜Enter＞键调用"插入块"工具；单击"浏览"按钮，选择"块：标题栏"，其它参数设置如图 11-24 所示。

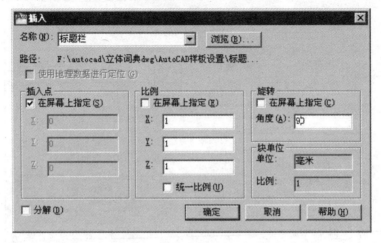

图 11-24　插入"块：标题栏"

提示：
由于该块是一个属性块，请不要选择"分解"复选框。插入该块后，一直按＜Enter＞键，使所有属性采用默认值。

（4）单击"确定"按钮，选择步骤（2）中所绘制矩形的右上角作为插入点，结果如图 11-25 所示。

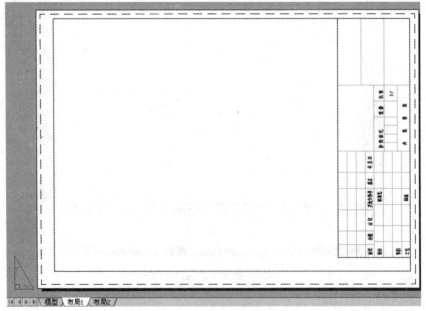

图 11-25　插入标题栏

5)创建浮动视口

(1)创建一个视口

选择菜单"视图"|"视口"|"一个视口",然后按命令行提示操作:

命令：_-vports
指定视口的角点或［开(ON)/关(OFF)/布满(F)/着色打印(S)/锁定(L)/对象(O)/多边形(P)/恢复
(R)/图层(LA)/2/3/4]＜布满＞:(选择 A 点作为视口的一个角点)
指定对角点:(选择 B 点作为视口的另一个角点)

指定 A、B 点后,AutoCAD 将创建一个以 A、B 两点为对角点的矩形,该矩形就是浮动
视口,视口内显示了零件图,如图 11-26 所示。

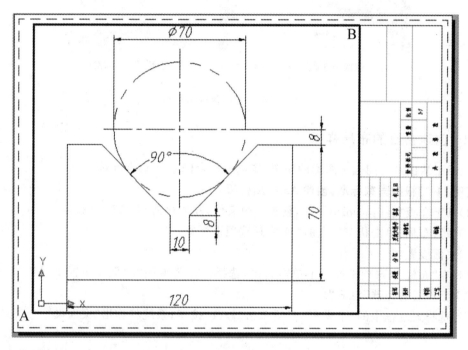

图 11-26 创建浮动视口

(2)调用图形在视口中的位置

在浮动视口双击左键或单击状态栏上的"图纸"按钮,"图纸"按钮将变成"模型"按钮,同
时浮动视口边界变粗。

通过缩放与平移操作,调整图形对象在"浮动视口中"大小与位置。

在"浮动视口"边框外双击鼠标左键,或单击状态栏上的"模型"按钮,回到图纸空间。

(3)调整打印比例

单击视口边界,在弹出的"快捷特性"对话框或状态栏"视口比例"中选择比例1∶1。

6)打印:在命令行中输入 Plot,打开"打印"对话框,单击"确定"按钮即可进行打印。

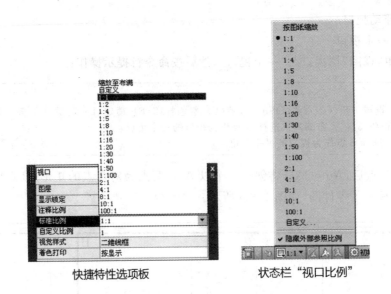

图 11-27　更改视口比例

11.7.2　创建自己的布局样板

习惯于从图纸空间输出图形的用户，应创建符合国家标准的布局。

【例 11-2】根据国家标准，创建 A3 布局样板。

1)基于样板文件:acadiso.dwt,创建一个文件,并另存为 GBA3.dwt。

2)激活布局:单击状态栏上的"布局 1"选项卡标签。

3)页面设置:

(1)在"布局 1"选项卡标签上单击右键,选择快捷菜单中的"页面设置管理器",系统将弹出"页面设置管理器"对话框;

(2)选择对话框中的"布局 1",然后单击"修改"按钮,系统将弹出"页面设置－布局 1"对话框;

(3)打印参数设置:选择合适的打印机,并在"图纸尺寸"设置区选择 A3,"图形方向"选择"横向";

(4)单击"确定"按钮,进入到图纸"布局 1"中。

(5)在"布局 1"按钮单击右键,选择快捷菜单中的"重命名",将"布局 1"修改为"A3 布局"

4)插入边框和标题栏

(1)单击视口矩形边界,将出现夹点,按<Delete>键,删除浮动视口。

(2)通过"插入块"功能,将"块:A3 图框－标题栏"插入到图纸中,插入点为图纸边框的右下角,其他参数请参见图 11-28(提示:由于该块为属性块,不要选择"分解")。

(3)插入结果如图 11-28 所示。双击标题栏边框,将弹出"增加属性编辑器"对话框,通过赋予属性值的方式填写标题栏。

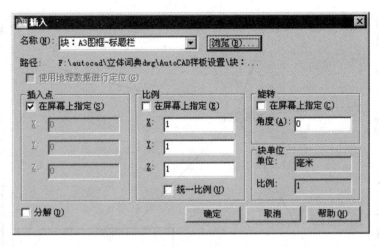

图 11-28　插入"块：A3 图框－标题栏"对话框

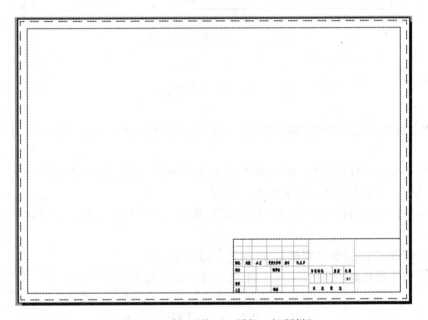

图 11-29　插入"块：A3 图框－标题栏"

6）创建浮动视口：选择菜单"视图"|"视口"|"多边形视口"，然后沿着如图 11-30 所示的"多边形边界"绘制一个多边形。

7）保存布局样板：在命令行中输入 layout ∠，并按命令行提示操作：

命令：layout ∠
输入布局选项[复制（C）/删除（D）/新建（N）/样板（T）/重命名（R）/另存为（SA）/设置（S）/?] <设置>：
sa ∠
输入要保存到样板的布局 <布局 1>：（输入∠保存当前布局，或输入另一个布局名称∠）

AutoCAD 将弹出"创建图形文件"对话框，输入样板文件名称"A3 布局"，单击"保存"按钮。

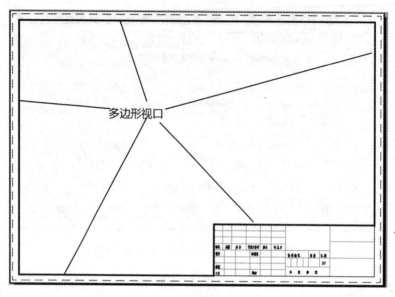

多边形视口

图 11-30　添加浮动多边形视口

11.8　小结

本章主要是介绍在模型空间和图纸空间输出图形的方法。通过本章的学习，应达到以下要求：

（1）能正确设置打印参数，包括：图纸尺寸、打印比例和图纸方向等（☆☆☆）。

（2）掌握在模型空间输出图形的方法（☆☆）。

（3）掌握图纸空间输出图形的方法，包括创建布局、创建浮动视口、设置视口比例等（☆☆☆）。

（4）了解图纸集，能创建图纸集，能批量打印图纸（☆）。

（5）了解注释对象，能设置注释比例、能创建注释对象等（☆）。

11.9　习题

1.请简述打印图形的主要过程。

2.如何从图纸空间切换到模型空间？

3.如何从模型空间输出图纸？

4.参照"例 11-2"，分别创建"图幅为 A4，图形方向为纵向"、"创建图幅为 A3，图形方向为横向"、"创建图幅为 A3，图形方向为纵向"的图样。

5.试将第 10 章完成的平面图形按其尺寸大小，创建合适的布局，然后打印出来。

第 12 章　AutoCAD 样板设置

工程制图的图纸幅面、标题栏、比例、字体、图线、尺寸标注等都必须满足国家标准,有些单位甚至还有更多的要求(如要求不同的块放置在不同的图层上,以便统计不同块的数量),为使所绘制的工程图都满足这些要求,AutoCAD 提供了"样板文件"这一工具。基于"样板文件"创建的图形文件,具有与样板相同的图形及绘图环境,从而不仅可以避免重复劳动,提高效率,而且还能保证图形的一致性。

12.1　样板的作用

AutoCAD 中,样板是包含了对绘图环境的一些初始设置和预定义参数的图形文件。基于样板文件创建的图形文件,具有与样板文件相同的绘图环境及各种参数。新建的图形文件以 dwg 格式保存后,所绘图形对原样板文件没有任何影响。

当需要创建具有相同绘图环境和参数的多个图纸时,就应通过创建或自定义样板文件而不是每次创建文件时重新设置。

AutoCAD 样板文件的扩展名是.dwt。默认情况下,图形样板文件存储在 template 文件夹。

12.2　机械制图图样相关规范

工程图样必须遵循国家的技术标准。《技术制图》是我国绘制与阅读机械图样的准则和依据。本节就机械制图中的图纸幅面和格式、比例、字体、图线、剖面符号、尺寸标注法等制图标准的有关规定进作简要介绍。详细内容和其它标准请查阅相关的国家标准。

12.2.1　图纸幅面和格式(GB/T14689- 2008)

1.图纸幅面

国家标准 GB/T　14689－2008 中规定了图纸的幅面和格式。绘制图样时,应优先采用表 12-1 中规定的图纸基本幅面。

表 12-1 基本幅面及周边的尺寸

幅面代号	A0	A1	A2	A3	A4
$B×L$	841×1189	594×841	420×594	297×420	210×297
a	25				
c	10			5	
e	20		10		

必要时,允许由基本幅面的短边成整数倍加增加幅面尺寸。

2.图纸格式

在图纸上,图框线必须用粗实线画出。图框的格式分留装订线(如图 12-1 所示)和不留有装订线(如图 12-2)两种,但同一产品只能采用一种格式。

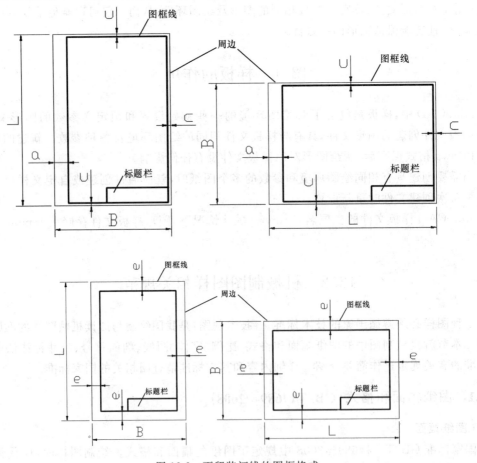

图 12-2 不留装订线的图框格式

提示:
为合理安排图个案,允许看图方向与看标题栏的方向不同,但必须在图纸下边中点处画出一个方向符号,以明确表示看图方向。方向符号是用细实线绘制的等三角形,其位置及尺寸如图 12-3 所示。

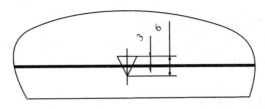

图 12-3　方向符号

12.2.2　标题栏

标题栏的内容、格式与尺寸应遵守 GB/T 10609.1－2008 的规定,该标准列举的标题栏格式如图 12-4 所示。

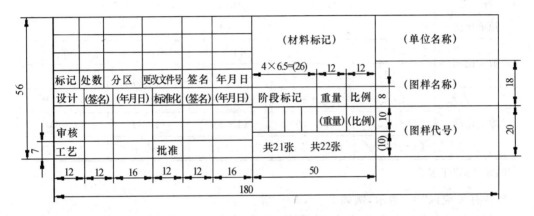

图 12-4　标题栏格式

标题栏中的字体,除签名外,其他栏目中的字体均应符合 GB/T 14691－93《技术制图字体》的规定。

标题栏左下方的签字区可供 8 个责任人签字,责任签字栏目的设置可根据企业责任制设定。例如,可以设计和审核之间加设了"校核",在"标准化"列中添加"审定"等。

练习用标题栏也可简化签字区,省略更改区(图 12-4 的左上方区域),建议的格式如图 12-5 所示。

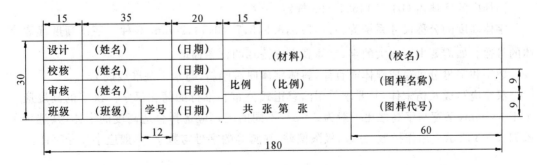

图 12-5　简化签字区的标题栏格式

提示：

正式的工程图样中不能使用简化签字区的标题格式。

"共×张　第×张"是同一代号（同一零件或装配体）的图样总张数和该张在总张数中的张数，而不是装配体所属零件图的张数。大多数情况下，同一图样代号只画一张图纸，一般可不填写张数和张次。

12.2.3 比例（GB/T14690- 1993）

比例是图中图形与实物相应要素的线性尺寸之比。GB/T 14690−93 规定了比例的取值范围。需要按比例绘制图样时，应从表 12-2 规定的系列中选取适当的比例，必要时使用带括号的比例。

表 12-2　比例的取值范围

种　类	比例				
原值比例	1：1				
放大比例	2：1	5：1	$1×10^n$：1	$2×10^n$：1	$5×10^n$：1
	（4：1）	（$2.5×10^n$：1）	（$4×10^n$：1）	（2.5：1）	
缩小比例	1：2	1：5	$1：1×10^n$	$1：2×10^n$	$1：5×10^n$
	（1：1.5）	（1：2.5）	（1：3）	（1：4）	（1：6）
	$1：1.5×10^n$	$1：2.5×10^n$	$1：3×10^n$	$1：4×10^n$	$1：6×10^n$

注：表中 n 为正整数

比例符号应以"："表示，例如 1：1，2：1 等。

比例一般应标注在标题栏中的比例栏中，必要时，可以在视图上方标注该视图所采用的与标题栏中注写不同比例，如：

$$\frac{I}{2：1} \qquad \frac{A}{2：1} \qquad \frac{B-B}{2：1} \qquad 平面图 1：100$$

格式 $\frac{A}{2：1}$ 用于向视图；格式 $\frac{B-B}{2：1}$ 用于剖面图或断面图。

12.2.4　字体（GB/T14691- 1993）

图样中的字体由 GB/T 14691−93 规定。

字体高度的公称尺寸系统为：1.8，2.5，3.5，5，7，10，14，20mm 八种。字体高度代表字体的号数。如需要书写更大的字，字体高度应按 $\sqrt{2}$ 的比率递增。

数字和字母分可写成斜体或直体，斜体字体向右倾斜，与水平基准线成 $75°$。

汉字应写成长仿宋体，并要求采用国家正式公布和推行的简化汉字。汉字的高度应不小于 3.5mm，字宽与字高之比一般为 2：3。不同的图幅应选择合适高度的字体，其选用关系如表 8-3 所示。用作指数、分数、极限偏差、注脚等的字母与数字，一般应小一号字体。

表 12-3 字体

图幅 字体	A0	A1	A2	A3	A4
汉字	5	3.5			
字母或数字		3.5			

在 AutoCAD 中创建符合要求的标注文字样式请参见第 9 章的相关内容。

12.2.5 图线(GB/T17450- 1998,GB/T4457.4 - 2002)

图线标准(GB/T17450—1998,GB/T4457.4 —2002)中规定了图线的名称、线型、宽度及一般的应用。常用的图线名称、线型、宽度及主要用途如表 8-4 所示。GB/T4457.4 —2002 是 GB/T17450—1998 的补充。

表 8-4 线型及主要用途

图线名称	图线型式	图线宽度	主要用途
粗实线	————	$b(\approx 0.7)$	可见轮廓线、可见过渡线
细实线	————	约 $b/2$	尺寸线、尺寸界线、剖面线、辅助线、重合断面的轮廓线、引出线、螺纹的牙底线及齿轮的齿根线等
波浪线	～～～	约 $b/2$	断裂处的边界线、视图和剖视图的分界线
双折线	～／～	约 $b/2$	断裂处的边界线
虚线	- - - -	约 $b/2$	不可见的轮廓线
细点划线	—·—·—	约 $b/2$	轴线、对称线、中心线、齿轮的分度圆等
粗点划线	—·—·—	$b(\approx 0.7)$	限定范围表示线
双点划线	—··—··	约 $b/2$	相邻辅助零件的轮廓线、中断线、轨迹线、极限位置的轮廓线、假想投影轮廓线

标准规定了九种图线宽度,所有线型的图形宽度应按图样和尺寸大小在下列数系中选择:0.13、0.18、0.25、0.35、0.5、0.7、1、1.4、2mm。图线的宽度分为粗线、中粗线、细线三种,粗线、中粗线和细线的宽度比率为 4∶2∶1,在同一图样中,同类图线的宽度应一致。一般来说,粗线和中粗线的宽度宜在 0.5~2mm 之间选取,应尽量保证图样中不出现宽度小于 0.18mm 的图线。

在机械制图中,采用两种线宽,其比例关系为 2∶1。

12.2.6 尺寸标注(GB/T 4458.4 - 2003)

与尺寸标注相关的国家标准有:

《技术制图 圆锥的尺寸和公差注法》,国家标代号为 GB/T 15754—1995

《简化表示法 第 2 部分:尺寸注法》,国家标准代号为 GB/T 15575.2—1996

《机械制图 尺寸注法》,国家标准代号为 GB/T 4458.4 —2003。

标注尺寸中的数字应遵守 GB/T 14691—1993《字体》中的规定。

上述标准，在尺寸标注的基本规则、尺寸要素、数字方向、简化注法等作为规定，详见10.1节。

12.3 机械制图图样样板设置

AutoCAD软件提供了很多样板文件，但并不满足中国的国家标准。因此需要创建一个满足国家标准的样板文件。

1.新建样式文件

单击＜Ctrl＞＋N，弹出"选择文件"对话框，从中选择acadiso.dwt文件作为新文件的样板文件，单击"打开"按钮，即可创建一个新文件。

提示：
acadiso.dwt文件大部分设置符合我国的制图标准，因此新建样板文件时只需修改不同之处即可。

2.保存样式文件

单击＜Ctrl＞＋S，系统弹出"图形另存为"对话框；在"文件类型"下拉列表中选择"AutoCAD 图形样板（＊.dwt)"，AutoCAD会自动将保存目录定位至"Template"目录下；在"文件名"文本框中输入GBA；单击"确定"按钮，系统将弹出"样板选项"对话框，"测量单位"下拉列表中应选择"公制"；单击"确定"按钮。

3.设置文件保存类型

在"选项"对话框中的"打开和保存"选项卡中，将"另存为"下拉列表中选择"AutoCAD 2004/LT2004 图形（＊.dwg)"。

4.设置绘图单位和图形界限

1)设置绘图单位(参阅2.8.10节)

命令行中输入UNITS↙，弹出"图形单位"对话框；将长度区域中的"类型"列表框中选择"小数"、精度选取"0.00"；将角度区域中的"类型"列表框中选择"十进制度数"，精度选取"0.0"；将拖放比例区域的"单位"列表框中选择"毫米"，其余保持默认设置；单击"方向"按钮，在"方向控制"对话框中将"基准角度"设置为"东"。

2)设置图形界限(参阅例2-6)

调用Limits，将图形边界设置为左下角为(0,0)，右上角(420,297)；调用Zoom命令，然后选择"全部（A)"选项将绘图范围全部显示在绘图界面中。

5.设置显示精度和绘图区域背景

1)设置显示精度(参阅2.8.3节)，一般可以采用默认值。

2)设置绘图区域(参阅2.8.4节)，将绘图区背景将变成黑色。

6.设置尺寸关联、显示线宽和右键功能

尺寸关联、显示线宽和右键功能均在"选项"对话框中的"用户系统配置"选项卡中设置。

1)设置尺寸关联(参阅2.8.6)：在"关联标注"区选中"使新标注可关联"；

2)显示线宽(参阅2.8.7)：单击"线宽设置"按钮，打开"线宽设置"对话框，选择"显示线宽"；单击"应用并关闭"。

3)设置右键功能(参阅2.8.8)：单击"自定义右键单击"按钮，弹出"自定义右键单击"对话框;选中"打开计时右键单击(T)";单击"应用并关闭"。

7.设置图层

图线标准 GB/T 4457－2002 中规定了图线的名称、线型、宽度及一般的应用(详见 12.2.5 节)。AutoCAD 中,线型、宽度是图层的特性,因此使用 AutoCAD 绘图时,常将同一类型的线放置在同一个图层上,用图层来控制图线的线型和宽度。在绘制复杂图形时,同一种线型但不同的图形部分还应当采用不同的图层(以便设置不同的颜色等特性),以使工程图样更清晰。

机械制图样式中图层的具体设置过程,请参阅 6.8 节。

也可以通过设计中心,从其它文件中复制已经配置好的图层(提示:按住＜Ctrl＞的同时,选择多个图层设置,然后拖动到绘图区中)。

8.设置文字样式

国家标准 GB/T 14691－93 规定了机械制图中的字体。机械制图文字样式的具体设置过程请参阅例 9-2。

也可以通过设计中心,从其它文件中复制已经配置好的文字样式。

9.设置尺寸标注样式

尺寸标注样式的具体设置过程请参阅例 10-3、例 10-4。

10.制作图块

切换到"其它符号"层,然后在该层上创建粗糙度块、形位公差基准块。

1)制作粗糙度符号图块

参照例 8-10 创建粗糙度块。注意,创建粗糙度块时,要选择"块定义"对话框"对象"区的"删除"按钮。

2)制作形位公差基准图

(1)绘制如图 12-6 形位公差基准图所示形位公差基准图。

(2)定义属性:在命令行中输入 ATTDEF 命令,按＜Enter＞键后弹出"属性定义"对话框;在"标记"框中输入"JZ"、"默认"文本框中输入"A"作为缺省值、"文字"选项区的"对正"选择"中间"、"文字样式"选择"工程标注"、"插入点"区选择"在屏幕指定";单击"确定"按钮,然后选择圆心作为属性的定位点。

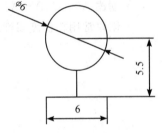

图 12-6　形位公差基准图

(3)创建图块:在命令行中输入 b,然后按＜Enter＞键,弹出"块定义"对话框;"名称"文本框中输入"基准"、单击"拾取点"按钮然后选择水平横线中点为基点、单击"选择对象"按钮然后选择基准符号及属性标记,单击＜Enter＞键返回对话框;单击"确定"按钮。

11.绘制图框和标题栏

根据国标,绘制图框和标题栏,并创建图框和标题栏属性块。创建标题栏属性块请参阅8.8.2 节。

一个图形文件中可以绘制一张工程图,也可以绘制多个工程图。

一个图形文件中只绘制一张工程图时,通常基于"图纸空间"输出图形。应在布局中绘制图框和标题栏。样板文件中应创建常用的 A3、A4 布局,并在布局中插入图框和标题栏属性块。

一个图形文件中要绘制多张工程图时,通常基于"模型空间"输出图形。绘制工程图时,就应插入相应的图框和标题栏属性块。

12.保存样板文件

按 Ctrl＋S 保存样板文件。

12.4　小结

本章主要是介绍机械制图图样相关规范,以及创建符合机械制图标准的样板文件。通过本章的学习,应达到以下要求:

(1)了解机械制图图样相关规范(☆)。

(2)掌握样板文件的设置方法(☆☆)。

12.5　习题

1. AutoCAD 图形样板文件的扩展名是(　　　　)。

2. 基于 acadiso.dwt 样板,创建符合根据机械制图图样相关规范的样板文件 GBA.dwt,要求:

• 含有粗实线、细实线、虚线、尺寸标注、文字、其它六种图层,其中粗实线的线宽设置为0.5,六个图层应具有不同的颜色;

• 打开"极轴追踪"、"对象捕捉"、"对象捕捉追踪"、"动态输入",关闭"快捷特性";

• 含有字高为 3.5、5、7、任意高度(提示:高度值设置为 0)四种文字样式;

• 适合标注半径、直径、线性的尺寸标注样式;

• 含有 A0、A1、A2、A3、A4 五种图幅的图框和图标题栏属性块;

• 创建 A0、A1、A2、A3、A4 对应的布局。

• 创建常用粗糙度属性块、形位公差基准图块。

第 13 章　AutoCAD 视图画法

工程图是通过一组视图来正确、完整、清晰地表达几何体的图形信息的。在 AutoCAD 中,可以根据徒手绘制工程图的思路和步骤来绘制视图,但不仅没有充分发挥计算机辅助绘图的优势,而且绘制的速度可能反而更慢,更易出错。在 AutoCAD 中要高效、准确地绘制图形,需要对图形进行一定的分析,找到图形之间的关系,然后选择合适的工具进行绘制。如:绘制平行线,应使用 xline 命令或 Offset 命令;绘制具有垂直关系的图形,可以打开"正交"模式绘制水平线与竖直线,可以采用捕捉垂足或将倾斜直线旋转 90°的方式绘制垂线;对称图形可以先绘制一半,然后"镜像";绘制均匀分布的图形,只需先绘制一个,然后使用阵列工具等。绘图过程中,还应充分利用辅助绘图工具,临时追踪工具等。

13.1　基本视图的绘制

13.1.1　基本视图的概念

视图的主要作用是用来表达零件的外部结构形状。视图可分为基本视图、向视图、局部视图和斜视图,其中后三种视图称为辅助视图。

基本视图是指将零件向基本投影面投影所得到的视图。国家标准规定采用正六面体的 6 个面为基本投影面,将零件分别向各个投影面进行投影就可以得到 6 个基本视图:主视图、俯视图、左视图、右视图、仰视图、后视图。

六个视图方位的对应关系:左、右、俯、仰视图靠近主视图的一边代表物体的后面,而远

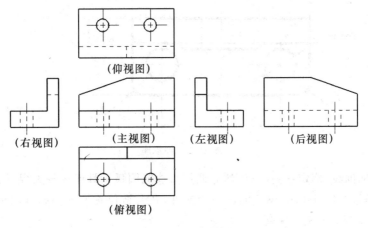

图 13-1　基本视图

离主视图的一边代表物体的前面。

实际画图时,不需要画出全部六个基本视图。在表达完整、清晰,并考虑到看图方便的前提下,可根据零件的外部结构和复杂程度选择必要的视图,且优先选用主、俯、左视图。

绘制基本视图时,一般只画出机件的可见部分,只有必要时才画出不可见部分。

13.1.2　基本视图的画法

绘制基本视图通常是以形体分析法为主,线面分析法为辅:即先将所要表达的物体模型分解成若干个基本体,分析各基本体的形状、相对位置及组成方式,然后利用"长对正、高平齐、宽相等"的投影规律绘制图形。

在 AutoCAD 中,绘制基本视图最常用到的工具是:

- 偏移:用于构建平行线。
- 点过滤器、对象捕捉、正交、极轴及对象追踪:用于精确、快速地确定点的位置。
- 构造线:用于构建辅助线。
- 复制、旋转、阵列:根据已有图形,提高绘图效率。

13.1.3　实例

【例 13-1】绘制如图 13-2 所示轴承座的三视图。

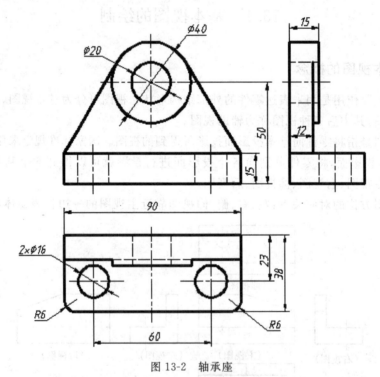

图 13-2　轴承座

分析:作辅助线,确定各关键点,然后调用直线或圆弧工具连接各关键点。

1)基于样板文件"GBA.dwt"创建一个文件,在合适位置插入"块:A4 图框－标题栏",然后以轴承座.dwg 为文件保存。

2)绘制辅助线

(1)将图层切换到"0"层:在"图层控制"下拉列表中选择图层"0";

(2)调用构造线命令画出两条边界线 1、2;然后通过"偏移"工具(命令 Offset,别名 O),将 1、2 分别向右、下偏置 25 得到左视图和俯视图的两条边界线 3、4;继续用偏置命令绘制其它视图边界 5、9、11、11、14,主视图上的中心线 6、7、8,俯视图上的中心线 10。

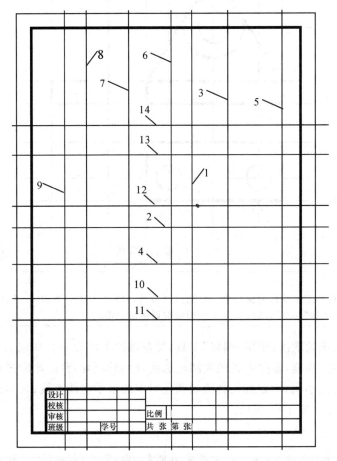

图 13-3　绘制轴承座辅助线

提示:

(1)本例通过"偏移"命令,一次性绘制辅助线,效率较高,但缺点是会造成图面不清;为减少图中的辅助线,可分步作辅助线,也可以可采用"点过滤器"、"追踪"等功能确定点。

(2)本例也可使用"复制"命令复制构造线 1、2 来创建 3—14 构造线,复制时极轴追踪角度一定要保证水平或垂直。

---

(3)调整位置使三视图在图框内合理布局:选择 1—14 条构造线,调用移动工具(命令 Move,别名 M),参考图框和标题栏,将构造线移动到合适的位置。

(4)冻结"图框和标题栏"图层,隐藏图框和标题栏,以使图面简洁一些:在"图层控制"下拉列表中单击"图框和标题栏"前的图标❄,使之变成☀。

3)绘制轮廓线

(1)切换到"粗实线"图层。

（2）调用"圆"工具（别名 C）绘制直径为 16、20、40 的四个圆；调用"直线"工具，利用"交点"捕捉功能，绘制轮廓线；调用直线工具绘制切线。结果如图 13-4 所示。

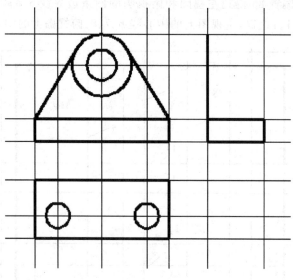

图 13-4　绘制轮廓线

提示：
绘制切线时，直线的第二个端点为相切点。要捕捉到切点，只需在按住＜Shift＞键的同时单击右键，在弹出的快捷菜单中选择"切点"，然后在圆上相切点附近单击左键。

（3）绘制左视图轮廓线：调用"偏移"工具，将左视图上的铅垂直线向右偏移 12、15；调用直线工具，利用追踪功能，参照主视图大圆轮廓线，绘制圆形凸台的轮廓线；切换到"虚线"图层，参考主视图上的小圆，用直线工具绘制圆孔对应的水平虚线直线；切换到"中心线"图层，绘制中心线。结果如图 13-5 所示。

提示：
左视图上的水平线最好参照主视图并利用"追踪"功能来绘制：先将光标移动到主视图上圆与垂直中心线的一个交点，然后水平向右移动，AutoCAD 会显示一条临时的追踪线；当临时追踪线与左视图上第一条铅垂线相交时单击左键，即可确定直线的第一个端点；继续水平向右移动，与右侧的铅垂直线相交时单击左键以确定直线的第二个端点。

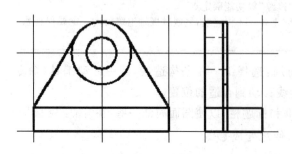

图 13-5　绘制左视图轮廓线

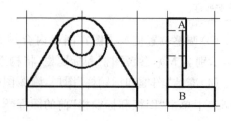

图 13-6　修改左视图

（4）修改左视图轮廓线：使用"夹点"工具修改左视图上直线的长度（单击直线，直线上出现夹点,在要编辑的夹点上单击左键,在目标位置单击左键,即可将夹点移动目标位置点),结果如图 13-6 所示。

提示:
直线 AB 的端点 A 应由主视图上肋板与圆的相切点来确定:选择图 13-5 中的 AB 直线,然后单击夹点 A;将光标移到主视图上的相切点,然后水平移动到 AB 直线位置,AutoCAD 会显示临时追踪线与 AB 直线的"交点",在"交点"处单击左键,即可改变 A 点的位置。

---

(5)绘制俯视图轮廓线:切换到"粗实线"图层;利用"偏移"命令将俯视图上的最上面的一条直线下向偏移 12、15;然后利用"追踪"功能绘制圆形凸台在俯视图上的投影线;结果如图 13-7 所示。

(6)修改俯视图轮廓线:使用"修剪"工具(命令 Trim,别名 Tr),修改俯视图上的轮廓线;调用"圆角"工具(命令 Fillet,别名 F)完成 R6 圆角。结果如图 13-8 所示。

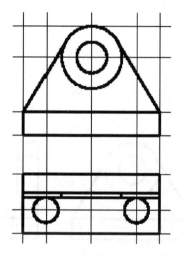

图 13-7 绘制俯视图上轮廓线

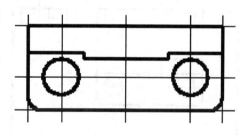

图 13-8 修改俯视图上轮廓线

(7)利用"追踪"功能,参考主视图和俯视图上的圆,在俯视图和主视图上绘制圆所对应的虚线和中心线。绘制中心线时要切换到"虚线"图层,绘制中心线时要切换到"中心线"图层。

(8)绘制左视图上 Φ16 圆孔对应的虚线:调用"偏移"工具,然后将左视图最左边的铅垂直线向右偏移 23,再将得到的偏移直线向左、向右偏移 8,得到左视图上 Φ16 圆孔对应位置;切换到"虚线"图层,调用直线工具,利用"交点"捕捉功能绘制两条虚线;切换到"中心线"图层,绘制中心线。

4)隐藏辅助线,并显示边框和标题栏:在"图层控制"下拉列表中单击图层"0"前的图标 ✿,使之变成 ☀;单击"图框和标题栏"前面 ☀,使之变成 ✿。结果如图 13-10 所示。

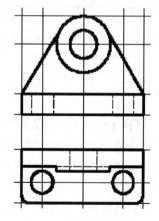

图 13-9 补全主视图和俯视图上的虚线和中心线

提示:
由于辅助线的影响,中心线等长度可能不满足要求,可通过"夹点"编辑工具修改直线的长度。

---

5)完成尺寸标注：调用"线性"、"半径"和"直径"标注工具，参照完成尺寸标注。

6)填写标题栏及相关文字。

7)保存文件。

提示：

1)同样的一个图形，画法因人而异，不必拘泥于某一种画法。例如也可按如图 13-11 所示的辅助线来绘制左视图上 Φ16 圆孔对应的虚线。

2)在 AutoCAD 绘图，应尽量使用追踪线、极轴、捕捉、动态输入等功能，可以免去作很多辅助线。

3)辅助线可以作为 0 图层上，绘制完后，关闭该图层即可，无需删除辅助线。在作图过程中，可以直接绘制在对应的图层上；也可以先绘制在 0 图层上，最后再移动到对应的图层上。

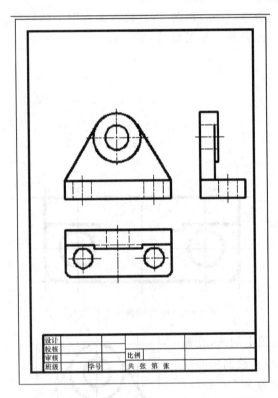

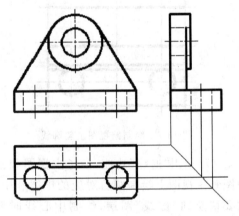

图 13-10　隐藏辅助线，并显示边框和标题栏　　图 13-11　左视图上 Φ16 圆孔对应的虚线的
　　　　　　　　　　　　　　　　　　　　　　　　　　　　另一种画法

【例 13-2】根据主视图和俯视图，并参照实体绘制左视图。

分析：将俯视图复制到左视图下方位置，然后旋转 90 度；利用"点过滤器"或"临时追踪"功能确定左视图上的关键点。

1)打开文件"补画三视图.dwg"。

2)将俯视图复制到左视图下方，并逆时针旋转 90 度。

(1)复制图形，如图 13-13 所示：调用"复制"工具(别名 co)，然后按命令行提示操作：

命令：co↙
选择对象：(用"窗口"方式选择俯视图上所有图形)
指定基点或［位移(D)/模式(O)］＜位移＞：(在左顶点单击左键)
指定第二个点或 ＜使用第一个点作为位移＞：(鼠标向右移动至适合位置后单击左键)
指定第二个点或［退出(E)/放弃(U)］＜退出＞：↙

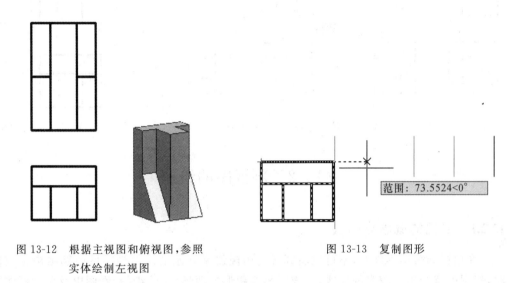

图 13-12　根据主视图和俯视图，参照　　　　　图 13-13　复制图形
　　　　　实体绘制左视图

（2）旋转图形：调用"旋转"工具(别名 ro)，然后按命令行提示操作：

命令：ro↙
选择对象：(用"窗口"方式选择步骤 2 得到后的图形)
指定基点：(在右上角单击左键)
指定旋转角度，或［复制(C)/参照(R)］＜0＞：90↙

（3）移动图形：调用"移动"工具(别名 m)，将旋转后的图形水平移动至合适位置。

2）根据主视图和移动后的图形，绘制左视图。线的端点可利用"点过滤器"或"临时追踪"功能来确定。

（1）切换到"粗实线"图层。

（2）绘制左视图第一条直线，如图 13-14 所示。

调用"直线"工具(别名 L)，然后按命令行提示操作：

命令：L↙
指定第一点：(以自动追踪方式确定第一点：将光标移动到 A 点位置；出现标记后，再移动光标到 B 点位置；出现标记后，水平向右移动；出现交点符号×后，单击左键)
指定下一点或［放弃(U)］：(将光标移动到 C 点，出现标记后，水平向右移动；当极轴显示为 90°时，单击左键)

（2）继续绘制"直线"，直线的端点使用"自动追踪"或"临时追踪"或"点过滤器"确定。删除参考图形后，最终结果如图 13-15 所示。

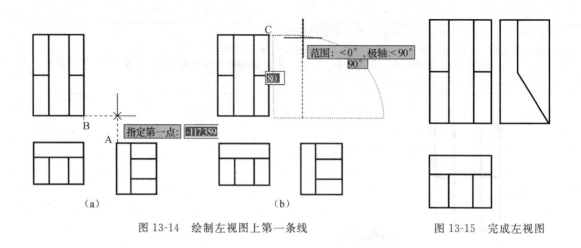

图 13-14　绘制左视图上第一条线　　　　　图 13-15　完成左视图

13.2　剖视图的绘制

13.2.1　剖视的概念与画法

在用视图表达零件时，不可见轮廓线是用虚线来表示的。但当零件内部结构比较复杂时，视图中就会出现较多的虚线，这样既影响图形的清晰，又给绘图、看图以及尺寸标注带来很多不便。国家标准《技术制图》规定采用剖视图的方法来表达零件的内部结构。

按剖切范围，可将剖视图分为全剖视、半剖视和局部剖视；按剖切平面和剖切方法分，可将剖视图分为斜剖、旋转剖、阶梯剖等。

除旋转剖外，所有剖视都遵循"长对正、高平齐、宽相等"的投影关系，因此画法与基本视图的画法类似。主要差异在于：

- 在剖切面的起讫和转折位置画上短的粗实线，但尽可能不要与图形的轮廓线相交。
- 要用箭头表示剖切后的投影方向。AutoCAD 中的箭头可以使快速引线 Qleader 绘制。
- 在剖视图的上方用大写拉丁字母标出剖视图的名称"X－X"，在相应的剖切位置（粗短实线）和投射方向（用箭头表示）也需标注相同的字母。如果同一张图上，同时有多个剖视图，则其名称应按字母顺序排列，不得重复。

提示：
由于剖视图在机械工程图样中是很常见的，因此，最好能将短粗实线、箭头及字母创建成属性块。

- 与剖切平面相交的部分要使用图案填充工具画上剖面符号。金属材料的剖切符号画成与主要轮廓线成 45°方向且间距相等的细实线。同一零件所有视图的剖面线方向、间距都应相等。如果图形的主要轮廓与水平方向成 45°或接近 45°，其剖面线应画成与水平方向成 30°或 60°角，但其倾斜方向与间距仍应与同一零件其他剖视图的剖面线倾斜方向与间距一致。

旋转剖视的画法：由将剖视部分绕回转轴旋转至与投影面平行的位置，再根据投影关系绘制。旋转剖视时，还需要注意的是：

- 剖切平面后的其它结构一般仍按原来的位置投影；
- 当剖切后产生不完整要素时,应将此部分结构按不剖处理。

13.2.2 实例

【例 13-3】将如图 13-16 所示的全剖视改为旋转剖视。

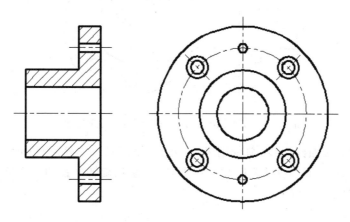

图 13-16 全剖视并不能反映柱形沉孔特征

分析:当前主视图采用的是全剖视图,不能反映"柱形沉孔"特征,因此需采用旋转剖视进行表达:回转中心为旋转轴,一条支脚通过小圆孔的中心,另一条支脚通过柱形沉孔的中心。在 AutoCAD 创建旋转剖视时,应将剖切部分绕回转轴旋转到与投影平面平行的位置。

1)打开文件:旋转剖视.dwg;选择视图上的剖面线和不必要的线后单击<Del>键,结果如图 13-17 所示。

2)将剖视部分绕回转轴旋转至与投影面平行的位置:调用"旋转"工具(命令别名 Ro),然后按命令行提示操作,结果如图 13-18 所示。

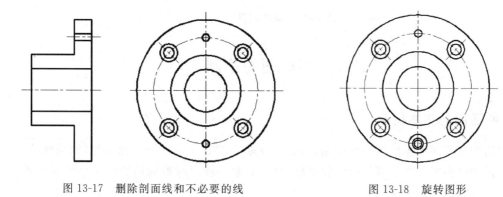

图 13-17 删除剖面线和不必要的线   图 13-18 旋转图形

命令:ro↙(调用"旋转"工具)
选择对象:(选择左视图上右下角的两个同心圆)
指定基点:(捕捉大圆圆心－回转轴心)
指定旋转角度,或［复制(C)/参照(R)］<60>:C↙(采用"复制"形式)
指定旋转角度,或［复制(C)/参照(R)］<60>:－45↙(旋转 45°)

3)调用"直线"工具（命令别名 L），根据投影关系，在主视图上添加"柱形沉孔"对应的图形（沉孔深度为 4），结果如图 13-19 所示。

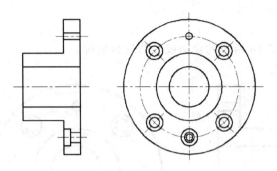

图 13-19　在主视图上添加"柱形沉孔"对应的图形

4)在主视图上添加剖面线（命令别名 h，图案 ANSI31）、删除左视图上多余的线；调用"直线"工具、qleader、"单行文本"工具（命令别名 dt）添加旋转剖视的剖切位置、投射方向及符号等；结果如图 13-20 所示。

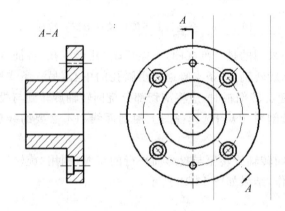

图 13-20　旋转剖视

13.3　断面图的绘制

13.3.1　断面图的基本概念

假想用剖切平面将零件的某处截断，只画出截断面的真实形状及剖面符号（剖面线），这种图形称为断面图。为了表示断面的实形，剖切平面一般应与被剖切处的中心线或主要轮廓线垂直，如图 13-21 所示。

断面图一般采用移出剖面画法。即将移出剖面画在视图外面，移出剖面的轮廓线用粗实线绘制，并应尽量配置在剖面符号或剖切平面迹线延长线上，在不致引起误解的情况下，允许将图形旋转。

在不影响图面清晰的情况下，可以将断面图画在视图里面（称为重合剖面）。

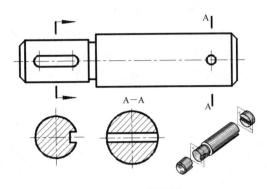

图 13-21　断面图

13.3.2　断面图的画法

移出剖面一般应用剖切符号表示剖切位置,用箭头表示投影方向,并注上字母。在断面图上方用同样的字母标出相应的名称"X－X"。

配置在剖切延长线上的不对称移出剖面,可省略字母。

AutoCAD 中绘制断面图时,应先根据视图绘制相关图形,然后再移动合适位置。以例 13-4 绘制斜视图为例,斜视图上 Φ20 的圆是先在主视图上根据已有图形绘制的(如图 13-22 所示),然后再移动到合适位置。

13.4　斜视图的绘制

当零件某一部分与基本投影面成倾斜位置时,在基本投影面上的投影就不能反映该部分的实际形状。这时可以选择一个辅助投影面与零件倾斜面部分平行,再将倾斜部分向辅助投影面投影,然后将此投影面向外旋转到与基本投影面重合的位置。

绘制斜视图时,通用不采用具体的数值(如不用坐标确定点的位置),而是采用偏移、复制、旋转、对象追踪、对象捕捉等方法。

【例 13-4】参照图 13-22,绘制斜视图。

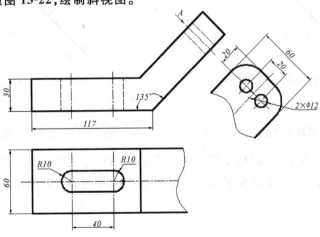

图 13-22　斜视图

1)打开文件"斜视图.dwg"，并切换到 0 图层。

2)调用"圆"工具(命令别名 C)，绘制 1 个圆，注意捕捉圆心和半径，如图 13-23 所示。

3)调用"构造线"工具(命令别名 XL)，绘制一条和中心线重合的构造线；调用"偏移"工具(命令别名 O)，将斜线向下偏移 10，30，50，70，如图 13-24 所示。

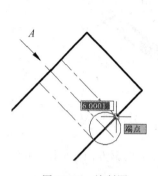

图 13-23　绘制圆

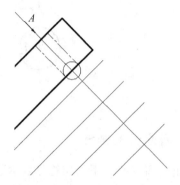

图 13-24　作斜视图辅助线

4)调用"复制"命令(命令别名 CO)，将步骤 2 中绘制的圆复制到构造线与第 2、第 3 条偏移线的交点，复制时的基点为圆心，选择目标点时使用"交点"捕捉功能。调用"直线"工具，连接第 1、第 4 条偏移直线的端点。结果如图 13-25 所示。

5)调用"倒圆"工具(命令别名 F)，添加半径为 20 的圆角，结果如图 13-26 所示。

命令:F↙
选择第一个对象或［放弃(U)/多段线(P)/半径(R)/修剪(T)/多个(M)]:r↙(设置圆角半径值)
指定圆角半径 <20.0000>:20↙
选择第一个对象或［放弃(U)/多段线(P)/半径(R)/修剪(T)/多个(M)]:(选择第 1 条偏移线)
选择第二个对象，或按住 Shift 键选择要应用角点的对象:(选择步骤 4 中绘制的直线)

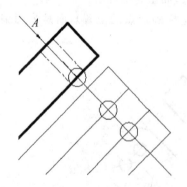

图 13-25　创建斜视图上的圆和直线

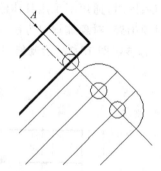

图 13-26　斜视图上添加添加圆角

6)辅助工作：将轮廓线、圆移动"粗实线"图层，修改中心线的长度，并移动到"中心线"图层；切换到"波浪线"图层，绘制断裂线；将 0 图层设置为不可见。最终结果如图 13-22 所示。

13.5　小结

本章主要是介绍基本视图、剖视图和断面图的基本概念,以及在 AutoCAD 绘制方法。在 AutoCAD 绘制视图与手工绘制视图都必须遵循投影规则,但在 AutoCAD 绘制视图应尽可能采用偏移、复制、移动、旋转等工具,要提高绘图效率,必须要灵活、合理的重用已有图形。

13.6　习题

1.打开文件:两圆柱相贯线.dwg,如图 13-27 所示,绘制两圆柱的相贯线,并完成三视图。

2.打开文件:圆柱圆锥相贯线.dwg,如图 13-28 所示,绘制圆柱圆锥的相贯线,并完成三视图。

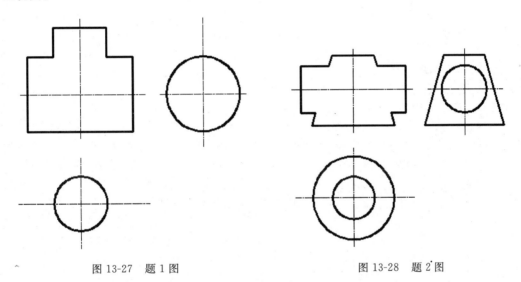

图 13-27　题 1 图　　　　　　　　　　　图 13-28　题 2 图

3.打开文件:补画第三视图.dwg,如图 13-29 所示,根据截切圆柱体的两个视图,补画第三视图。

4.根据图 13-30 所示轴测图绘制三视图。

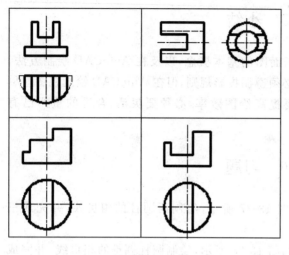

图 13-29　题 3 图

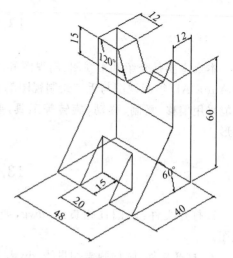

图 13-30　题 4 图

第 14 章　标准件与常用件的绘制

机械设备中经常会用到螺纹紧固件、键、销、滚动轴承等。这些零件由于使用量很大,为便于制造和使用,已经将它们的结构和尺寸标准化,同时还规定了它们的简化画法,以便于设计和制图。本章将分别介绍这些零件的结构、画法和标注方法。由于标准件和常用件在装配图中使用较频繁,因此最好能制作成图块。

14.1　螺纹的绘制

国家标准《机械制图》GB/T4459.1－1995 规定了机械制图图样中螺纹和螺纹紧固件的画法。

14.1.1　外螺纹的绘制

外螺纹的规定画法:

平行于螺纹轴线的投影面视图中,外螺纹的大径及螺纹终止线画成粗实线,小径(以大径的 0.85 倍计算)画成细实线,螺纹的倒角或倒圆角部分也应画出。

在垂直于螺纹轴线的投影面视图中,大径用粗实线圆表示,小径用只画 3/4 圆弧的细实线圆表示,倒圆角省略不画。

【例 14-1】外螺纹的绘制:绘制大径为 10,螺纹长度为 20 的外螺纹。

1)以"GBA.dwt"为样板,新建文件,并保存为"外螺纹的绘制.dwg"。

2)将图层切换到"中心线层",调用"直线"工具并在绘图区域适当位置处绘制两条相互垂直的中心线;将图层切换到"粗实线"层,然后以中心线的交点为圆心,绘制半径为 5 的圆(螺纹的大径圆);将图层切换到"0"层,调用直线工具,在合适的位置绘制铅垂直线 1。结果如图 14-1 所示。

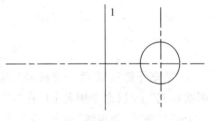

图 14-1　绘制中心线和螺纹大径圆

3)调用"偏移"工具(命令别名 O),将直线 1 向左偏移 10 和 30;然后以圆与铅垂中心的交点为起点向左作两条水平线,如图 14-2 所示。

4)将图层切换到"粗实线"层,然后调用"直线"工具,将相应的辅助线交点连接起来,即可得到主视图的轮廓线。在"常用"选项板|"图层"面板|"图层控制"下拉列表中锁定除"中心线层"和"粗实线"层,然后全选,用 Delete 命令删除所有辅助线,结果如图 14-3 所示。

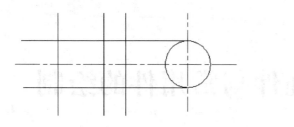

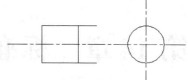

图 14-2　绘制辅助线　　　　　　　　　　　　图 14-3　绘制螺纹轮廓线

提示

通常,可以将辅助线绘制在"0"图层,不需要辅助线时,只需关闭或冻结"0"图层即可。

5)绘制外螺纹截端面。

(1)切换到"细实线层"

(2)调用椭圆弧工具(命令别名 el),然后按命令行提示操作,结果如图 14-4a 所示。

命令：el✓
指定椭圆的轴端点或［圆弧(A)/中心点(C)］：a✓(创建的是一段椭圆弧,故选择参数 a)
指定椭圆弧的轴端点或［中心点(C)］：(选择图 144 中的 A 点)
指定轴的另一个端点：(选择图 144 中的 B 点)
指定另一条半轴长度或［旋转(R)］：1✓(另一条半轴长为 1)
指定起始角度或［参数(P)］：180✓
指定终止角度或［参数(P)/包含角度(I)］：360✓

(3)调用"镜像"工具(命令别名 mi),以椭圆弧为镜像对象,分别以 AB 两点的连线和水平中心线为镜像直线进行镜像。得到如图 14-4b 所示图形。

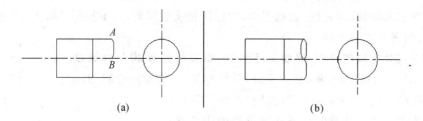

(a)　　　　　　　　　　　　　　　　　　(b)

图 14-4　绘制外螺纹截端面

6)填充外螺纹端面。切换到"剖面线层",然后调用"图案填充"工具(命令别名 h);在"图案"下拉列表中选择"ANSI31"选项,剖面线"角度"设置为 0,"比例"设置为 0.25;单击右侧的"添加:拾取点"按钮,并在图 14-4(b)中要填充的封闭区域单击左键,确认之后即可完成填充剖面线。结果如图 14-5 所示。

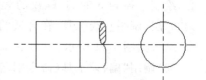

图 14-5　填充外螺纹端面

7)绘制倒角。调用"倒角"工具(命令别名 cha),然后按命令行提示操作,结果如图 14-6(a)所示。调用直线工具,连接 C、D 两点以添加倒角之后形成的特征。结果如图 14-6(b)所示。

命令：cha↙(调用"倒角"工具)

选择第一条直线或 ［放弃(U)/多段线(P)/距离(D)/角度(A)/修剪(T)/方式(E)/多个(M)］:d↙

指定第一个倒角距离 ＜0.0000＞:1↙(第一个倒角距离)

指定第二个倒角距离 ＜1.0000＞:1↙(第二个倒角距离)

选择第一条直线或 ［放弃(U)/多段线(P)/距离(D)/角度(A)/修剪(T)/方式(E)/多个(M)］:(选择左上角的第一条直线)

选择第二条直线,或按住 Shift 键选择要应用角点的直线:(选择左上角的第二条直线)

命令：↙(再次调用"倒角"工具)

选择第一条直线或 ［放弃(U)/多段线(P)/距离(D)/角度(A)/修剪(T)/方式(E)/多个(M)］:(选择左下角的第一条直线)

选择第二条直线,或按住 Shift 键选择要应用角点的直线:(选择左下角的第二条直线)

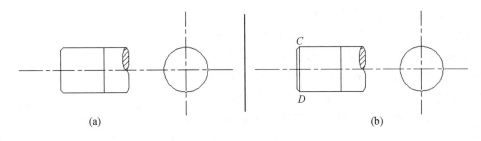

(a)　　　　　　　　　　　　　　(b)

图 14-6　添加倒角特征

8)绘制螺纹。切换到"细实线"层,以两条中心线的交点为圆心,以 8.5 为直径(小径直径 d,大径直径 D,d＝0.85D)绘制螺纹的小径圆。调用"直线"工具,将光标移动到小径圆与铅垂中心线的交点,然后向左追踪至铅垂直线 1,单击左键即可确定直线的起始点,以极轴与铅垂直线 2 的交点作为直线的终点,绘制第一条螺纹,如图 14-7(a)所示。用同样的方法绘制第二条螺纹,结果如图 14-7(b)所示。

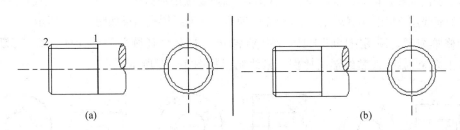

(a)　　　　　　　　　　　　　　(b)

图 14-7　绘制螺纹特征

9)修整图形,并显示线宽。调用"打断"工具(📐),打断小径圆并删除 1/4 圆弧;打断删除中心线上多余的线(或通过"夹点"功能调整中心线的长度)。修整完毕后,单击状态栏上的线宽按钮(➕),显示实际线宽,结果如图 14-8 所示。(如果中心线显示为一条直线或直线段太长,可以通过调整线型比例来调整中心线的显示,调整方法请参见 6.3.5 节的相关内容)。

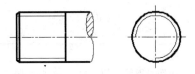

图 14-8　外螺纹

14.1.2 内螺纹的绘制

内螺纹的规定画法：

在剖视图中，螺纹牙顶所在的轮廓线（即小径）画成粗实线，螺纹牙底所在的轮廓线（即大径）画成细实线，螺纹终止线用粗实线表示，剖面线画到小径处。当螺纹不可见时，所有图线均按虚线绘制。

在垂直于螺纹轴线的投影面视图中，表示牙底的细实线圆只画 3/4 圆弧，倒圆角省略不画。

【例 14-2】内螺纹的绘制。

1）根据内螺纹的参数，参照外螺纹的绘制方法，利用"直线"、"圆"、"偏移"命令绘制中心线、辅助线、大径圆（如取 10 作为大径圆的直径）、小径圆（如取 8.5 作为小径圆直径）以及圆柱轮廓（如以 20 作为圆柱外轮廓的直径），其中小径圆和圆柱外轮廓圆绘制在"粗实线"层，中心线绘制在"中心线层"，大径圆绘制在"细实线"层，其余直线绘制在"0"层。结果如图 14-9 所示。

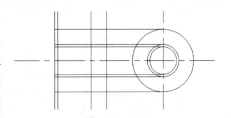

图 14-9 绘制中心线、辅助线及大径圆

2）切换到"粗实线"层，调用直线工具，将相应的辅助线节点连接起来，即可得到主视图的轮廓线；然后将图层切换到"细实线"层，结合"对象捕捉"功能，利用直线和圆工具绘制内螺纹。最后通过在"常用"选项板|"图层"面板|"图层控制"下拉列表中锁定除"中心线"、"细实线"和"粗实线"层，全选并用 Delete 命令删除所有辅助线。单击状态栏上的线宽按钮（ ），以实际线宽显示图形，结果如图 14-10 所示。

3）添加剖面线。内螺纹常用画成剖视图，所以还要画出剖面线。解锁上一步中锁定的图层，切换到剖面线层，调用"图案填充"工具填充剖面线。剖面线填充结果如图 14-11 所示。

4）修整图形。调用"打断"工具（命令别名 br），打断大径圆并删除 1/4 圆弧；打断删除中心线上多余的线；调整线形的比例。最终结果如图 14-12 所示。

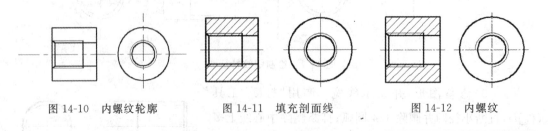

图 14-10　内螺纹轮廓　　　　图 14-11　填充剖面线　　　　图 14-12　内螺纹

提示：
1）如果内螺纹以不剖处理，则应画成如图 14-13a 所示。
2）对于不穿通的螺纹孔，应先画出钻孔深度和钻孔底部的 120°锥顶角，再画出螺纹孔深度。注意，钻孔的直线应与螺纹孔小径线对齐。如图 14-13b 所示。
3）从由内、外螺纹的规定画法看，无论是内螺纹还是外螺纹，对于平行于螺纹轴线的投影视图部分，牙顶画粗实线、牙底画细实线，倒角螺纹终止线画粗实线；垂直于螺纹轴线投影视图部分，牙顶画完整的粗实线，牙底画 3/4 圆的细实线圆，倒圆角不画。

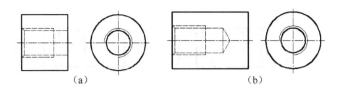

（a）　　　　　　　　　　（b）

图 14-13　内螺纹的其它画法

14.1.3　内外螺纹连接的绘制

内外螺纹连接的规定画法如图 14-14 所示。

以剖视图表示内、外螺纹连接时，其旋合部分按外螺纹部分绘制，其余部分仍按各自的画法表示。应注意的是：表示大、小径的粗实线和细实线应分别对齐，而与倒角的大小无关。

在已经绘制好内、外螺纹的情况下绘制内外螺纹的连接，可按照装配的画法进行绘制。

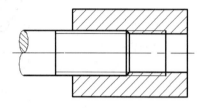

图 14-14　内外螺纹连接时的绘制

14.2　螺纹紧固件的绘制

螺纹坚固件就是用一对内、外螺纹来连接和紧固一些零部件。常用的螺纹坚固件有螺钉、螺栓、螺柱（亦称为双头螺柱）、螺母和垫圈等。它们的结构形式和尺寸都已经标准化，并由专业的工厂大批量生产和供应，需要时只需按规格直接购买即可。因此一般不需要画出它们的零件图，设计时只需要装配图上画出这些标准件并标注出它们的规定标记即可。

国家标准规定的螺纹坚固件标记的形式为：名称　国家标准号　型式及规格尺寸

例如：

螺栓 GB5780－86 M12×80 表示螺纹规格 12mm，公称长度 L＝80mm 的 A 级六角头螺栓。GB5780－86 是六角头螺栓的国标代号。

螺母 GB6170－86 M12 表示螺纹规格为 12mm 的六角螺母。GB6170－86 是 1 型六角螺母的国标代号。

14.2.1　螺栓、螺母的近似画法

单个螺纹紧固件的画法可根据公称直径查相关标准得到各部分的尺寸。但绘制螺栓、螺母和垫圈时，通常按螺栓的螺纹规格 d、螺母的螺纹规格 D、垫圈的公称尺寸 d 进行比例折算，得出各部分尺寸后按近似画法画出。

【例 14-3】六角螺母的近似画法

六角螺母是一种常用件，它的简化画法及其各部分的尺寸与大径 d 的关系如图 14-15 所示。本例以大径 d＝16 为例绘制一个六角螺母的三视图。

1）以"GBA.dwt"为样板，新建文件，并保存为：六角螺母.dwg。

2）绘制中心线。将图层切换到"中心线层"，然后在视图中心适当位置绘制一条水平中心线（长度＞100）和一条铅垂中心线（长度＞100），然后再将水平中心线分别向上偏移 30、

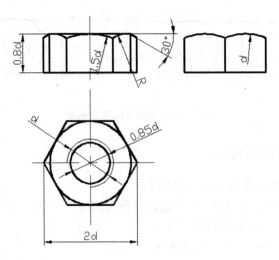

图 14-15　六角螺母的近似画法

42.8。结果如图 14-16 所示。

3）绘制俯视图。

（1）将图层切换到"粗实线"层。调用正多边形工具（命令别名 pol），以"内切于圆"方式绘制以 C 点为中心、半径为 16 圆的正六边形。

（2）调用圆工具，以 C 点为圆心，然后在按住"shift"键的同时单击鼠标右键，并在快捷菜单中选择"切点"项，再选择正六边形的一条边即可绘制一个内切于正六边形的圆。

（3）调用圆工具，以 C 点为圆心，分别绘制半径为 6.8 和 8 的两个圆（其中半径为 8 的圆绘制在"细实线"层上）。

（4）调用"打断"工具（命令别名 br），打断并删除半径为 8 的 1/4 圆弧。

（5）单击中心线,，然后利用"夹点"的编辑功能调整中心线的长度。

结果如图 14-17 所示。

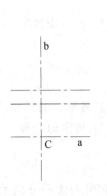

图 14-16　绘制中心线

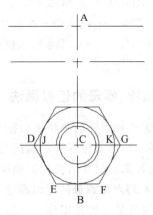

图 14-17　绘制俯视图

4）绘制主视图主要轮廓线。

（1）调用"偏移"工具（命令别名 O），并以通过点方式偏移中心线 AB，使其分别通过点 D、J、E、F、K 、G(J、K 两点是圆与水平中心线的交点），结果如图 14-18a 所示。

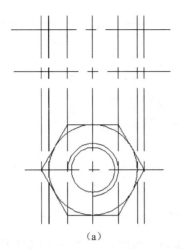
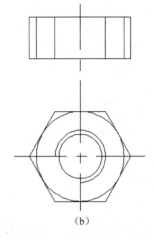

（a） （b）

图 14-18 绘制主视图中主要的轮廓线

（2）将图层切换到"粗实线"层，然后调用"直线"工具，连接主视图上的节点。连接完毕后，删除上一步产生的偏移线，结果如图 14-18b 所示。

5）绘制左视图主要轮廓线

（1）切换到"0"层，调用直线工具，过 A 点绘制一条长为 70 且夹角为 -45°的直线（相对坐标：@70＜-45，以作为绘制右视图辅助线。

（2）过 B、C、D 点作水平线并与辅助线交于 E、F、G，再过 E、F、G 点向上作铅垂线。结果如图 14-19 所示。

（3）切换到"粗实线"层，然后调用"直线"工具，连接左视图中的节点，然后删除辅助线。结果如图 14-20 所示。

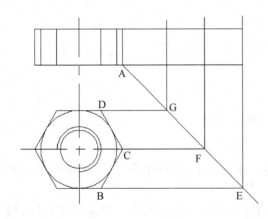
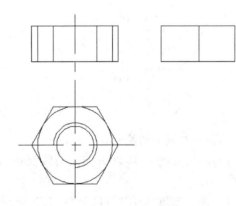

图 14-19 绘制左视图主要的轮廓线时，作的辅助线 图 14-20 绘制左视图主要的轮廓线

6）完成主视图的绘制

（1）调用"圆"工具，以主视图上 O 点为圆心，以 1.5d（本例 1.5×16＝24）为半径创建一个圆并与铅垂中心线相交于点 P；再以 P 为圆心，以 1.5d 为半径创建一个圆，如图 14-21a所示。

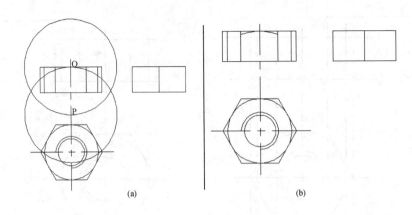

图 14-21　主视图弧线辅助线

（2）调用"修剪"工具（命令别名 tr），修剪多余的线段，结果如图 14-21b 所示。

（3）选择菜单"绘图"|"圆弧"|"起点、端点、方向"，以 A 点为圆弧的起点，以 B 点为圆弧的终点，当系统提示"指定圆弧的起点切向："时选择 C 点，即可绘制弧 AB；调用直线工具，以 A 点为直线的起始点，以@10＜210 终点绘制直线，如图 14-22a 所示。

（4）将刚绘制的直线和圆弧关于铅垂中心线作镜像，然后调用修改工具，修剪多余的线段，结果如图 14-22(b)所示。

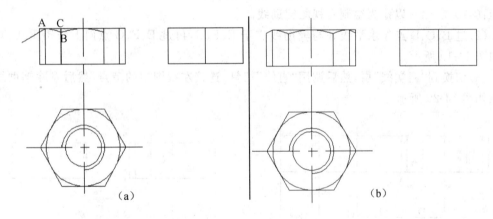

图 14-22　完成主视图的绘制

7)完成左视图的绘制。

（1）调用直线工具，以 A 点为直线起点向左作水平直线，与左视图的三条铅垂直线分别相交于 B、C、D。

（2）选择菜单"绘图"|"圆"|"三点"，分别绘制圆 1（第一点选 B，第二点选择与 HJ 直线的相切点，第三点选择 C），圆 2（第一点选 C，第二点选择与 HJ 直线的相切点，第三点选择 D），结果如图 14-23a 所示。

提示：选择切点时，应在按住＜Shift＞键的同时，单击右键，然后在快捷菜单中选择"切点"，再选择切点所在的直线。

（3）调用"修剪"工具，修剪多余的线段，最终结果如图 14-23b 所示。

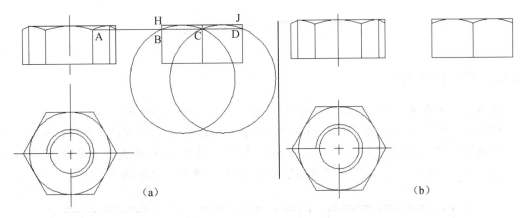

图 14-23　完成左视图的绘制

8)调整中心线的长度以及线型比例,并单击状态栏上的"线宽"按钮,以真实线宽显示图形,结果如图 14-24 所示。

【例 14-4】六角头螺栓的近似画法

六角头螺栓的公称长度　$l \geqslant \delta_1 + \delta_2 + h + m_{max} + a$

式中:δ_1、δ_2 为被连接零件的高度;h 为垫圈的高度;m_{max} 为螺母的高度;a 为螺栓伸出螺母的长度,一般可取 $0.3d$(d 为螺栓的螺纹规格,即公称直径)。

计算出螺纹的公称长度后,就可以从相应的螺栓标准规定的长度系列中选取合适的长度 l,并获得螺栓的规格。

螺栓的画法综合了外螺纹的画法以及六角螺母的近似画法,如图 14-25 所示。绘制方法请参阅【例 14-1】,【例 14-3】,在此不再赘述。

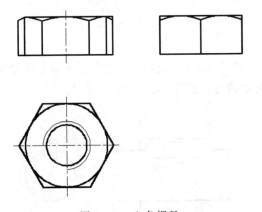

图 14-24　六角螺母

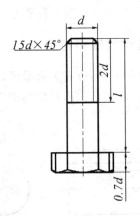

图 14-25　六角头螺栓

14.2.2　螺纹紧固件联接的绘制

绘制螺纹紧固件联的绘制实质上就是绘制螺纹联接的装配图,不再赘述。

14.3 键连接的绘制

14.3.1 键的画法与标记

键通常用来连接轴和装在轴上的转动零件(如齿轮),起传递扭矩的作用。

键有很多种类型,如平键、半圆键和楔键,它们都是标准件,最常用的是平键。普通平键有三种结构类型:圆头普通平键(A 型)、平头普通平键(B 型)和单圆头普通平键(C 型),如图 14-26 所示。在标记时,A 型平键省略字母,B、C 型平键不可省略,必须写出。

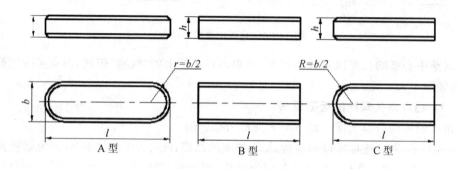

图 14-26 普通平键

普通平键的公称尺寸 $b \times h$(键宽×键高)可根据轴的直径 d 由 GB1096−79 中直接查得;键的长度 L 一般取相应的轮毂长度减去 5~10mm,并取相近的标准值。

普通平键的标记示例:键 B18×100GB1096−79,指该键是键宽 b 为 18,键高 h 为 11,键的长度 L 为 100 的 B 型方头平键。

14.3.2 键和键槽的绘制

根据轴的直径,查有关标准可以确定键槽的尺寸 b, t 及 l,就可以先绘制出轴上或轮上的键槽轮廓线,然后作出相应的剖面线,最后对键槽进行标注,如图 14-27 所示。

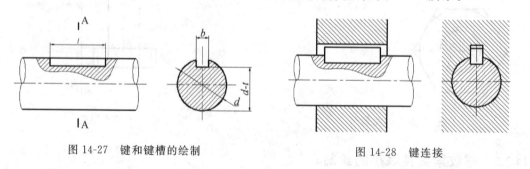

图 14-27 键和键槽的绘制   图 14-28 键连接

14.3.3 键连接的绘制

绘制键连接时,首先画出键槽,然后再在键槽的基础上再绘制键,最后绘制剖面线和标注。绘制时需要提示:键的上顶与轮毂的键槽顶面有间隙,所以应当绘制两条线;键两侧面与轮上的键侧面均接触,键底面与轴上键槽也接触,所以应画一条线;过键的对称中心面和轮、轴的轴线作剖视图时,由于键是实心零件,应作不剖处理,即只画外形;轴上的键槽部分作局部剖,如图 14-28 所示。

14.4　销连接

销通常用于零件的连接和定位,常用的销有圆柱梢、圆锥销和开口销三种。以上三种销均已经标准化,画图时根据需要从有关标准中查出各项数据,即可方便地画出。

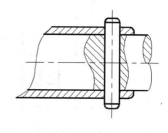

销的标记如:销 GB119－86 A10×50,表示 A 型圆柱销,销的直径 d 为 10,长度为 50;销 GB117－86 A10×60,表示 A 型圆锥销,公称直径 d 为 10,长度为 60。具体参数请查阅国标。

图 14-29　销连接

圆柱销连接如图 14-29 所示。被连接的两个不同的零件,在绘制剖面线时,要用不同方向的剖面线,而同一个零件的剖面线必须同一个方向。

14.5　滚动轴承

14.5.1　滚动轴承及其标记

滚动轴承是一种支承旋转轴的组件,具有结构紧凑、摩擦力小、动能损耗小和旋转精度高等优点,在生产中应用极为广泛。

滚动轴承的种类很多,但它们的结构大致相似,一般由外圈、内圈、滚动体和保持架等四部分构成。按其受力方向可分为三类:

- 向心轴承:主要承受径向力。
- 推力轴承:主要承受轴向力。
- 向心推力轴承:能同时承受径向力和轴向力。

轴承代号一般有 7 位,常用 4 位。从右边数起,通常第一、二位指轴承的内径 d,第三位指常用直径系列,第四位指轴承类型。例如轴承代号 6208 的含义为:6－类型代号,表示深沟球轴承;2－尺寸系列,表示轻窄系列;08－内径系列,表示轴承的内容为 40。在标注时,最左边位数的代号若为"0"时,规定不注写,如代号"208"应理解为"0208"。

14.5.2　滚动轴承的绘制

滚动轴承是标准件,不需要画零件图。在装配图中可以采用简化画法或示意画法,如图 14-30 所示。将轴承过中心线作剖切时,由于上下对称,因此只需绘制其中一边。绘制剖面线时,轴承里外的两层材料的剖面分别用不同方向的剖面线表示,滚珠按不剖处理。

【例 14-5】绘制型号为 6206 的向心球轴承。

向心球轴承的规定画法图 14-30a 所示,6206 向心球轴承主要尺寸为 D＝62,d＝30,B＝16,A＝16。

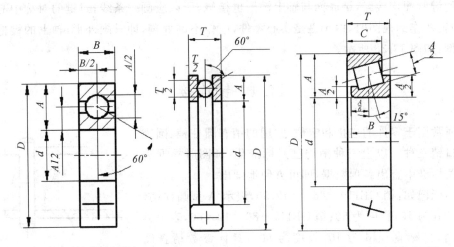

（a）向心球轴承规定画法　（b）推力球轴承的规定画法　（c）圆锥滚子轴承的规定画法

图 14-30　滚动轴承规定画法

1）以"GBA.dwt"为模板，新建文件，并保存为"向心球轴承.dwg"。

2）将"粗实线"层设置为当前图层，调用"矩形"工具（别名 rec），然后按命令行提示操作：

命令:rec↙（调用矩形工具）
指定第一个角点或 ［倒角(C)/标高(E)/圆角(F)/厚度(T)/宽度(W)］:（合适位置处单击左键）
指定另一个角点或 ［面积(A)/尺寸(D)/旋转(R)］:@16,62（用相对坐标方式给出另一角点）

3）单击"常用"选项卡|"绘图"面板上的"分解"图标按钮 ![icon]（命令 explode），选择矩形后，按<Enter>键后将矩形分解为 4 条独立的直线段。

4）将两条水平直线分别向内偏移 16。调用"偏移"工具（别名 O），然后按命令行提示操作，结果如图 14-31b 所示：

命令:o↙
指定偏移距离或 ［通过(T)/删除(E)/图层(L)］<通过>:16↙
选择要偏移的对象，或 ［退出(E)/放弃(U)］<退出>:（选择水平直线 AB）
指定要偏移的那一侧上的点，或 ［退出(E)/多个(M)/放弃(U)］<退出>:（直线下方单击左键）
选择要偏移的对象，或 ［退出(E)/放弃(U)］<退出>:（选择水平直线 CD）
指定要偏移的那一侧上的点，或 ［退出(E)/多个(M)/放弃(U)］<退出>:（直线上方单击左键）
选择要偏移的对象，或 ［退出(E)/放弃(U)］<退出>:↙（结束"偏移"命令）

5）将直线 AB 向下偏移 8 创建直线 EF，然后以 EF 的中点为圆心，绘制半径为 4 的圆，如图 14-31c 所示。

6）切换到"0"图层，调用"直线"工具（别名 L），然后按命令行提示操作，结果如图 14-31d 所示。

命令：L↙（调用直线工具）
指定第一点:（按住<Shift>键，空白处单击右键，在快捷菜单中选择"中点"，再选择直线 EF 中点）
指定下一点或 ［放弃(U)］:@16<－30↙

---

7)切换到"粗实线"图层,调用"直线"工具(别名 L),过交点作两条直线,结果如图 14-31f 所示。

8)调用"镜像"工具(别名 mi),将直线 GH 关于直线 EF 作镜像,结果如图 14-31g 所示。

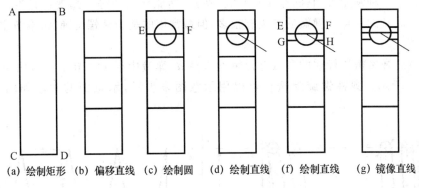

(a) 绘制矩形　(b) 偏移直线　(c) 绘制圆　(d) 绘制直线　(f) 绘制直线　(g) 镜像直线

图 14-31　绘制轴承外轮廓线

9)关闭"0"图层,将 EF 直线移动到"中心线"图层;

10)修改中心线 EF 长度:调用"拉长"工具(别名 len),然后按命令行提示操作,结果如图 14-32a 所示。

命令:len↙(调用"拉长"工具)
选择对象或 [增量(DE)/百分数(P)/全部(T)/动态(DY)]:de↙(选择"增量"方式)
输入长度增量或 [角度(A)] <0.0000>:-2(缩短 2 个单位)
选择要修改的对象或 [放弃(U)]:(单击直线 EF 的端点 E,使 EF 直线在 E 端缩短 2 个单位)
选择要修改的对象或 [放弃(U)]:(单击直线 EF 的端点 F,使 EF 直线在 F 端缩短 2 个单位)

11)切换到"中心线"图层,调用"直线"工具(别名 L),绘制两条中心线,结果如图 14-32b 所示。

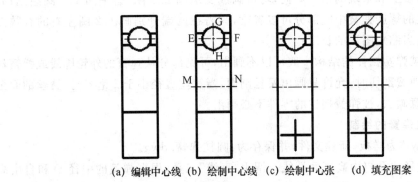

(a) 编辑中心线　(b) 绘制中心线　(c) 绘制中心张　(d) 填充图案

图 14-32　绘制向心轴承细节特征

12)调用"镜像"工具(别名 mi),将中心线 EF、GH 关于 MN 作镜像,并将镜像得到的两条直线移动到"粗实线"图层,结果如图 14-32c 所示。

13)填充剖面线,结果如图 14-32d 所示:切换到"剖面线"图层;调用"填充图案"工具(别名 h),图案选择 ANSI31;单击"添加:拾取点"按钮,在填充区域单击左键,按<Enter>键返回对话框;单击"确定"按钮。

14.6 弹簧的绘制

弹簧也是一种常用件，它的作用是减震、夹紧、储能和测力等。弹簧具有当外力除去后能立即恢复原状的特点。弹簧的种类有很多，但最常用的是圆柱螺旋弹簧，本节主要介绍圆柱螺旋弹簧。

圆柱螺旋弹簧需要标注的参数有弹簧丝直径 d、弹簧中径 D_2、节距 t、自由高度 H_0，如图 14-33(a)所示。圆柱螺旋弹簧也可以用示意图来表示，示意图的画法如图 14-33(b)所示。

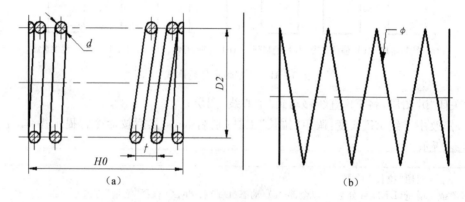

图 14-33 圆柱螺旋弹簧画法

国标 GB 4459.4－84 中对圆柱螺旋弹簧的画法作了以下规定：

在平行于螺旋弹簧轴线的投影面视图中，其各圈的轮廓应画成直线；

螺旋弹簧均可画成右旋，但左旋螺旋弹簧，在视图上必须注出"左"字；

无论支承圈数多少和末端的情况如何，均可画成支承圆 2.5 圈，磨平圈 1.5 圈绘制；有效圈数在四圈以上的螺旋弹簧中间部分可以省略，只需在两端分别画出 2 圈左右的有效圈数，省略后，允许适当缩短图形的长度；

在装配图中，被弹簧挡住的结构一般可以不画出，可见部分从弹簧的外轮廓线或弹簧丝断面的中心画线；弹簧剖切时，允许只画出簧丝剖面，当簧丝直径小于 2 毫米时，簧丝剖面全部涂黑，或采用示意画法，被弹簧挡住的零件不必画出。

【例 14-6】圆柱弹簧的绘制

1)以"GBA.dwt"为样板，新建文件，并保存为：圆柱弹簧.dwg。

2)绘制弹簧中径线及自由高度两端线。调用"直线"工具，根据弹簧的中径 D 和自由高度 H0 画出中径线(画在"中心线"层)和自由高度两端线(画在"粗实线"层，有效圈数在四圈以上时，H0 可适当缩短)，如图 14-34 所示。

3)绘制弹簧两端支承圆部分的断面图。将图层切换到"粗实线"层，然后调用画圆工具，根据弹簧丝直径 d 画出两端支承圆部分的弹簧丝断面图(两端均按并紧、磨平、支承圈 $1\frac{1}{4}$ 圈绘制，由于是断面图，因此还需调用"填充工具"添加剖面线；填充图案为 ANSI31，角度为 45°，比例为 0.5，填充图案放在"剖面线"层)，结果如图 14-35 所示。

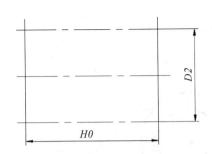

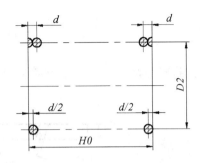

图 14-34　绘制弹簧中径线及自由高度两端线　　　图 14-35　绘制弹簧两端支承圆部分的断面图

4）绘制有效圈数内的弹簧丝断面图。调用"偏移"工具，以铅垂中心线作为偏移对象，以间距 t 为偏移值，绘制有效圈数部分弹簧丝断面的中心线。再调用"复制"命令，将弹簧丝断面及圆内的剖面线一起复制到指定中心，结果如图 14-36 所示。

5）作圆的公切线，并整理图形，最后以实际线宽显示图形。调用"直线"工具画对应圆的相切线，整理图形包括用"拉长"工具动态调整中心线的长度、调整线型的比例等。最后单击状态栏上的"线宽"按钮，以实际的线宽显示图形。结果如图 14-37 所示。

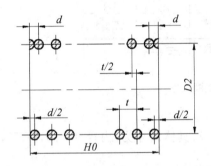

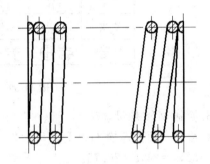

图 14-36　绘制有效圈数内的弹簧丝断面图　　　　　图 14-37　弹簧

提示：
画公切线时应先启用"切点"捕捉模式：选中"草图设置"对话框"对象捕捉"的"切点"复选框。

14.7　小结

本章主要是介绍 AutoCAD 中标准件和常用件的绘制方法。通过本章的学习，应达到以下学习目标：

（1）了解标准件与常用件相关标准及其简化画法（☆☆）。

（2）能在 AutoCAD 正确绘制标准件与常用件（☆☆☆）。

14.8 习题

1.绘制型号为 48 的标准型弹簧垫圈,如图 14-38 型号所示。

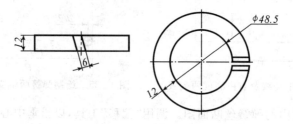

图 14-38 型号为 48 的标准型弹簧垫圈

2.根据 GB93－1987,创建标准型弹簧垫圈块库,如图 14-39 所示(图中数字代表型号)。

2	2.5	3	4	5	6
8	10	12	14	16	18
20	22	24	27	30	33
36	39	42	45	48	

图 14-39 准型弹簧垫圈块库

3.绘制 M18 螺母。

4.绘制六角头螺栓 GB/T 5782－2000 M16×57,具体尺寸为:内径 d＝16,l＝57,k＝10,b＝38,s＝24,e＝26.75。

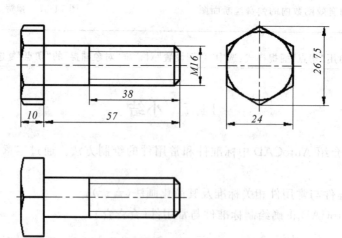

图 14-40 六角头螺栓

5. 机械装配图中经常要使用到螺栓、螺柱连接,请参照螺栓连接画法创建螺栓、螺柱连接头库,如图 14-41 所示(图中数字代表螺母规格),以备后用。

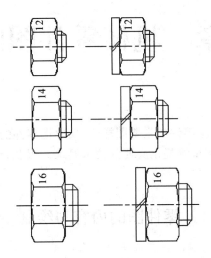

图 14-41　螺栓、螺柱连接头

第15章 机械零件图的绘制

零件图是指导制造和检验零件的主要图样,不仅要把零件的结构形状表达清楚,还需要对零件的材料、加工、检验、测量等提出必要的技术要求。因此,绘制零件图是 AutoCAD 软件的综合应用。

15.1 零件图的内容与绘制步骤

15.1.1 零件图包含的内容

零件是按工艺要求加工生产出来的,不可加工的零件或加工成本很高的零件是没有现实意义的,因此一张完整的零件图不仅要表达零件的结构,还要注写制造和检验该零件的必要信息,也就是说应包括以下四项内容:

1)一组视图:利用一组视图来正确、完整、清晰地表达零件的图形信息。

2)完整的尺寸:正确、完整、清晰、合理地注出制造该零件所需的全部尺寸信息。

3)技术要求:必须注有制造、检验零件时在技术指标上应达到的要求,如表面粗糙度、尺寸公差、形位公差、材料和热处理等。

4)标题栏:说明零件的名称、材料、数量、比例、图样代号以及设计者、审核者、批准者的姓名和日期等。

15.1.2 零件图绘制的步骤

在 AutoCAD 软件中绘制零件图大致按下面的步骤绘制零件图:

1)根据零件的用途、形状特征、加工方法等选取主视图和其他视图。

2)根据视图数目和实物大小确定适当的制图比例,并选择合适的标准图幅。在 Auto-CAD 绘制工程图推荐采用 1:1 的比例,在图纸空间设置合适的输出图纸比例。

3)画出各视图的中心线、轴线、基准线,把各视图的位置定下来,各图之间要注意留有充分的标注空间。

4)由主视图开始,绘制各视图的主要轮廓线,画图时要注意各视图间的投影关系,要尽可能地使用旋转、复制、偏移等工具。

5)画出各视图上的细节,如螺钉孔、销孔、倒角等。

6)检查并绘制剖面线。

7)标注全部尺寸线、注出公差配合和表面粗糙度等。

8)进行出图布局,插入图框并在标题栏中签字。

15.2　零件视图选择原则

零件视图的选择就是用适当的视图、剖视图、断面图等表达方法把零件的形状结构完整、清晰地表达出来。视图选择与组合体视图选择原则相同,首先选择主视图,再选择其他视图。

15.2.1　主视图的选择

主视图是最重要的视图,因此在表达零件时,应先确定主视图,然后确定其它视图。选择主视图主要从零件的按放位置和投影方向两方面来考虑。

1)安放位置:对零件而言,安放位置是指零件的加工位置或零件在机器或部件中的装配位置。

• 加工位置原则:即按零件主要加工工序位置来选择主视图。对于一般回旋体类零件(如轴、套、轮、盘等),其主要加工位置往往是水平放置的,所以这类零件就选择水平轴线为其主视图的安放位置。

• 装配位置:即以零件在机器或部件中的装配位置来选择主视图。这类零件一般是结构复杂的叉类零件和箱体零件。采用装配位置来选择主视图的安放位置,有助于看图和想象该零件在机器或部件中的工作情况。

2)投影方向原则:选择最能反映零件的形状特征和零件各组成部分相互位置关系的方向作为主视图的投影方向,因此也常称为形状特征选择原则。

选择主视图时,一般是首先考虑加工位置原则,若不符合这一原则,再考虑零件的装配位置原则,以此确定零件的安放位置,然后根据零件的形状特征原则确定主视图的投影方向。

15.2.2　其他视图的选择

其它视图用来补充主视图表达的不足,以便完整、清晰地表达零件内外结构。其它视图的选择原则是:在主视图确定的情况下,选择尽量少的视图,并优先考虑基本视图,同时还要注意合理布置视图,充分利用图幅。

15.2.3　选择视图的一般步骤

零件视图的选择一般遵循以下步骤:

1)对零件进行结构分析和形体分析,分清主要部分和次要部分。

2)确定主视图和基本视图,把主要部分表达出来。

3)增加辅视图,把次要部分表达出来。

4)检查、分析、修改。主要是检查表达是否完全,即:形状、相对位置和连接关系是否完全确定;表达是否清楚,即主次关系处理是否恰当,是否便于看图。

15.3　绘制轴套类零件

　　轴套类零件一般为同轴的细长回旋体。这类零件在视图表达时,只需要画出主视图,适当的断面图和尺寸标注,就可以把主要形状特征以及局部结构表达清楚。

　　为了便于看图,轴线一般按水平方向放置。

　　标注尺寸时,径向以它的轴线作为尺寸基准;长度方向的基准通常选用重要的端面、接触面(轴肩)或加工面等。

　　【例 15-1】绘制如图 15-1 所示旋转阀阀杆。

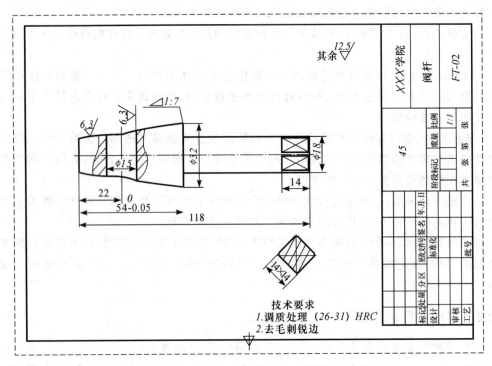

图 15-1　旋转阀阀杆

　　1)基于样板文件"GBA.dwt",新建文件,并保存为"阀杆.dwg"。

　　2)绘制中心线和辅助线。

　　(1)切换到"辅助线"图层;调用"直线"工具(别名 L),然后按命令行提示绘制一条长为118 的水平直线和一条过水平直线左端点长约为 22 的铅垂直线,结果如图 15-2 所示。

命令:1↙
LINE 指定第一点:50,110(指定水平直线左端点)
指定下一点或 [放弃(U)]:@118＜0↙(用相对坐标指定水平直线右端点)
指定下一点或 [放弃(U)]:↙(结束直线命令)
命令:↙(直接按＜Enter＞键,即可调用刚执行过的命令,即直线命令)
指定下一点或 [放弃(U)]:(选择水平直线左端点)
指定下一点或 [放弃(U)]:@22＜90↙

---

　　(2)调用"偏移"工具(别名 O),将水平直线向上分别偏移 9、14、16;将铅垂直线向右分

图 15-2　绘制定位直线

别偏移 22、40、54、118(偏移 14 和 40 是为了绘制锥度为 1∶7 的直线)。再将水平直线和偏移 22 得到铅垂直线移到"中心线层"。将结果如图 15-3 所示。

命令:O↙(调用偏移工具)
指定偏移距离或［通过(T)/删除(E)/图层(L)］<2.0000>:9↙(输入偏移距离)
选择要偏移的对象,或［退出(E)/放弃(U)］<退出>:(选择水平直线)
指定要偏移的那一侧上的点,或［退出(E)/多个(M)/放弃(U)］<退出>:(在水平上方单击左键)
选择要偏移的对象,或［退出(E)/放弃(U)］<退出>:↙(结束偏移命令)
命令:↙(直接按<Enter>键,再次调用偏移工具)
……

3)绘制主要轮廓线。

(1)切换到"粗实线"图层,然后连接相关节点,如图 15-4 所示。

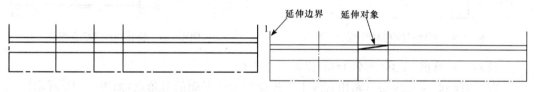

图 15-3　绘制中心线和辅助线　　　　　　　图 15-4　绘制 1∶7 斜线

(2)调用"延伸"工具(别名 ex),然后按命令行提示,以铅垂直线 1 为延伸边界,以斜线为延伸对象。结果如图 15-5 所示。

命令: ex↙
选择边界的边...
选择对象或 <全部选择>:(选择如图 15-4 所示的铅垂直线 1)
选择对象:↙(结束边界边选择)
选择要延伸的对象,或按住 Shift 键选择要修剪的对象,或［栏选(F)/窗交(C)/投影(P)/边(E)/放弃(U)］:(选择图 15-4 所示的斜线)
选择要延伸的对象,或按住 Shift 键选择要修剪的对象,或［栏选(F)/窗交(C)/投影(P)/边(E)/放弃(U)］:↙(结束延伸命令)

(3)调用直线工具,连接相关节点,完成主要轮廓线的绘制,结果如图 15-6 所示。

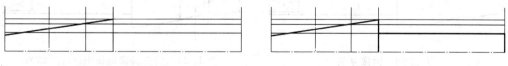

图 15-5　延伸斜线　　　　　　　　　图 15-6　完成主要轮廓线的绘制

(4)隐藏辅助线。在"图层特性管理器"或"图层控制"下拉列表中单击"辅助线"图层前面的💡图标,关闭"辅助线"图层,结果如图 15-7 所示。

4)绘制孔特征。

(1)将铅垂中心线向左、向右分别偏移距离7.5,如图15-8所示。

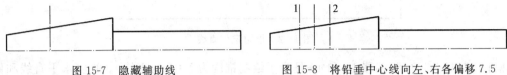

图15-7　隐藏辅助线　　　　　　　图15-8　将铅垂中心线向左、右各偏移7.5

(2)调用"修改"工具(别名tr),然后按命令行提示,以铅垂直线1、2为边界修剪锥度为1:7的斜线;调用"三点圆弧"工具,绘制一条圆弧近似代替圆柱孔与圆锥的相贯线,最后删除铅垂直线1、2。最终结果如图15-9所示。

5)绘制阀杆右端的矩形小平面。方形或矩形小平面可用对角交叉细实线表示,标注时用"B×B"注出即可。

(1)调用"偏移"工具(别名O),然后按命令行提示操作:将铅垂直线AB向左偏移14,得到CD,将水平直线CA向下偏移1、8;

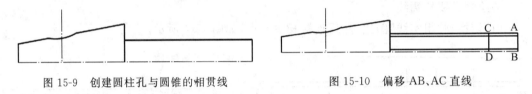

图15-9　创建圆柱孔与圆锥的相贯线　　　图15-10　偏移AB、AC直线

(2)调用"修剪"工具(别名tr)获得矩形小平面。

(3)切换到"细实线层",调用直线工具连接矩形小平面的对角点,如图15-12所示。

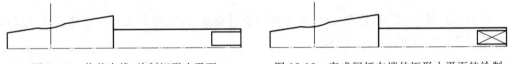

图15-11　修剪直线,绘制矩形小平面　　图15-12　完成阀杆右端的矩形小平面的绘制

6)调用"镜像"工具,以水平中心线以上部分图形为镜像对象,以水平中心线为镜像线完成镜像,结果如图15-13所示。

7)为更清楚地表示圆柱孔结构,应对圆柱孔部分进行局部剖视。

(1)切换到"粗实线"图层,然后调用直线工具,连接AB、CD,如图15-14所示。

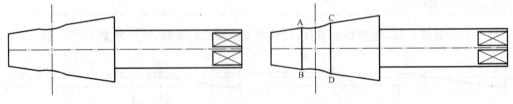

图15-13　镜像复制　　　　　　　图15-14　绘制局部剖视中圆柱孔结构

(2)切换到"细实线",然后调用"样条线"工具,绘制局部剖视图分界线。

(3)切换到"剖面线层",然后调用"图案填充"工具(别名h),填充剖面线(ANSI31),角度设置为15°。最终结果如图9-86所示。

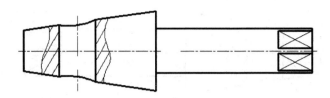

图 15-15　圆柱孔部分局部剖视

8）绘制移出剖面

（1）切换到"粗实线"图层。

（2）调用"圆"工具（别名 c），然后按命令行提示操作，在剖切位置的正下方绘制一个半径为 9 的圆。

（3）在绘图区域任意位置绘制一个 14×14 的矩形，然后切换到"中心线"图层，并绘制该矩形的对角线；以对角线的中心为旋转中心，将矩形旋转 45°。

命令：rec↙
指定第一个角点或［倒角(C)/标高(E)/圆角(F)/厚度(T)/宽度(W)］：(合适位置处单击左键)
指定另一个角点或［面积(A)/尺寸(D)/旋转(R)］：@14,14(以相对坐标形式，确定另一角点)

（4）将矩形移动至目标位置：使矩形对角线的中心点与圆心重合。

（5）调用"修剪"工具（别名 tr），然后按命令行提示，修剪圆和矩形，得到如图 15-17 所示的剖面结构。

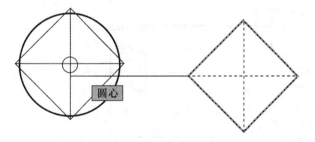

图 15-16　移动矩形

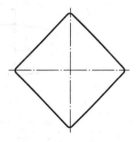

图 15-17　修剪矩形和圆

提示：
修剪圆和矩形，当命令行提示"选择剪切边…"，将圆和矩形全部选中；提示"选择要修剪的对象"时，在需要修剪的部分单击左键即可。

（6）调用"填充图案"工具（别名 h），然后按命令行提示操作：在"移出剖面"中填充 AN-SI31 剖面图案，角度设置为 15°，结果如图 15-18 所示。

9）修改中心线的长度。

调用"拉长"工具（别名 len），然后按命令行提示操作：

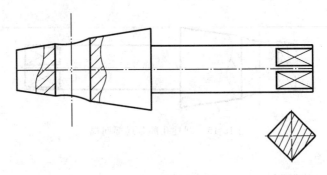

图 15-18　绘制移出剖面

命令：len ↙

选择对象或［增量(DE)/百分数(P)/全部(T)/动态(DY)］：de ↙（选择"增量"方式）

输入长度增量或［角度(A)］<0.0000>：2 ↙（增加 2 个单位）

选择要修改的对象或［放弃(U)］：（选择水平中心线的左端点）

选择要修改的对象或［放弃(U)］：（选择水平中心线的右端点）

选择要修改的对象或［放弃(U)］：↙（退出"拉长"命令）

　　单击铅垂中心线,通过"夹点"编辑功能修改铅垂中心线的长度:在夹点上单击左键,然后向上(下)移动到合适位置。

　　10)完成尺寸标注。

　　(1)切换到"标注层",在"注释"选项卡|"标注"面板中,单击"线性"标注图标,然后按命令行提示操作,完成线性尺寸标注,结果如图 15-19 所示。

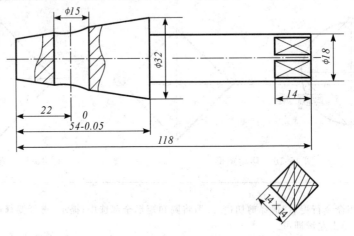

图 15-19　线性尺寸标注

提示：

● 标注直径 15、18、32 时,需要用％％C<>来替代标注文字:选择标注,并在其上单击右键;选择"特性",在"特性"选项板的"文字替代"文本框中输入％％C<>。

● 带有极限偏差的长度尺寸 54 的极限偏差输入方法如下:双击尺寸 54,然后在"特性"选项板中,将标注样式"工程标注"改更为"工程标注－极限偏差",然后在"公差下偏差"右侧的文本框中输入其偏差值"0.05"(注意,由于 AutoCAD 中下偏差本身默认为负,因此输入偏差值时只需输入正的数值即可)。

● 由于尺寸与其它几何图形不是能相交的,因此还需调用"打断"工具,打断与尺寸相交的中心线。

　　(2)调用"快速引线"工具(命令 qleader),标注斜度(斜度符号中的三角形可用直线工具绘制)。

（3）完成粗糙度标注:插入粗糙度块(命令别名 i,在"插入"对话框"名称"下拉列表中选择"粗糙度")

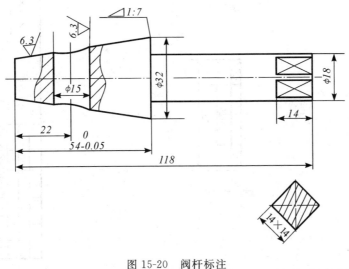

图 15-20　阀杆标注

11)完成布局,最终结果如图 15-1 所示。

（1）根据零件图的尺寸,选择"A4 横向"布局,然后调整图形在布局中的位置和大小。

（2）填写标题栏和技术要求。

12)保存文本。

15.4　绘制盘类零件

盘类零件的基本形状是扁平的盘状。这类零件一般有端盖、阀盖、齿轮等。它们的主要结构大体是回转体,并带有各种形状的凸缘、均布的圆孔和肋等局部结构。

视图选择时,一般选择对称面或回转轴线的剖视图作为主视图,轴线水平放置。增加其它视图,以表达零件的外形和分布结构。

标注盘类零件的尺寸时,通常选用通过轴孔的轴线作为径向尺寸基准,长度方向通常选择重要的端面。

【例 15-2】绘制如图 15-21 所示旋转阀中的垫圈

1)基于样板文件"GBA.dwt",新建文件,并保存为"垫圈.dwg"。

2)绘制长度为 35 的铅垂直线。切换到"粗实线"层,调用"直线"工具(别名 L),然后按命令行提示操作:

命令:L↙(调用直线工具)
LINE 指定第一点:(在绘制区域合适位置单击左键)
指定下一点或［放弃(U)］:@35＜90(用相对坐标方式指定直线终点)
指定下一点或［放弃(U)］:↙(结束直线命令)

3)调用"偏移"工具(别名 O),然后按命令行提示,将直线向左偏移 3:

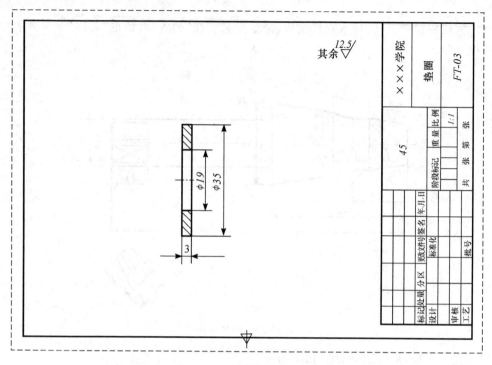

图 15-21　旋转阀中的垫圈

4）调用"直线"工具（别名 L），分别连接直线的端点和中点。

5）调用"偏移"工具（别名 O），然后按命令行提示，将中点连线分别向上、下右偏移 9.5，结果如所示。

图 15-22　绘制辅助线

图 15-23　将中点连接向上、下各偏移 9.5

6）创建中心线：

（1）将中点连线移动到"中心线"图层：选择中点连线，然后在"常用"选项卡 |"图层"面板的"图层控制"下拉列表中选择"中心线"图层。

（2）调用"拉长"工具（别名 len），然后按命令行提示，各延长 2mm：

提示：

应修改线型比例才能正确显示中心线；双击中心线，在弹出的"特性"选项板中，将"线型比例"值修改为 0.05。

7）添加剖面线。切换到"剖面线层"，调用"图案填充"工具（别名 h），图案选择 ANSI31，比例设置为 0.5。结果如图 15-25 所示。

图 15-24　创建中心线

图 15-25　添加剖面线

8)添加尺寸标注。切换到"尺寸标注层",利用"线性"标注工具完成尺寸标注,如图 15-26 所示。

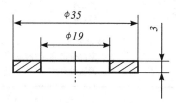

图 15-26　尺寸标注

提示:

线性标注之后,应双击 19 或 35 尺寸,然后在弹出的"特性"选项板中,在"文字替代"文本框中输入:%%C<>。%%C 是 AutoCAD 中直径的控制代码,<>表示采用测量值。

9)完成布局。

(1)根据本零件图的尺寸,选择"A4 横向"布局。由于绘制图形时,图形的位置是任意指定的,因此,进入"A4 横向"布局后,图形可能并不在"浮动视口"内。选择状态栏上的"图纸"按钮,进入图纸空间(或在"浮动视口"内双击左键);然后通过选择"视图"|"缩放"|"全部"可以将图形显示到"浮动视口"内;单击"状态栏"上的"视口比例"按钮,在列表中选择 2∶1,再通过平移功能调整图形在"浮动视口"内的位置。

(2)填写标题栏和技术要求。技术要求是对所绘制零件的必须的补充说明,通常说明零件的末注明圆角的大小、热处理工艺等,本例中仅需输入 $\overline{12.5}$。结果如图 15-21 所示。

【例 15-3】绘制一个模数 m=3,齿数 z=20 的标准直齿圆柱齿轮(如图 15-27 所示)。

分析:标准直齿圆柱齿轮结构比较简单,一般是先画好主视图,然后再画左视图。

1)计算标准直齿圆柱齿轮的几何尺寸。

分度圆直径:$d=mz=3×20=60mm$

齿顶圆直径:$d_a=d+2h_a=m(z+2)=3×22=66mm$

齿根圆直径:$d_f=d-2h_f=m(z-2.5)=3×17.5=52.5mm$

2)以 GBA.dwt 为样板,新建文件。

3)绘制主视图。

(1)切换到"中心线"图层,调用直线工具,然后绘制一条长为 150 的水平中心线和长为 80 铅垂中心线。

275

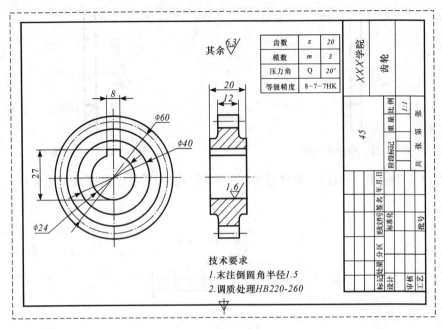

其余 $\sqrt{6.3}$

齿数	z	20
模数	m	3
压力角	Q	20°
等级精度		8－7－7HK

技术要求
1. 末注倒圆角半径1.5
2. 调质处理HB220-260

图 15-27 标准直齿圆柱齿轮

(2)切换到"双点划线"图层,然后调用画圆工具,以中心线的交点为圆心,绘制直径为60的分度圆。

(3)切换到"粗实线"图层,然后调用圆工具,以分度圆的圆心为圆心,分别绘制直径为66的齿顶圆、直径为52.5的齿根圆、直径为40的圆形凸台以及直径为24的圆孔。结果如图 15-28 所示。

(4)画主视图上的键槽。查 GB 1095－79,根据孔的直径可得轮毂上的键槽高度为3.3mm,宽度为8mm,所以将水平中心线向上偏移15.3(计算方法:24÷2＋3.3＝15.3),将铅垂中心线向左右各偏移4。调用直线工具,连接主视图上的节点。连接完毕后,删除上一步产生的偏移线。调用修剪工具(别名O),对圆孔对行修剪,结果如图 15-29 示。

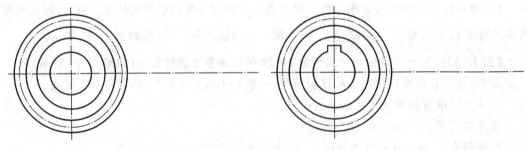

图 15-28 绘制主视图上齿根圆、
分度圆、齿根圆、凸台及圆孔

图 15-29 画主视图上的键槽

4)绘制左视图。

(1)将主视图上的铅垂中心线向右偏移 60、64、70,作为齿轮轴向方向的三条辅助线。

(2)调用直线工具,根据主视图画出齿顶圆、齿根圆、圆凸台、键槽以及孔在左视图上的对应直线段(注意,由于齿轮左右对称,所以我们只画右侧;由于左视图是一个剖视图,所以以上直线段都是粗实线)。切换到"双点划线",调用直线工具,画出左视图上的分度圆(注意,分度圆直线段应超出齿轮轮廓线 2～4mm)。如图 15-30 所示。

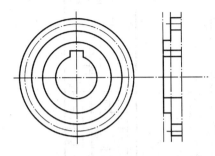

图 15-30　绘制左视图主要轮廓线

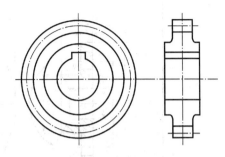

图 15-31　左视图轮廓线

(3)删除三条铅垂偏移线,并以 2 作为倒圆角半径(别名),完成倒圆角操作。然后以中心线为镜像线完成镜像操作。结果如图 15-31 所示。

5)切换到"剖面线层",调用"填充图案"工具(别名 h,图案 ANSI31),完成添加剖面线,结果如图 15-32 所示。

6)调用"打断"工具(别名 br)、"拉长"工具(别名 len)以及"夹点"编辑功能,完成修整工作(如要需要还可以调整线型比例)。

7)完成尺寸标注(提示:尺寸标注可以在"模型空间"中进行,也可以在"图空间纸"进行)。切换到"尺寸标注层",并完成如图 15-33 所示尺寸标注。

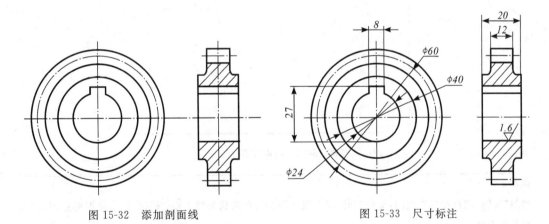

图 15-32　添加剖面线　　　　　　　　　图 15-33　尺寸标注

8)完成出图。

(1)单击"A4 横向"标签,进入图纸空间,双击浮动视口,进入"视口模型";单击"状态栏"上的"视口比例"按钮,然后选择 1∶1;按住鼠标中键并拖动,将图形平移到合适的大小。

(2)填写技术要求与齿轮参数。最终结果如图 15-27 所示。

9)按快捷键<Ctrl>+S,保存图形。

【例 15-4】绘制如图 15-34 所示旋转阀压盖

1)以 GBA4.dwt 样板,创建一个名为"压盖"文件。

2)绘制中心线和辅助线。

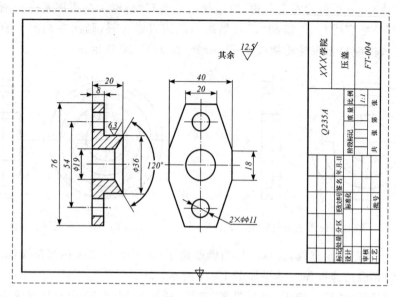

图 15-34　旋转阀压盖

（1）由于主视图关于水平中心线对称，因此，只需绘制上部分图形。切换到"辅助线"层，然后调用直线工具，利用"极轴"功能在绘图区域绘制一条长约为 100 的水平直线和一条距水平直线左端点约为 5 长约为 40 的铅垂直线（通常用可以先绘制通过左端点的铅垂直线，然后向左平移 5mm）；通过"缩放"功能将图形调整到适当大小，如图 15-35 所示。

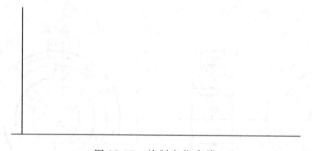

图 15-35　绘制定位直线

提示：

通过"极轴"功能绘制直线时，最好打开"动态输入"功能；单击状态栏上 ⟋ 按钮，显示数据更直观，输入数据更方便。

（2）将水平直线向上分别偏移 9、18、27、38；将铅垂直线向右分别偏移 8、20、50、60、70、80、90，如图 15-36 所示。

（3）选择直线 1、2、3，并将它们移到"中心线层"，如图 15-37 所示。

3）绘制轮廓线

（1）切换到"粗实线"图层，然后调用直线工具，按图 15-38 所示连接各节点。

（2）调用画圆工具，并以 A 点为圆心，绘制直径为 11 的圆；以 B 点为圆绘制直径为 19 的圆。如图 15-39 所示。

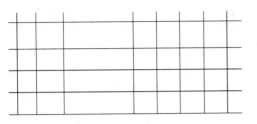

图 15-36　绘制辅助线

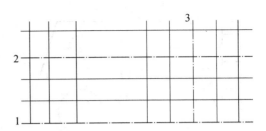

图 15-37　将"中心线"移动到"中心线"图层

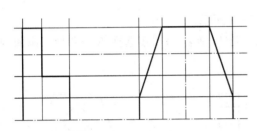

图 15-38　绘制外轮廓线

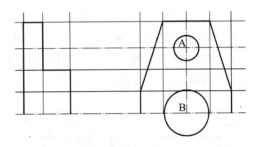

图 15-39　绘制直径为 11 和 19 的两个圆孔

（3）参照左视图，利用"极轴"和"对象追踪"功能（状态栏上的"极轴"和"对象追踪"按钮应处于按下状态）绘制圆孔在主视图上对应图素，如图 15-40 所示。

（4）隐藏辅助线。在"图层特性管理器"或"图层控制"下拉列表中单击"辅助线"图层前面的💡图标，关闭"辅助线"图层，结果如图 15-41 所示。

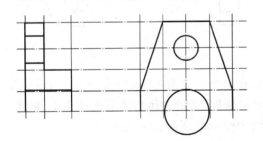

图 15-40　利用"追踪"功能在主视图添加
圆孔对应的轮廓线

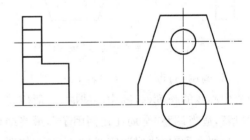

图 15-41　隐藏辅助线图形

（5）调用"直线"工具（别名），然后按命令行提示，创建一条以 A 点为起点，长为 20，角度为 −135°的直线，如图 15-42 所示。

```
命令：L↙（调用直线工具）
指定第一点：（选择 A 点）
指定下一点或［放弃（U）］：@20<−135 ↙
指定下一点或［放弃（U）］：↙（结束直线命令）
```

（6）调用"直线"工具，以 B 点为起始点绘制一条铅垂直线，然后调用"修剪"工具或"夹点"编辑功能完成相应的修剪，结果如图 15-43 所示。

（7）调用"镜像"工具，以水平中心线以上的图素为镜像对象（不包括大圆和水平中心

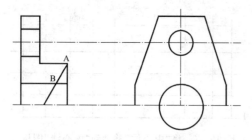

图 15-42　绘制以 A 点为起点，长为 20，
角度为－135°的直线

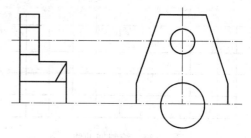

图 15-43　绘制铅垂直线，并修剪水平线、
铅垂线和斜线

线），以水平中心线为镜像线，完成镜像。如图 15-44 所示。

（8）切换到"剖面线层"，然后调用"图案填充"工具（别名 h，图案选择 ANSI31）以添加剖面线。结果如图 15-45 所示。

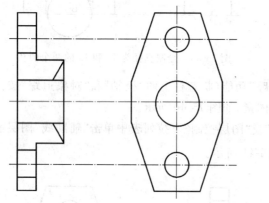

图 15-44　关于"水平中心线"镜像图形

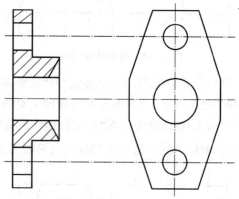

图 15-45　填充剖面线

（9）调用"打断"工具（别名 br）、"拉长"工具（在命令行中输入"len"）及"夹点"编辑功能，调整中心线的长度（打断中心线时，一般应将"对象捕捉"功能关闭），然后选择菜单"格式"｜"线型"，适当调整"全局比比例因子"，最终结果如图 15-46 所示。

4）切换到"标注层"，完成尺寸标注，如图 15-47 所示。

提示：

直径、半径或尺寸文字中包括其它符号时，标注时应通过"文字"选项输入，例如标注 2×∅11 时：

命令：dimdiameter↙（或直接在"注释"选项板｜"标注"面板中单击 ）

选择圆弧或圆：（选择直径为 11 的圆）

标注文字 ＝ 11

指定尺寸线位置或［多行文字(M)/文字(T)/角度(A)］：t↙（选择"文字"选项）

输入标注文字 ＜11＞：2×＜＞↙（输入标注尺寸的文字）

指定尺寸线位置或［多行文字(M)/文字(T)/角度(A)］：（在尺寸放置位置单击左键）

5）完成布局。

（1）由于绘制图形时，图形的位置是任意指定的，因此，进入"A4 横向"布局后，图形可能并不在"浮动视口"内。单击"A4 横向"标签，进入图纸空间，双击浮动视口，进入"视口模

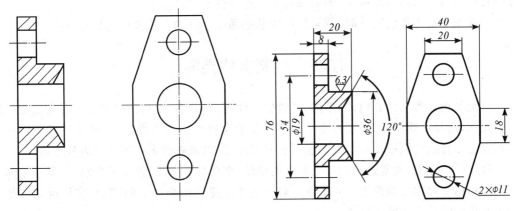

图 15-46 修整中心线   图 15-47 尺寸标注

型";单击"状态栏"上的"视口比例"按钮,然后选择 1∶1;按住鼠标中键并拖动,将图形平移到合适的大小。结果如图 15-34 所示。

(2)填写标题栏和技术要求。

6)保存文件。

15.5 绘制叉架类零件

常见的叉架类零件有拔叉、连杆、支座等,如图 15-48 所示。

叉架类零件形状较复杂,加工工序较多,通常需要两个以上的基本视图。选择主视图时,主要考虑工作位置的形状特征,若工作位置处于倾斜状态时,可将其位置放正。叉架类

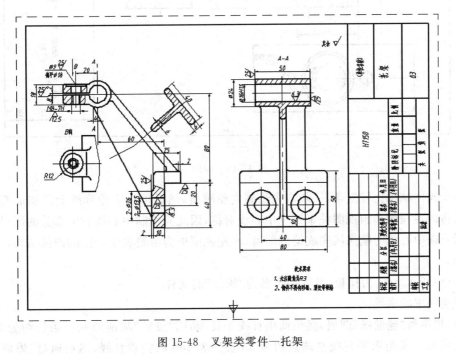

图 15-48 叉架类零件—托架

零件往往还需要采用局部视图、断面图等来表达零件的局部结构。

标注架加类零件的尺寸时，通常选择安装基面或零件的对称面作为尺寸基准。

15.6 绘制箱体类零件

常见的箱体类零件有阀体、泵体、减速器箱体等，形状态、结构比较复杂。通常需要一组基本视图，选择主视图时，主要考虑工作位置和形状特征。箱体类零件，往往还需要根据实际情况选用合适的剖视、断面、局部视图和斜视图等，以清晰地表达零件的内外结构。

尺寸标注方面，通常选择设计上要求的轴线、重要的安装面、接触面（或加工面）、箱体某些主要结构的对称面等作为尺寸基准。对于箱体上需要切削加工的部分，应尽可能按便于加工和检验的要求来标注尺寸。

【例 15-5】绘制如图 15-49 所示的阀体。

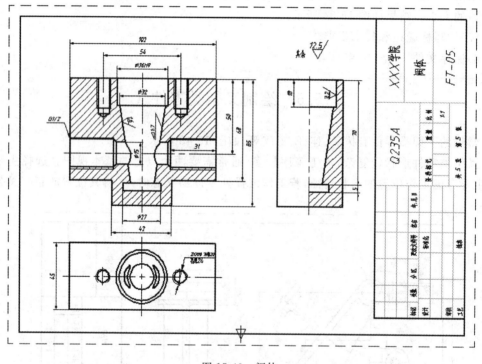

图 15-49　阀体

由于阀体结构比较复杂，一般应先绘制主轮廓线，然后再在主轮廓线上添加局部细节。由于阀体的主视图和俯视图关于铅垂中心线对称，因此只绘制中心线右侧部分的图形，绘制完成后再以中心线为镜像线完成镜像即可；在左视图中为清楚表达阀体的内部结构，采用半剖处理。

1）以 GBA.dwg 为样板，新建一个名为"阀体"的文件。

2）绘制主轮廓线。

（1）切换到"辅助线"图层，然后调用直线工具，利用"极轴"功能绘制一条长约为 220 的水平直线和一条距水平直线左端点约为 60 长约为 160 的铅垂直线，然后通过"缩放"、"平移"功能将图形调整到适当大小。如图 15-50 所示。

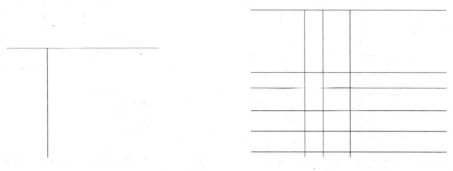

图 15-50　绘制定位直线　　　　　　　　图 15-51　绘制辅助线

(2)将水平直线分别向下偏移 68、85、110、132.5、155;将铅垂直线向右偏移 21、51,如图 15-51 所示。

(3)调用直线工具,以点 A 为起始点绘制一条长为 130,角度为−45°的直线(相对极坐标@130<−45),然后分别以 B、C、D 点作为直线的起始点作三条铅垂直线,如图 15-52 所示。

(4)切换到"粗实线"图层,然后调用直线工具,连接相应的节点,如图 15-53 所示。

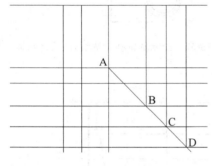

图 15-52　绘制 45°斜线

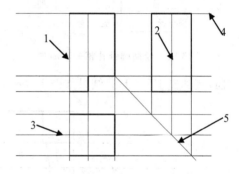

图 15-53　绘制阀体外轮廓线

(5)删除图 15-53 中除直线 1、2、3、4、5 外的辅助线,结果如图 15-54 所示。

3)绘制圆锥孔部分。

(1)将图 15-54 中的辅助线 4 分别向下偏移 18、70、75;调用画圆工具,以辅助线 1、3 的交点为圆心,分别绘制直线为 27、32、36 的圆。如图 15-55 所示。

(2)切换到"辅助线层",调用直线工具,分别以俯视图上圆与水平辅助线的交点为起始点作 3 条铅垂直线;再次调用直线工具,分别以俯视图上圆与铅垂线的交点为起始点作 3 条水平直线与−45°倾斜辅助线交得 3 点,再以此 3 点为起始点作 3 条铅垂直线。如图 15-56 所示。

(3)切换到"粗实线"层,调用直线工具,连接相应的节点。然后删除相关的辅助线。结果如图 3-57 所示。

(4)绘制斜度 1∶7 的直线:将辅助线 1 向下偏移 14,辅助线 2、3 向左各偏移 2,得到两个交点中 C、D;切换到"粗实线"层,然后调用直线工具,连接 AC、BD;调用"延伸"工具将

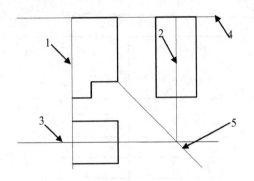

图 15-54　删除阀体外轮廓线相关辅助线

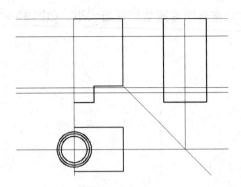

图 15-55　绘制俯视图上的圆锥孔及相关辅助线

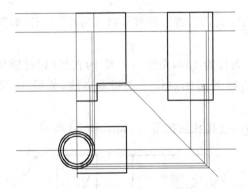

图 15-56　绘制圆锥孔相关辅助线

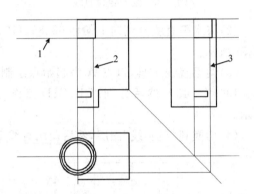

图 15-57　绘制圆锥孔轮廓线,然后删除辅助线

AC、BD 延伸到 EF、GH。结果如图 15-58 所示。

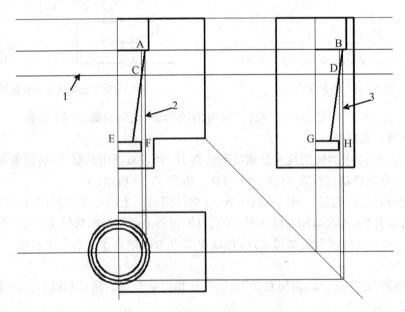

图 15-58　完成主视图与左视图上的圆锥孔图形

(5)删除相关的辅助线以及俯视图上直径为 27 的圆(或者将它移动到"虚线"图层),然

后调用画圆工具,利用"对象追踪"功能,根据 AC 与 EF 的交点在俯视图上绘制圆。结果如图 15-59 所示。

4)绘制管螺纹及与管螺纹孔轴线的圆孔特征。

经查表可得管螺纹 G1/2 的大径为 20.955mm,小径为 18.631mm。

(1)将辅助线 1 向下偏移 50,外轮廓线 2 向左偏移 31,如图 15-60 所示。

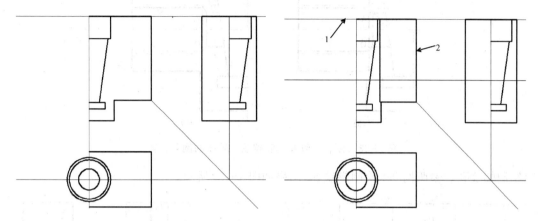

图 15-59　完成俯视图上的圆锥孔图形　　　图 15-60　绘制管螺纹及与管螺纹孔轴线的
　　　　　　　　　　　　　　　　　　　　　　　　　　圆孔特征辅助线

(2)切换到"细实线层",调用画圆工具,以 A 点为圆心绘制直径分别为 20.955 圆;调用直线工具,利用"对象追踪"功能,绘制两条水平直线。如图 15-61 所示。

(3)切换到"粗实线"图层,绘制直径分别为 18.631,15 两个圆。调用直线工具,利用"极轴"和"对象追踪"功能,绘制四条水平直线,如图 15-62 所示。

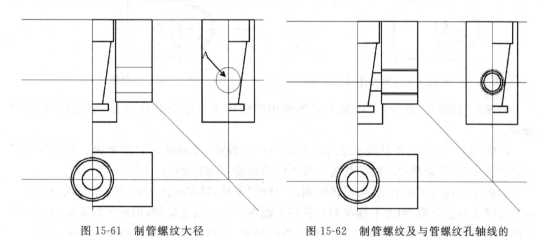

图 15-61　制管螺纹大径　　　　　　图 15-62　制管螺纹及与管螺纹孔轴线的
　　　　　　　　　　　　　　　　　　　　　　　圆孔特征轮廓线

(4)调用直线工具,以 A 点为起始点,绘制一条长度为 10,角度为 −135° 的直线;然后以交点 B 为起点作一条铅垂直线,得到交点 C 点,连接 CD,如图 15-63(a)所示。调用"修剪"工具修剪相关直线(或直接用"夹点"编辑功能进行编辑),结果如图 15-63(b)所示。

(5)根据投影关系,绘制圆孔与圆锥孔的相贯线,结果如图 15-64 所示。

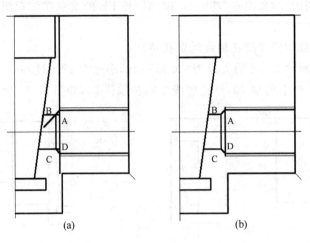

图 15-63　制管螺纹及与管螺纹孔轴线的倒角特征

5)绘制螺纹孔。参照例 9-4 绘制螺纹孔,结果如图 15-65 所示。

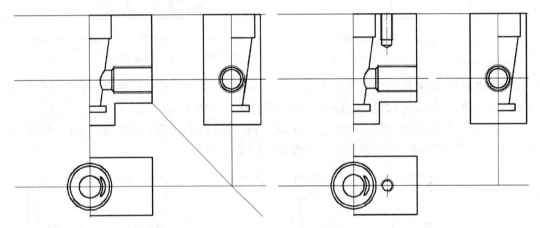

图 15-64　绘制圆孔与圆锥孔的相贯线　　　　图 15-65　绘制螺纹孔

6)调用"镜像"工具,将主视图和俯视图中的图形关于铅垂线作镜像,结果如图 15-66 所示。

7)将图 15-66 中的辅助线 1、2、3、4 移动到中心线层,并删除其它辅助线。调用"打断"工具、"拉长"工具调整中心线的长度。最终结果如图 15-67 所示。

8)由于左视图采用半剖,所以还需调用"修剪"工具,以左视图上的垂直中心线为边界修剪左视图上的三个圆,但由于螺纹和圆孔在主视图上已经表达清楚,因此可以直接删除这三个圆及圆的中心线并将左视图上的铅垂中心线移到"点划线层"。结果如图 15-68 所示。

9)切换到"剖面线层",调用"图案填充"工具,添加剖面线,结果如图 15-69 所示。

10)尺寸标注。切换到"尺寸标注层",完成尺寸标注如图 15-70 所示。

11)完成布局,结果如图 15-49 所示。

(1)根据本零件图的尺寸,选择"A4 横向"布局:单击"A4 横向"标签,进入图纸空间,双击浮动视口,进入"视口模型";单击"状态栏"上的"视口比例"按钮,然后选择 1∶1;按住鼠标中键并拖动,将图形平移到合适的大小。

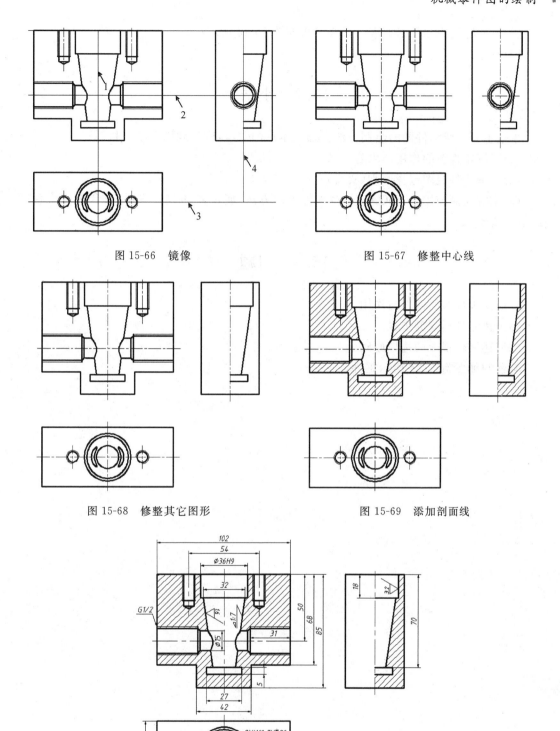

图 15-66　镜像　　　　　　　　　　　图 15-67　修整中心线

图 15-68　修整其它图形　　　　　　　图 15-69　添加剖面线

图 15-70　完成尺寸标注

(2)填写标题栏和技术要求。最终结果如图 15-49 所示。

12)保存。

15.7 小结

本章主要介绍零件图的绘制方法。通过本章的学习,应达到以下学习目标:

(1)了解零件图的作用与内容(☆)。

(2)理解零件视图选择原则(☆☆)。

(3)掌握绘制使用 AutoCAD 绘制零件图的方法,能正确、完整、清晰、较合理地绘制零件图(☆☆☆)。

15.8 习题

1.简述零件图的内容与作用。

2.简述零件绘制的步骤。

3.简述零件视图的选择原则。

4.绘制如图附录-24 所示零件。

第16章　机械装配图的绘制

基于 AutoCAD 绘制装配图与徒手绘制方法有很大的差异。在 AutoCAD 中绘制装配图可以直接利用已经绘制好的零件图，而不是从零开始一条线一条的绘制，这不仅可以提高装配图的绘制效率，而且还可以检验零件尺寸是否有误。

16.1　装配图的主要内容

用来表明机器或部件的结构形状、装配关系、工作原理和技术要求等的工程图就称为装配图。表示一台完整的机器图样，称为总装配图；表示部件的图样，称为部件装配图。在生产过程中，装配图是制订装配工艺规程、进行装配、检验、安装、保养和维修的技术文件，在技术交流、引进设备的过程中，装配图也是必须不可少的技术资料。

一张装配图应具备以下内容：

1. 一组视图

用一组合适的视图表达机器或部件的工作原理，各零件间的装配、连接关系以及各零件的主要结构形状。

2. 必需的尺寸

由于装配图的表达对象是机器或部件的整体以及其中所含零件的装配关系，所以在装配图中并不需要标注出每个零件的所有尺寸，而仅需要标注机器或部件的规格性能尺寸、装配尺寸、安装尺寸、总体尺寸，以及其它重要尺寸。

1）规格、性能尺寸：表明机器或部件的规格或工作性能的尺寸。

2）装配尺寸：表示机器或部件中有关零件间装配关系的尺寸。装配尺寸又包括：

- 配合尺寸：表示零件间配合性质的尺寸，如轴与孔的配合尺寸 $\varnothing 50\dfrac{H7}{h6}$

- 相对位置尺寸：表示零（部）件重要的相对位置尺寸。

3）安装尺寸：表示安装机器或部件时所需的尺寸。

4）总体尺寸：表示机器或部件总长、总宽、总高的尺寸。

5）其它重要尺寸：如运动零件的极限位置等由设计所确定，但不包括在上述几种尺寸之内。

3. 技术要求

用文字或符号说明机器或部件的性能、装配、检验、安装、调试和使用等方面的技术规范。

4. 标题栏、零件编号(序号)、及明细栏

1）标题栏。装配图中的标题栏与零件图的标题栏完全一样，都已经标准化，主要用于填写机器或部件的名称、代号、比例以及有关部门人员的签名。

2）序号。为了便于看图与管理图样，国家标准 GB/T4485.2－1984 规定：在装配图中必须对所有零件进行编号，同时还需要编写相应的明细栏。编写零、部件的序号如下：

• 零部件编号的常用形式如图 16-1 所示。在所要标注的零件上打上一黑点，然后引出指引线，在指引顶端画水平线或一个小圆圈，在水平线上或小圆圈内写明该零件的编号或序号。指引线和水平线（或小圆圈）均用细实线绘制，数字高度应比尺寸数字高度大一号。

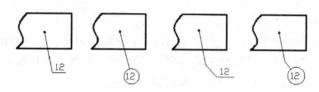

图 16-1　零部件编号的常用形式

• 指引线相互间不能相交，当通过有剖面线的区域时，指引线尺寸不与剖面线平行。必要时指引线允许弯折一次。

• 一组紧固件以及装配关系清楚的零件组，允许采用公共指引线，如图 16-2 所示。

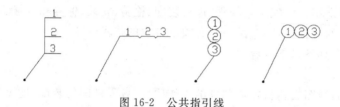

图 16-2　公共指引线

• 序号应该依顺时针或逆时针方向排列整齐；在整个图上无法连续时，可只在某个图的水平或垂直方向顺序排列。

3）明细栏。明细栏是机器或部件中全部零、部件的详细目录，用于填写零件的序号、名称、数量、材料、重量、备注等内容。明细栏应画在标题栏的上方，零、部件的序号应自下而上填写，如位置不够，可将明细栏分段画在标题栏的左边。国家标准没有统一规定明细栏的内容和形式，因此，在 AutoCAD 中可以利用"表格"工具方便绘制明细栏。

16.2　装配图绘制要点

1.装配图的规定画法和简化画法

1）零件的工艺结构（如圆角、倒角、退刀槽等）可省略不画；对于若干个相同零件组（如螺栓连接等），可详细画出一组或几组，其余只需用点划线表示其装配位置即可。

2）相邻两零件的接触表面或配合表面，只画一条共有的轮廓线；不接触或非配合表面，仍各自保留轮廓线。

3）在剖视、断面图中，相邻两零件的剖面线方向应相反，或方向相同但间距不同；同一零件在各视图中的剖面线方向和间隔须一致。

4）剖切平面通过标准件（或螺母、垫圈等）及实体（如轴、销等）的轴线时，这些零件按不剖处理,即只画外形,必要时可以采用局部剖切;当剖切平面垂直于这些零件的轴线时,则应画出剖面线。

2.装配图的特殊画法

1)拆卸画法:在装配图中,为了表达部件内部零件的装配情况,可假想把遮挡零件拆卸后再画,或沿结合面剖切表示,当需要说明时,可以视图上方标注"拆去XX"。

2)假想画法:在装配图中,若需要表达某些运动零件的极限位置或与相邻零件之间的相互关系时,可用双点划线画出它们的极限位置或相邻零件的轮廓。

3)夸大画法:对于薄片、细丝弹簧、微小间隙等,若按它们的实际尺寸很难画出或很难表达时,允许不按比例夸大画出。

16.3 AutoCAD 中零件序号标注

16.3.1 指引线端为水平线形式

AutoCAD中采用"快速引线"工具创建指引线端为水平线的零件序号。

1.快速引线标注样式设置

1)在命令行中输入 qleader,按<Enter>键后,命令行提示:

指定第一个引线点或 [设置(S)] <设置>:

直接按<Enter>键后,AutoCAD 将打开"引线设置"对话框。

2)快速引线参数设置

- 在"引线和箭头"选项卡中,在"箭头"列表中选择"点"类型。
- 在"附着"选项卡中选择"最后一行加下划线"

3)按<Esc>键退出"快速引线"命令。

4)设置快速引线标注样式

- 选择菜单"格式"|"标注样式",将弹出"标注样式管理器"。在当前样式"工程标注"下添加了一个派生样式:"<样式替代>"。
- 选中"<样式替代>",然后单击"修改"按钮,打开"替代当前样式:工程标注"对话框。
- 在"符号和箭头"选项卡中修改"箭头大小"框中的值以修改圆点的大小;在"文字"选项卡中,将"文字样式"设置为"工程字-5"。

2.使用快速引线创建指引线端为水平线形式的零件序号

调用"快速引线"工具(命令 qleader),然后按命令行提示操作,结果如图16-3所示。

命令:qleader↙
指定第一个引线点或 [设置(S)] <设置>:(合适位置单击左键,以指定指引线的起点)
指定下一点:(指定引线的另一点)
指定下一点:↙(直接按<Enter>键,结束输入点)
指定文字宽度 <0>:↙(直接按鼠标右键,接受默认值)
输入注释文字的第一行 <多行文字(M)>: 1↙(输入序号后按<Enter>键)
输入注释文字的下一行:↙(按<Enter>键,结束 qleader 命令)

图 16-3　指引线端为水平线形式的零件序号

16.3.2　指引线端为圆圈形式

　　装配图中的零部件编号另一种形式是：指引顶端为一个小圆圈，小圆圈内写明该零件的编号或序号形式。圆圈形式的零部件编号也采用"快速引线"工具来创建，但需要：1)把引线的注释类型设置为"块参照"；2)创建两个属性块，一个是圆圈在指引线的右侧块（块的基点在左下角）；另一个是圆圈在指引线左侧的块（块的基点在右下角），属性的高度为 5。

　　【例 16-1】创建指引线端为圆圈形式的零件序号。

　　1)创建两个属性块，块的名称分别为 R、L，如图 16-4 所示。

基点的左侧的属性块：R

基点的右侧的属性块：L

图 16-4　两个带属性的块

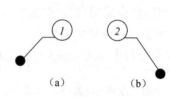
（a）　　　　　（b）

图 16-5　圆圈形式编号

　　2)在命令行中输入 qleader，按＜Enter＞键后，命令行提示：

指定第一个引线点或［设置(S)］＜设置＞：

　　直接按＜Enter＞键后，AutoCAD 将打开"引线设置"对话框。

　　3)快速引线参数设置

　　•"注释"选项卡中选择"块参照"

　　• 在"引线和箭头"选项卡中，在"箭头"列表中选择"点"类型。

　　4)按＜Esc＞键退出"快速引线"命令。

　　5)使用快速引线创建指引线端为圆圈形式的零件序号

　　调用"快速引线"工具（命令 qleader），然后按命令行提示操作，结果如图 16-5 所示。

命令：qleader ✓
指定第一个引线点或［设置(S)］＜设置＞：(合适位置单击左键，以指定指引线的起点)
指定下一点：(指定引线的另一点)
指定下一点：(指定引线水平线的另一个端)
输入块名或［?］＜r＞：R ✓(创建图 16-5a 所示输入 R，反之则输入 L)
单位：毫米 转换：　　1.00
指定插入点或［基点(B)/比例(S)/X/Y/Z/旋转(R)］：(选择引线的端点)
输入 X 比例因子，指定对角点，或［角点(C)/XYZ(XYZ)］＜1＞：✓
输入 Y 比例因子或 ＜使用 X 比例因子＞：✓
指定旋转角度 ＜0＞：✓
输入属性值
序号 ＜1＞：1 ✓(创建图 16-5a 所示输入 1，反之则输入 2)

16.4　装配图的绘制方法及步骤

16.4.1　装配图的绘制方法

装配体的设计可以有两种方法。

• 自底向上：先创建零件部件，然后按照各零件之间装配关系、相对位置安装成装配体。

• 自顶向下：先生创建总体装配，然后下移一层，生成子装配和组件，最后生成单个零部件。

• 混合装配：先将绘制好的部分零件装配起来，然后根据装配关系绘制其它零件。

相应的，在 AutoCAD 绘制装配图也有三种方法：1）直接绘制装配图；2）拼装零件形成装配图；3）混合装配。

通常采用拼装零件图的方式创建装配图。

16.4.2　装配图的绘制步骤

1）拟定表达方案。包括选择主视图、确定视图的数量和表达方法。装配图的主视图，一般按部件的工作位置选择，并使主视图能够较多地表达工作原理、零件间的装配关系及主要零件的结构形状。其它视图的数量和表达方法，则根据要反映的次装配关系、外形和局部结构来确定。

2）按照选定的表达方案，根据所画对象的大小，决定图的比例（AutoCAD 中，一般均采用 1∶1 的比例绘制零件图和装配图，出图时再在图形空间设置合适的比例）、初步确定各视图的位置以及图幅的大小。

3）绘制各视图的主要基准，如主要的中心线、对称线或主要端面的轮廓线等。

4）绘制主要零件的轮廓线。以主视图为主，几个基本视图同时考虑，逐个绘制。

5）绘制其它零件及细致结构，如螺栓连接及需要表达的工艺结构等。

6）检查、修正；添加剖面线、标注尺寸和公差配合、编写零件编号、填写明细栏等。

16.5　直接绘制装配图

直接绘制装配图与绘制零件图类似，只是绘图过程中需要注意绘图顺序。一般是先绘制主要零件的轮廓线，再绘制次要零件的轮廓线，最后绘制局部细节结构。可以一次同时绘制多个零件，但不宜超过 3 个，否则草图会过于复杂。

16.6　根据已有零件绘制装配图

AutoCAD 绘制好组成装配体的各个零件图后，可以重用这些零件拼画装配图：

1）创建一个新文件。

2）打开所需的零件图，关闭尺寸所在的图层，利用复制及粘贴功能将零件图复制到新文件中。

3)根据装配关系,利用 MOVE 命令将零件图组合在一起,进行必要的编辑即可形成装配图。

【例 16-2】螺纹紧固件联接的绘制

1)参照单个螺纹紧固件的绘制方法,根据各标准件的参数,绘制出螺栓、螺母和垫圈及被紧固的零件(如果相应零件都已经绘制,则将它们复制到同一个文件中),如图 16-6 所示。

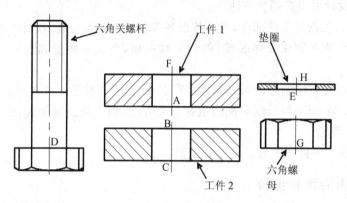

图 16-6　复制需要的零件视图到同一个文件中

2)调用"移动"工具(别名 m),将工件 1 以 A 点为基点移动到 B 点,如图 16-7 所示。

3)调用"移动工具"将螺杆以 D 点为基点移动到 C 点。由于螺杆以不剖处理,因此需要调用"修剪"工具删除工件上不可见的线段,如图 16-8 所示,

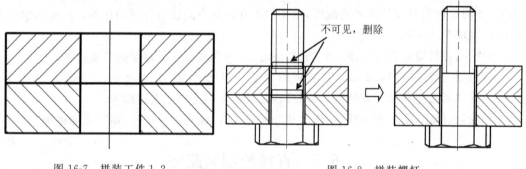

图 16-7　拼装工件 1、2　　　　　　图 16-8　拼装螺杆

4)调用"移动"工具,将垫圈以 E 点为基点移动 F 点。这里垫圈以不剖处理,所以需要调用"修剪"工具,删除螺杆上不可见的线段及垫圈中的剖面线等,结果如图 16-9 所示。

5)调用"移动"工具,将六角螺母以 G 点为基点移动 H 点。由于这里六角螺母以不剖处理,所以也需要调用"修剪"工具,删除螺杆上不可见的线段,结果如图 16-10 所示。

【例 16-3】旋转阀的装配图绘制

1)以 GBA.dwt 为样板,新建文件"旋转阀.dwg"。

2)装配阀杆。

(1)打开"阀体.dwg"文件,关闭"尺寸标注"图层,然后全选主视图中的图形并复制到"旋转阀"文件中;打开"阀杆.dwg"文件,关闭"尺寸标注",然后全选并复制到"旋转阀"文件。如图 16-11 所示。

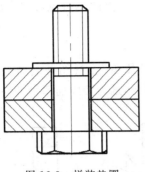

图 16-9   拼装垫圈

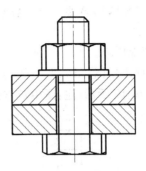

图 16-10   拼装螺母

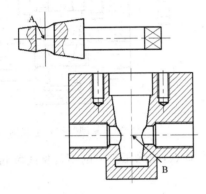

图 16-11   将阀杆和阀体的主视图复制到同一个文件中

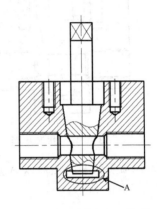

图 16-12   拼装阀杆和阀体

(2)将阀杆逆时针旋转 90°,然后以 A 点为基点移动到 B 点。如图 16-12 所示。

(3)将阀体上不可见部分进行修剪(删除阀体上圆锥与圆孔的相贯线以及图 16-12 中 A 区域)。结果如图 16-13 所示。

3)装配垫圈

(1)打开"垫圈.dwg"文件,关闭"尺寸标注",然后全选"垫圈"并复制到"旋转阀"文件,如图 16-14 所示。

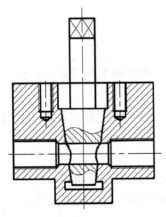

图 16-13   删除阀杆和阀体拼装后的多余线段

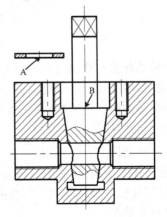

图 16-14   复制"垫圈"到装配文件中

（2）将垫圈以 A 点为基点移动到 B 点。然后删除垫圈上的不可见线段，最终结果如图 16-15 所示。

4）装配压盖。

（1）打开"压盖.dwg"，关闭"尺寸标注"图层，选择"压盖"主视图并复制到"旋转阀"文件，如图 16-16 所示（注：图中双点划线不是压盖的一部分，是为装配而添加的一条辅助线）。

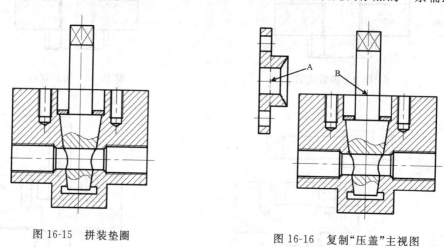

图 16-15　拼装垫圈　　　　　　图 16-16　复制"压盖"主视图

（2）压盖旋转 $90°$，然后以 A 点为基点移动到 B 点，删除压盖上的不可见线段和辅助线。结果如图 16-17 所示。

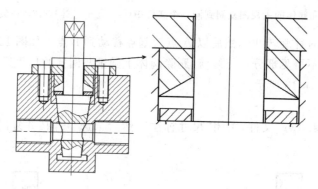

图 16-17　拼装压盖

5）阀体的压盖与垫圈之间应该增加填料，调整压盖和垫圈上的线段，使之形成封闭区域，并填充 ANSI37 图案，结果如图 16-18 所示。

6）标注装配图。切换到"其它符号"图层，然后用 qleader 命令创建装配图零件序号，结果如图 16-19 所示。

7）填写标题栏

（1）进入图纸空间：单击"A3 横向"布局标签，调整好装配图在浮动视口的位置与比例。

（2）填写标题栏：双击标题栏，弹出"增强属性编辑器"，填写相应的属性值。

8）填写明细表

可以使用 AutoCAD 中的"表格"或借助 Excel 来制作 AutoCAD 明细表。使用 Auto-

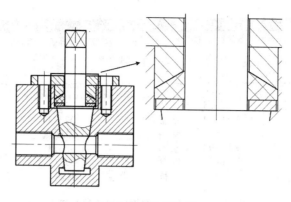

图 16-18　绘制填料

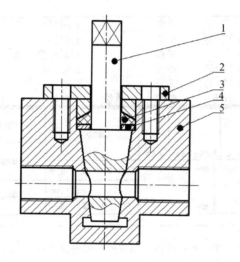

图 16-19　标注装配图

CAD 中的"表格"工具绘制明细表与绘制标题栏完成一样,详请参阅 9.5 节。本例使用 Excel 来制作 AutoCAD 明细表。

（1）打开 Excel,然后在其中输入相应的明细表信息,字体设置为"仿宋_GB2312",如图 16-20 所示。

（2）复制信息并粘贴到 AutoCAD 中:框选所有信息,然后按<Ctrl>+C;切换到 Auto-CAD"A3 横向"布局,并双击浮动视口以进入模型空间;按<Ctrl>+V,绘图区域将会有一个矩形框,并可随光标移动;在标题栏左上角处单击左键,即可放置矩形方框,如图 16-21 所示。

提示:
双击插入的表格,将自动打开 Excel,可以在 Excel 中统计和编辑相关信息,调用行高与列宽等。

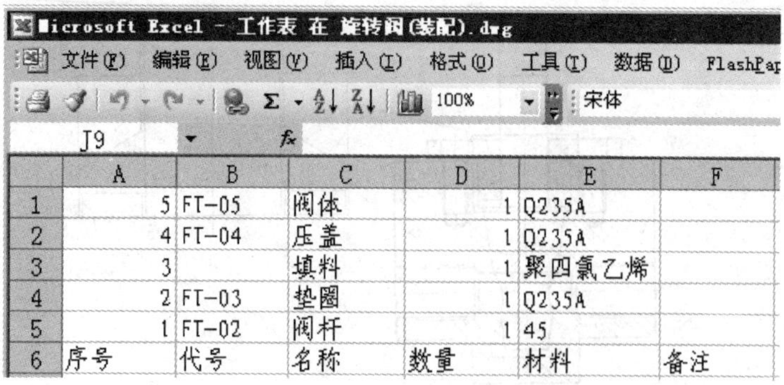

Microsoft Excel - 工作表 在 旋转阀(装配).dwg

文件(F)　编辑(E)　视图(V)　插入(I)　格式(O)　工具(T)　数据(D)　FlashPa

J9 fx

	A	B	C	D	E	F
1	5	FT-05	阀体	1	Q235A	
2	4	FT-04	压盖	1	Q235A	
3	3		填料	1	聚四氟乙烯	
4	2	FT-03	垫圈	1	Q235A	
5	1	FT-02	阀杆	1	45	
6	序号	代号	名称	数量	材料	备注

图 16-20　在 Excel 中输入相应的明细表信息

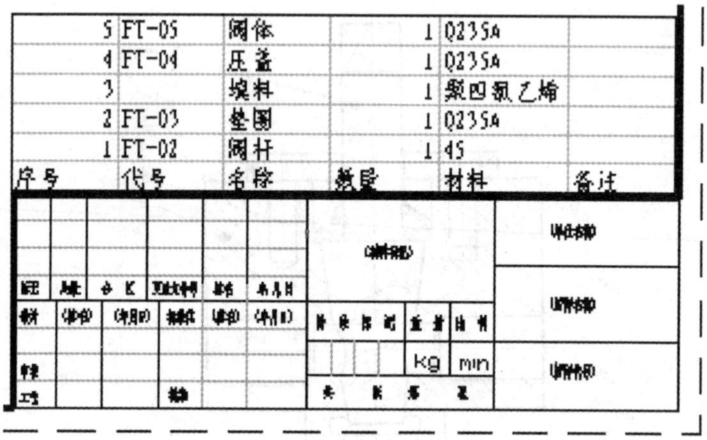

图 16-21　将 Excel 中输入相应的明细表信息插入 AutoCAD 中

16.7　小结

本章主要介绍装配图的绘制方法。通过本章的学习,应达到以下学习目标:

(1)了解装配图的主要内容(☆)。

(2)了解装配图的绘制要点(☆)。

(3)掌握装配图中零件序号的标注方法(☆☆)。

(4)掌握使用 AutoCAD 绘制装配图的方法(☆☆☆)。

16.8　习题

1.简述零件图拼画装配图的过程。

2.根据千斤顶的三维模型和零件图拼画装配图。

图 16-22　千斤顶的三维模型

附录1　快捷命令

AutoCAD 快捷命令（绘图命令）					
快捷命令	命令全称	功　能	快捷命令	命令全称	功　能
L	LINE	直线	PO	POINT	点
XL	XLINE	构造线	BH	BHATCH	图案填充
A	ARC	圆弧	T	MTEXT	多行文字
C	CIRCLE	圆	DT	TEXT	单行文字
SPL	SPLINE	样条曲线	REC	RECTANGLE	绘制矩形
I	INSERT	插入块	POL	POLYGON	绘制多边形
B	BLOCK	定义块	EL	ELIPSE	绘制椭圆

AutoCAD 快捷命令（编辑命令）					
快捷命令	命令全称	功　能	快捷命令	命令全称	功　能
E	ERASE	删除	SC	SCALE	缩放
CO	COPY	复制	TR	TRIM	切断
MI	MIRROR	镜像	EX	EXTEND	延伸
O	OFFSET	偏移	F	FILLET	倒圆角
AR	ARRAY	阵列/矩阵	CHA	CHAMFER	打断
M	MOVE	移动	BR	BREAK	打断
RO	ROTATE	旋转	S	STRATCH	拉伸

AutoCAD 快捷命令（对象命令）					
快捷命令	命令全称	功　能	快捷命令	命令全称	功　能
ST	STYLE	文字样式	UN	UNITS	图形单位
COL	COLOR	设置颜色	ATT	ATTDEF	属性定义
LA	LAYER	图层操作	ATE	ATTEDIT	编辑属性
LT	LINETYPE	线型	OP	OPTIONS	自定义 CAD 设置
LTS	LTSCALE	线形比例	PRINT	PLOT	打印
LW	LWEIGHT	线宽	R	REDRAW	重新生成

AutoCAD 快捷命令（尺寸标注命令）					
快捷命令	命令全称	功　能	快捷命令	命令全称	功　能
DLI	DIMLINEAR	直线标注	TOL	TOLERANCE	标注形位公差
DAL	DIMALIGNED	对齐标注	LE	QLEADER	快速引出标注
DRA	DIMRADIUS	半径标注	DBA	DIMBASELINE	基线标注
DDI	DIMDIAMETER	直径标注	DCO	DIMCONTINUE	连续标注
DAN	DIMANGULAR	角度标注	D	DIMSTYLE	标注样式
DCE	DIMCENTER	中心标注	DED	DIMEDIT	编辑标注
DOR	DIMORDINATE	点标注	DOV	DIMOVERRIDE	替换标注系统变量

AutoCAD 快捷命令（尺寸标注命令）					
快捷命令	命令全称	功　能	快捷命令	命令全称	功　能
【CTRL】+1	PROPERTIES	修改特性	【CTRL】+C	COPYCLIP	复制
【CTRL】+2	ADCENTER	设计中心	【CTRL】+V	PASTECLIP	粘贴
【CTRL】+O	OPEN	打开文件	【CTRL】+B	SNAP	栅格捕捉
【CTRL】+N	NEW	新建文件	【CTRL】+F	OSNAP	对象捕捉
【CTRL】+P	PRINT	打印文件	【CTRL】+G	GRID	栅格
【CTRL】+S	SAVE	保存文件	【CTRL】+L	ORTHO	正交
【CTRL】+Z	UNDO	放弃	【CTRL】+W		对象追踪
【CTRL】+X	CUTCLIP	剪切	【CTRL】+U		极轴追踪

附录 2　练习图集

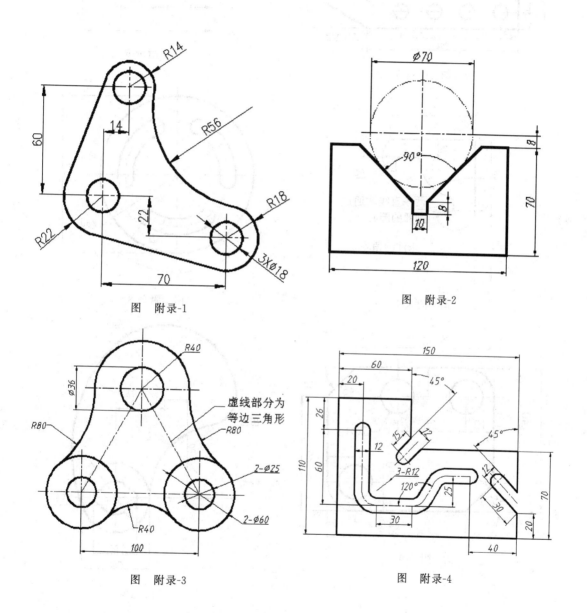

图　附录-1

图　附录-2

图　附录-3

图　附录-4

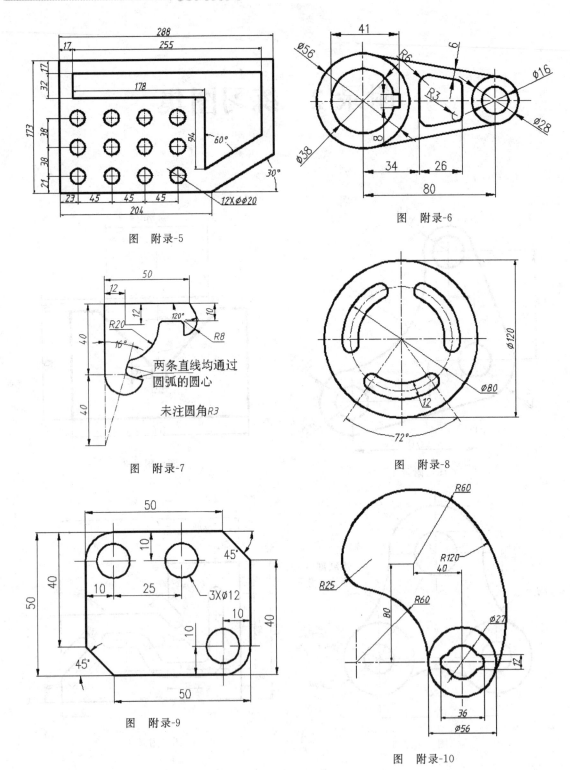

图　附录-5

图　附录-6

图　附录-7

两条直线均通过
圆弧的圆心

未注圆角R3

图　附录-8

3X∅12

图　附录-9

图　附录-10

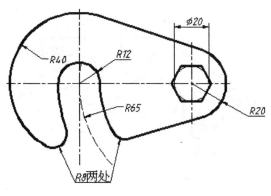

图　附录-11

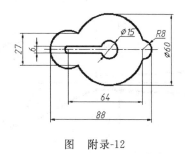

图　附录-12

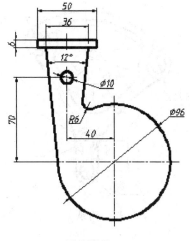

图　附录-13

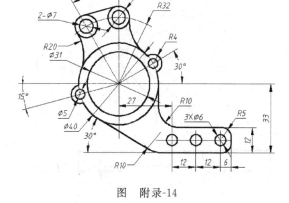

图　附录-14

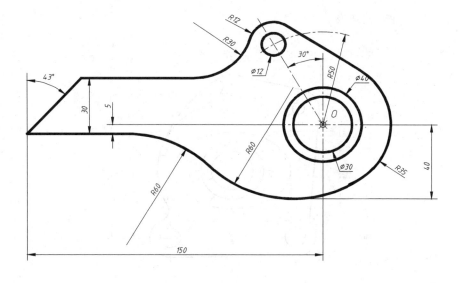

图　附录-15

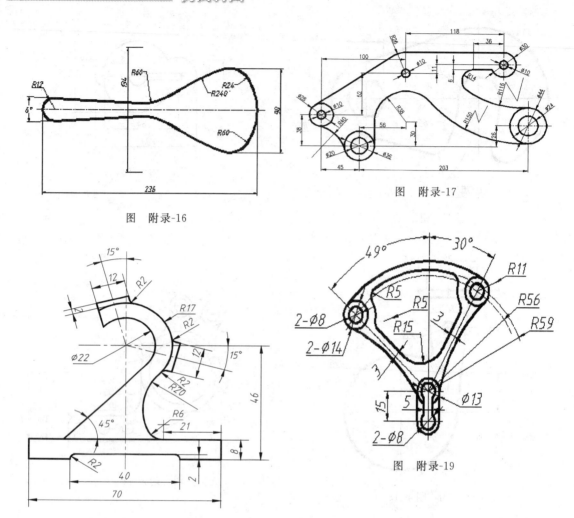

图　附录-16

图　附录-17

图　附录-18

图　附录-19

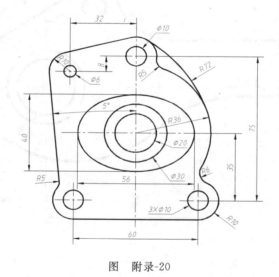

图　附录-20

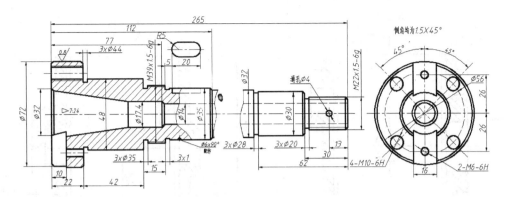

图　附录-21

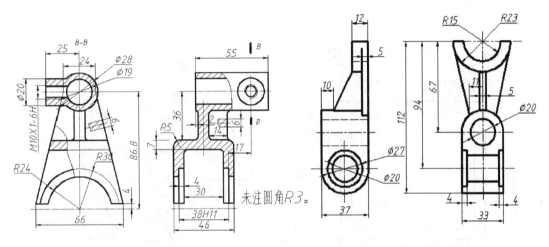

图　附录-22　　　　　　　　　　　　　图　附录-23

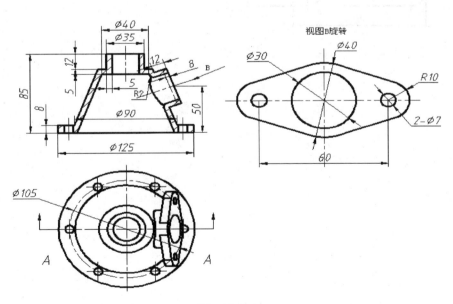

图　附录-24

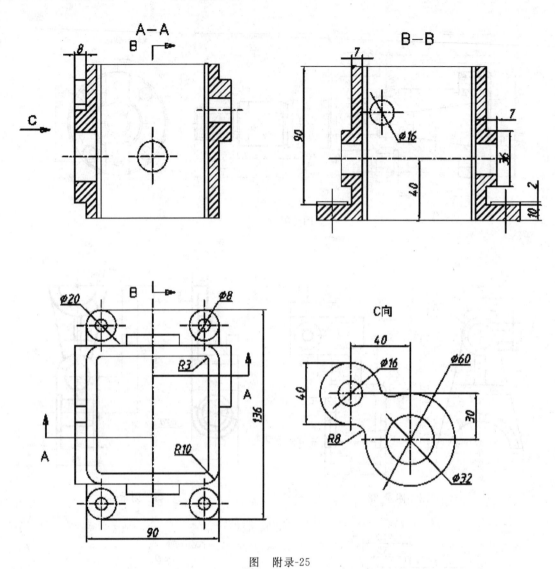

图　附录-25

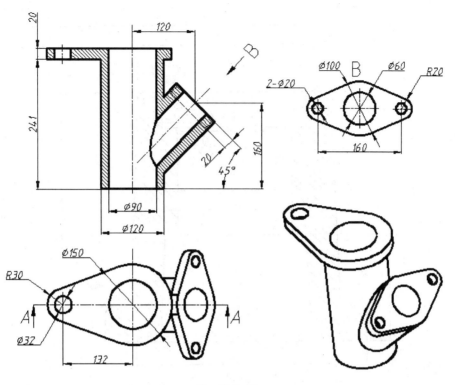

图　附录-26

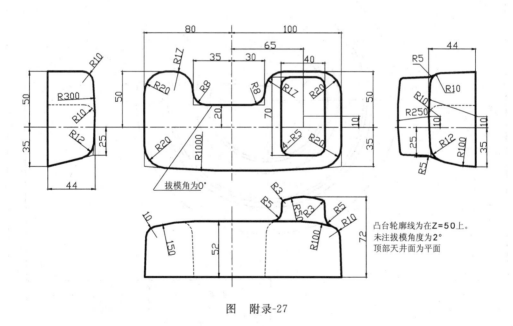

拔模角为0°

凸台轮廓线为在Z=50上。
未注拔模角度为2°
顶部天井面为平面

图　附录-27

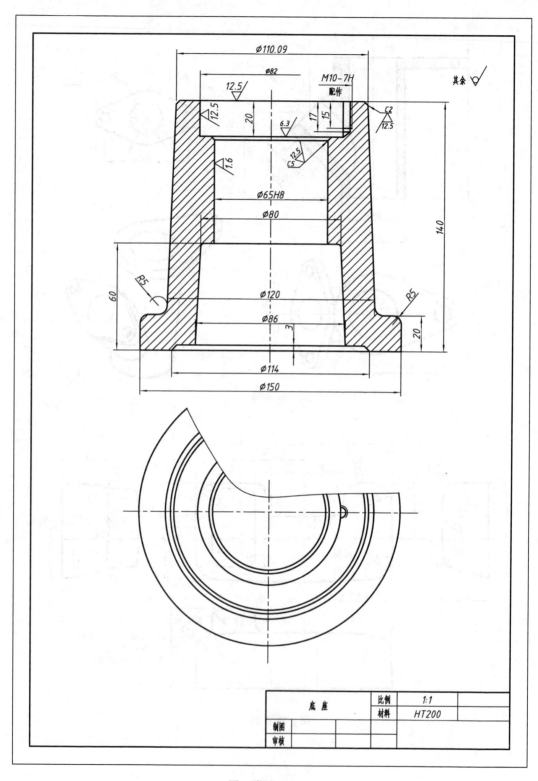

底 座	比例	1:1
	材料	HT200
制图		
审核		

图　附录-28(1)

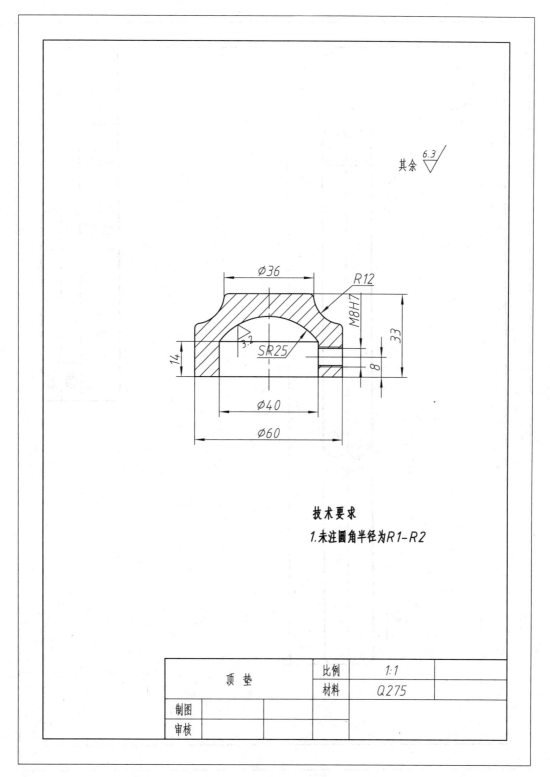

技术要求

1.未注圆角半径为R1-R2

			比例	1:1	
顶　垫			材料	Q275	
制图					
审核					

图　附录-28(2)

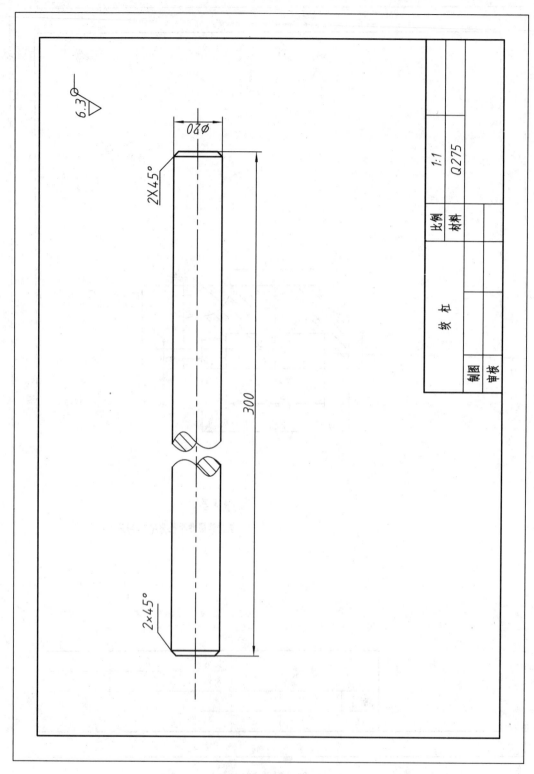

图　附录-28(3)

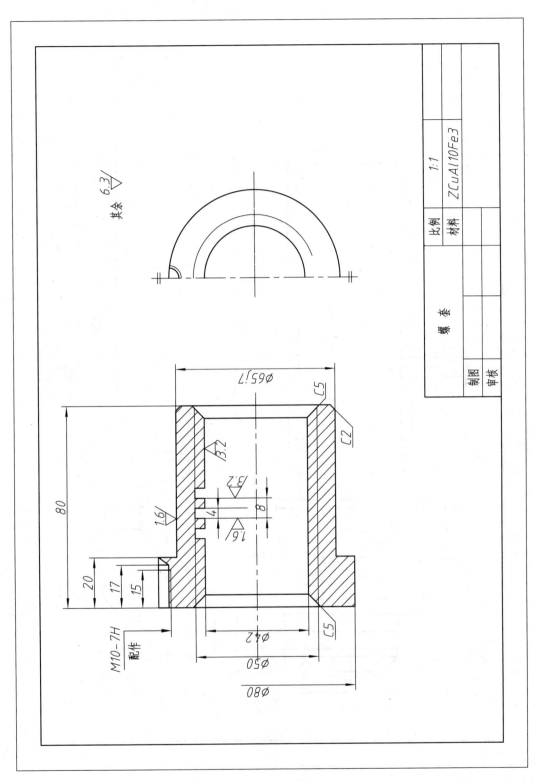

图 附录-28(4)

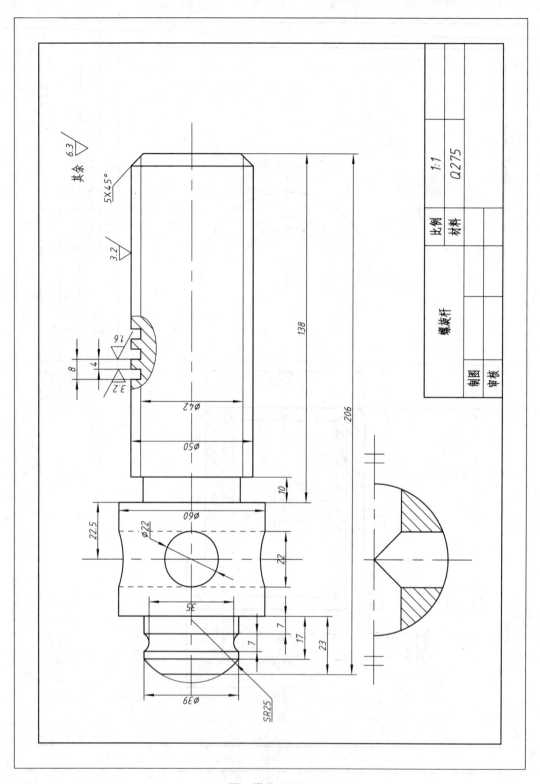

图　附录-28(5)

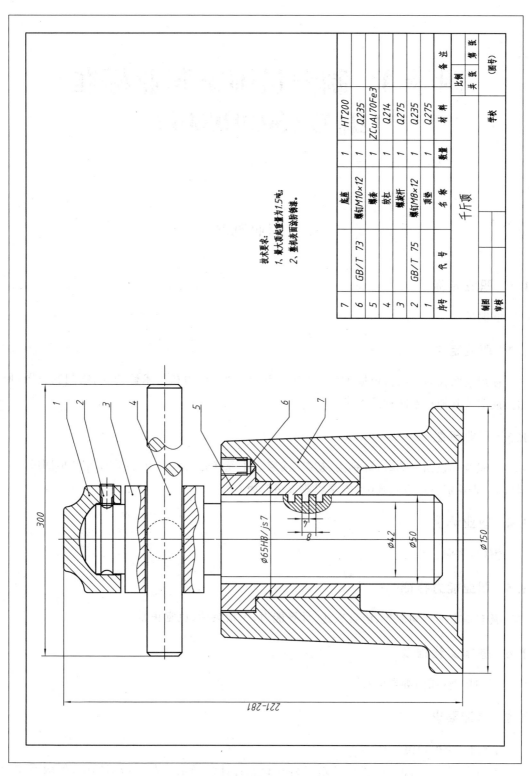

技术要求:
1. 最大顶起重量为1.5吨;
2. 全机表面涂防锈漆.

序号	代号	名称	数量	材料	备注
7		底座	1	HT200	
6	GB/T 73	螺钉M10×12	1	Q235	
5		螺套	1	ZCuAl70Fe3	
4		铰杠	1	Q214	
3		螺旋杆	1	Q275	
2	GB/T 75	螺钉M8×12	1	Q235	
1		顶垫	1	Q275	

	千斤顶	比例	共 张 第 张
			(图号)
制图		学校	
审核			

图 附录-28(6)

附录3 制图员国家职业标准
(编号:301020601)

1. 职业概况

1.1 职业名称

制图员。

1.2 职业定义

使用绘图仪器、设备,根据工程或产品的设计方案、草图和技术性说明,绘制其正图(原图)、底图及其他技术图样的人员。

1.3 职业等级

本职业共设四个等级,分别为:初级(国家职业资格五级)、中级(国家职业资格四级)、高级(国家职业资格三级)、技师(国家职业资格二级)。

1.4 职业环境

室内,常温。

1.5 职业能力特征

具有一定的空间想象、语言表达、计算能力;手指灵活、色觉正常。

1.6 基本文化程度

高中毕业(或同等学历)。

1.7 培训要求

1.7.1 培训期限

全日制职业学校教育,根据其培养目标和教育计划确定。晋级培训期限:初级不少于200标准学时;中级不少于350标准学时;高级不少于500标准学时;技师不少于800标准学时。

1.7.2 培训教师

培训初级制图员的教师应具有本职业高级以上职业资格证书；培训中、高级制图员的教师应具有本职业技师职业资格证书或相关专业中级以上专业技术职务任职资格；培训技师的教师应具备本职业技师职业资格证书3年以上或相关专业高级专业技术职务任职资格。

1.7.3 培训场地设备

采光、照明良好的教室；绘图工具、设备及计算机。

1.8 鉴定要求

1.8.1 适用对象

从事或准备从事本职业的人员。

1.8.2 申报条件

——初级（具备以下条件之一者）

(1) 经本职业初级正规培训达规定标准学时数，并取得毕(结)业证书。

(2) 在本职业连续见习工作2年以上。

(3) 本职业学徒期满。

——中级（具备以下条件之一者）

(1) 取得本职业初级职业资格证书后，连续从事本职业工作2年以上，经本职业中级正规培训达规定标准学时数，并取得毕(结)业证书。

(2) 取得本职业初级职业资格证书后，连续从事本职业工作3年以上。

(3) 连续从事本职业工作5年以上。

(4) 取得经劳动保障行政部门审核认定的、以中级技能为培养目标的中等以上职业学校本职业(专业)毕业证书。

——高级（具备以下条件之一者）

(1) 取得本职业中级职业资格证书后，连续从事本职业工作2年以上，经本职业高级正规培训达规定标准学时数，并取得毕(结)业证书。

(2) 取得本职业中级职业资格证书后，连续从事本职业工作3年以上。

(3) 取得高级技工学校或经劳动保障行政部门审核认定的、以高级技能为培养目标的高级职业技术学校本职业(专业)毕业证书。

(4) 取得本职业中级职业资格证书的大专以上本专业或相关专业毕业生，连续从事本职业工作2年以上。

——技师（具备以下条件之一者）

(1) 取得本职业高级职业资格证书后，连续从事本职业工作3年以上，经本职业技师正规培训达规定标准学时数，并取得毕(结)业证书。

(2) 取得本职业高级职业资格证书后，连续从事本职业工作5年以上。

(3) 取得本职业高级职业资格证书的高级技工学校本职业(专业)毕业生，连续从事本职业工作2年以上。

1.8.3 鉴定方式

分为理论知识考试和技能操作考核。理论知识考试采用闭卷笔试方式，技能操作考核采用现场实际操作方式。理论知识考试和技能操作考核均实行百分制，成绩皆达60分以上者为合格。技师还须进行综合评审。

1.8.4　考评人员与考生配比

理论知识考试考评人员与考生配比为 1∶15，每个标准教室不少于 2 名考评人员；技能操作考核考评员与考生配比为 1∶5，且不少于 3 名考评员。

1.8.5　鉴定时间

理论知识考试时间为 120min；技能操作考核时间为 180min。

1.8.6　坚定场所设备

理论知识考试：采光、照明良好的教室。

技能操作考核：计算机、绘图软件及图形输出设备。

2.　基本要求

2.1　职业道德

2.1.1　职业道德基本知识

2.1.2　职业守则

（1）忠于职守，爱岗敬业。

（2）讲究质量，注重信誉。

（3）积极进取，团结协作。

（4）遵纪守法，讲究公德。

2.2　基础知识

2.2.1　制图的基本知识

（1）国家标准制图的基本知识。

（2）绘图仪器及工具的使用与维护知识。

2.2.2　投影法的基本知识

（1）投影法的概念。

（2）工程常用的投影法知识

2.2.3　计算机绘图的基本知识

（1）计算机绘图系统硬件的构成原理。

（2）计算机绘图软件类型。

2.2.4　专业图样的基础知识

2.2.5　相关法律、法规知识

（1）劳动法的相关知识。

（2）技术制图的标准。

3.　工作要求

本标准对初级、中级、高级和技师的技能要求依次递进，高级别包括低级别的要求。

3.1 初级

职业功能	工作内容	技能要求	相关知识
一、绘制二维图	(一)描图	能描绘墨线图	描图的知识
	(二)手工绘图(可根据申报专业任选一种)	机械图: 1.能绘制内、外螺纹及其连接图 2.能绘制和阅读箱体类零件图 土建图: 1.能识别常用的建筑材料图 2.能绘制和阅读单层屋的建筑施工图	1.几何绘图知识 2.三视图投影知识 3.绘制视图、剖视图、断面图的知识 4.尺寸标注的知识 5.专业图的知识
	(三)计算机绘图	1.能使用一种软件绘制简单的二维图形并标注尺寸 2.能使用打印机或绘图机输出图纸	1.调出图框、标题栏的知识 2.绘制直线、曲线的知识 3.曲线编辑的知识 4.文字标注的知识
二、绘制三维图	描图	能描绘正等轴测图	绘制正等轴测图的基本知识
三、图档管理	(一)图纸折叠	能按要求折叠图纸	折叠图纸的要求
	(二)图纸装订	能按要求将图纸装订成册	装订图纸的要求

3.2 中级

职业功能	工作内容	技能要求	相关知识
一、绘制二维图	(一)手工绘图(可根据申报专业任选一种)	机械图: 1.能绘制螺纹连接的装配图 2.能绘制和阅读支架类零件图 3.能绘制和阅读箱体类零件图 土建图: 1.能识别常用建筑构、配件的代(符)号 2.能绘制和阅读楼房的建筑施工图	1.截交线的绘图知识 2.绘制相贯线的知识 3.一次变换投影面的知识 4.组合体的知识
	(二)计算机绘图	能绘制简单的二维专业图形	1.图层设置的知识 2.工程标注的知识 3.调用图符的知识 4.属性查询的知识
二、绘制三维图	(一)描图	1.能够绘制斜二测图 2.能够绘制正二测图	1.绘制斜二测图的知识 2.绘制正二测图的知识
	(二)手工绘制轴侧图	1.能绘制正等轴测图 2.能绘制正等轴测剖视图	1.绘制正等轴测图的知识 2.绘制正等轴测剖视图的知识
三、图档管理	软件管理	能使用软件对成套图纸进行管理	管理软件的使用知识

3.3 高级

职业功能	工作要求	技能要求	相关知识
一、绘制二维图	(一)手工绘图(可根据申报专业任选一种)	机械图： 1.能绘制各种标准件和常用件 2.能绘制和阅读不少于15个零件的装配图 土建图： 1.能绘制钢筋混凝土结构图 2.能绘制钢结构图	1.变换投影面的知识 2.绘制两回转体轴线垂直交叉相贯线的知识
	(二)手工绘制草图	机械图： 1.能绘制箱体类零件草图 土建图： 1.能绘制单层房屋的建筑施工草图 2.能绘制简单效果图	1.测量工具的使用知识 2.绘制专业示意图的知识
	(三)计算机绘图(可根据申报专业任选一种)	机械图： 1.能根据零件图绘制装配图 2.能根据装配图绘制零件图 土建图： 能绘制房屋建筑施工图	1.图块制作和调用的知识 2.图库的使用知识 3.属性修改的知识
二、绘制三维图	手工绘制轴测图	1.能绘制轴测图 2.能绘制轴测剖视图	1.手工绘制轴测图的知识 2.手工绘制轴测图剖视图的知识
三、图档管理	图纸归档管理	能对成套图纸进行分类、编号	专业图档的管理知识

3.4 技师

职业功能	工作内容	技能要求	相关知识
一、绘制二维图	（一）手工绘制专业图（可根据申报专业任选一种）	机械图： 能绘制和阅读各种机械图 土建图： 能绘制和阅读各种建筑施工图样	机械图样或建筑施工图样的知识
	（二）手工绘制展开图	1. 能绘制变形街头的展开图 2. 能绘制等径弯管的展开图	绘制展开图的知识
二、绘制三维图	（一）手工绘图（可根据申报专业任选一种）	机械图： 能润饰轴测图 土建图： 1. 能绘制房屋透视图 2. 能绘制透视图的阴影	1. 润饰轴测图的知识 2. 透视图的知识 3. 阴影的知识
	（二）计算机绘图（可根据申报专业任选一种）	能根据二维图创建三维模型 机械类： 1. 能创建各种形式的三维模型 2. 能穿件装配体的三维模型 3. 能创建装配体的三维分解模型 4. 能将三围模型转化为二维工程图 5. 能创建曲面的三维模型 6. 能渲染三维模型 土建类： 1. 能创建房屋的三维模型 2. 能创建室内装修的三维模型 3. 能创建土建常用曲面的三维模型 4. 能将三维模型转化为二维施工图 5. 能渲染三维模型	1. 创建三维模型的知识 2. 渲染三维模型的知识
三、转换不同标准体系的图样	第一角和第三角投影图的相互转换	能对第三角表示和第一脚表示法做相互转换	第三角投影发的知识
四、指导与培训	业务培训	1. 能指导初、中、高级制图员的工作，并进行业务培训 2. 能编写初、中、高级制图员的培训教材	1. 制图员培训的知识 2. 教材编写的常识

4.1 理论知识

比重表

项目			初级（％）	中级（％）	高级（％）	技师（％）
基本要求		职业道德	5	5	5	5
		基础知识	25	15	15	15
相关知识	绘制二维图	描图	5	—	—	—
		手工绘图	40	30	30	5
		计算机绘图	5	5	5	—
		手工绘制草图	—	—	10	—
		手工绘制专业图	10	15	15	15
		手工绘制展工图	—	—	—	10
	绘制三维图	描图	5	5		
		手工绘制轴测图	—	20	15	5
		手工绘图	—	—	—	25
		计算机绘图	—	—	—	10
	图档管理	图纸折叠	3			
		图纸装订	2			
		软件管理	—	5	—	—
		图纸归档管理	—	—	5	
	转换不同标准体系的图样	第一角和第三角投影图的相互转换				
	指导与培训	业务培训	—	—	—	5
合　计			100	100	100	100

4.2 技能操作

项目			初级(%)	中级(%)	高级(%)	技师(%)
技能要求	绘制二维图	描图	5	—	—	—
		手工绘图	22	20	15	—
		计算机绘图	55	55	60	—
		手工绘制草图	—	—	15	—
		手工绘制专业图	—	—	—	25
		手工绘制展工图	—	—	—	20
	绘制三维图	描图	13	5	—	—
		手工绘制轴测图	—	15	5	—
		手工绘图	—	—	—	5
		计算机绘图	—	—	—	35
	图档管理	图纸折叠	3	—	—	—
		图纸装订	2	—	—	—
		软件管理	—	5	—	—
		图纸归档管理	—	—	5	—
	转换不同标准体系的图样	第一角和第三角投影图的相互转换	—	—	—	10
	指导与培训	业务培训	—	—	—	5
合　　计			100	100	100	100

附录4 制图员(中级)模拟试题

1.本试卷共9题；

2.考生须在"D:\"根目录下建立一个以自己准考证后8位命名的文件夹；

3.考生浏览"D:\"根目录,查找"中级绘图员试卷.exe"文件,并双击此文件,根据考场主考官提供的密码解压到考生已建立的文件夹中；

4.然后依次打开相应的图形文件,按题目要求在其上作图,完成后仍然以原来图形文件名保存作图结果,确保文件保存在考生已建立的文件夹中。

5.考试时间为180分钟。

一、基本设置(10分)

打开图形文件A1.dwg,在其中完成下列工作：

1. 按以下规定设置图层及线型,并设定线型比例;绘图时不考虑图线宽度。

图层名称	颜色(颜色号)		线型
01	绿	(3)	实线 Continuous（粗实线用）
02	白	(7)	实线 Continuous(细实线、尺寸标注及文字用)
04	黄	(2)	虚线 ACAD_ISO02W100
05	红	(1)	点画线 ACAD_ISO04W100
07	粉红	(6)	双点画线 ACAD_ISO05W100
11	红	(1)	定位点用,已设定,不得删除或改动

2. 按1：1比例设置A3图幅(横装)一张,留装订边,画出图框线(纸边界线已画出)。

3. 按国家标准的有关规定设置文字样式,然后画出并填写如下图所示的标题栏。不用注写尺寸。

	30	55	25	30
	考生姓名		题号	A1
4×8=32	性别		比例	1:1
	身份证号码			
	准考证号码			

4.完成以上各项后,仍然以原文件名"A1.dwg"存盘。

二、用 1:1 比例作出下图(图中 O 点为定位点),不注尺寸。(10 分)

作图结果以 A2.dwg 文件名保存。

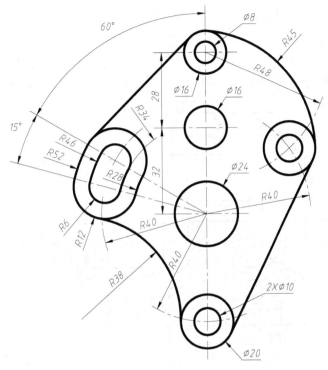

三、根据立体已知的 2 个投影作出第 3 个投影。(10 分)

绘图前先打开图形文件 B3.dwg,该图已作了必要的设置,可直接在其上作图,作图结果以原文件名保存。

四、抄画零件图(附图 1)(30 分)

具体要求:

1.抄画支座的主视图和右视图。绘图前先打开图形文件 A5.dwg,该图已作了必要的设置,可直接在其上作图;

2.按国家标准有关规定,设置机械图尺寸标注样式;

3.标注主视图的尺寸与粗糙度代号(粗糙度代号要使用带属性的块的方法标注);

4.不画图框及标题栏,不用标注右上角的粗糙度代号及"未注圆角。"等字样;

5.作图结果以原文件名保存。

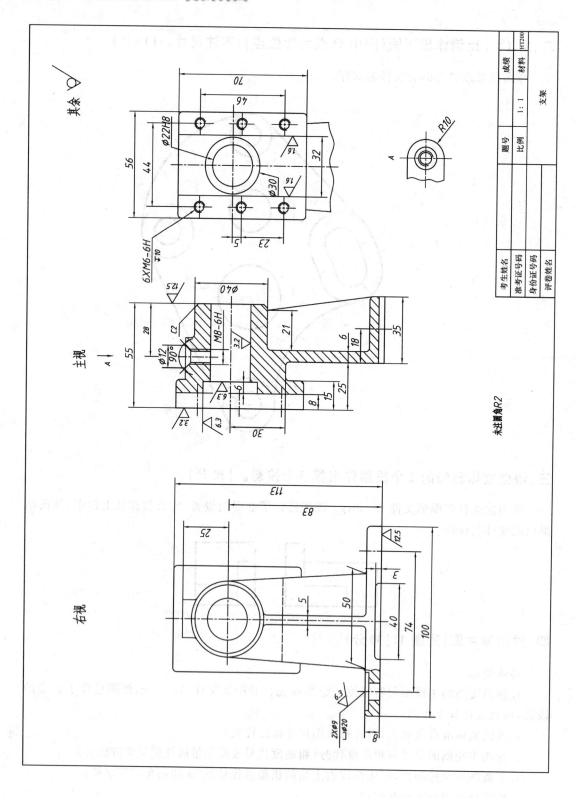

未注圆角R2

五、读零件图并回答问题（10 分）。

    (1)此零件名称是_____，主视图采用_____剖视。

    (2)图上有_____个 M12 的螺孔，深是_____，是_____分布的。

    (3)图上有_____个_____形状的槽(可用图形说明)，槽宽是_____。

    (4)此零件表面质量要求最高的粗糙度代号是_____。

    (5)标题栏中 Q235－A 表示_____。

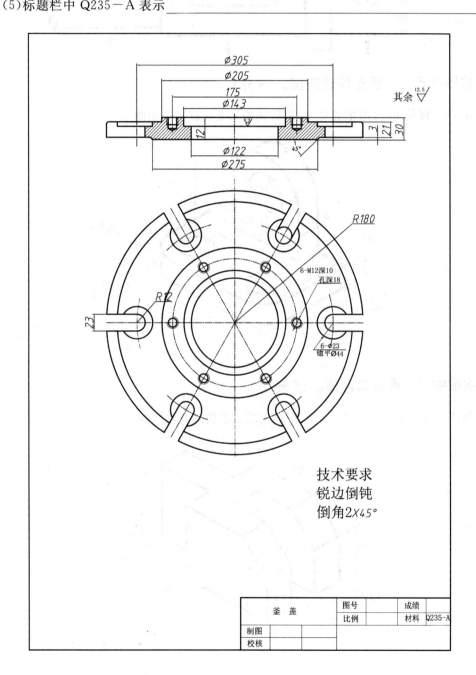

六、在指定剖切线处作移出断面图,其中键槽深 3.5mm。(10分)

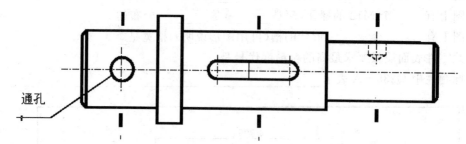

通孔

七、按图中尺寸抄画正等轴测图。(5分)

具体考核要求,按图中的尺寸,用简化缩短系数画正等测图。

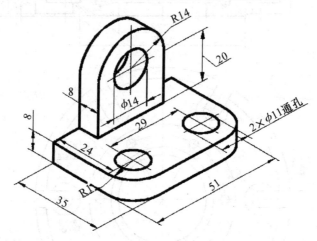

八、按图中尺寸画斜二测图。(5分)

具体考核要求,按图中的尺寸,用简化缩短系数画画斜二测图

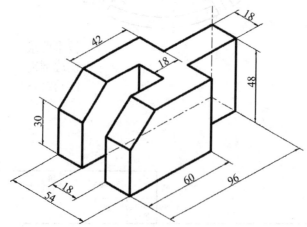

九、指出螺柱连接画法中的错误，并将正确的画在指定位置。（10分）

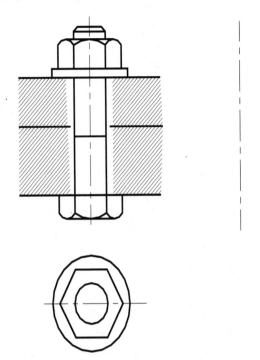

机械精品课程系列教材

序号	教材名称	第一作者	所属系列
1	AUTOCAD 2010 立体词典：机械制图（第二版）	吴立军	机械工程系列规划教材
2	UG NX 6.0 立体词典：产品建模（第二版）	单岩	机械工程系列规划教材
3	UG NX 6.0 立体词典：数控编程（第二版）	王卫兵	机械工程系列规划教材
4	立体词典：UGNX6.0 注塑模具设计	吴中林	机械工程系列规划教材
5	UG NX 8.0 产品设计基础	金杰	机械工程系列规划教材
6	CAD 技术基础与 UG NX 6.0 实践	甘树坤	机械工程系列规划教材
7	ProE Wildfire 5.0 立体词典：产品建模（第二版）	门茂琛	机械工程系列规划教材
8	机械制图	邹凤楼	机械工程系列规划教材
9	冷冲模设计与制造（第二版）	丁友生	机械工程系列规划教材
10	机械综合实训教程	陈强	机械工程系列规划教材
11	数控车加工与项目实践	王新国	机械工程系列规划教材
12	数控加工技术及工艺	纪东伟	机械工程系列规划教材
13	数控铣床综合实训教程	林峰	机械工程系列规划教材
14	机械制造基础—公差配合与工程材料	黄丽娟	机械工程系列规划教材
15	机械检测技术与实训教程	罗晓晔	机械工程系列规划教材
16	3D 打印技术及应用	吴立军	机械工程系列规划教材
17	机械 CAD（第二版）	戴乃昌	浙江省重点教材
18	机械制造基础（及金工实习）	陈长生	浙江省重点教材
19	机械制图	吴百中	浙江省重点教材
20	机械检测技术（第二版）	罗晓晔	"十二五"职业教育国家规划教材
21	逆向工程项目实践	潘常春	"十二五"职业教育国家规划教材
22	机械专业英语	陈加明	"十二五"职业教育国家规划教材
23	UGNX 产品建模项目实践	吴立军	"十二五"职业教育国家规划教材
24	模具拆装及成型实训	单岩	"十二五"职业教育国家规划教材
25	MoldFlow 塑料模具分析及项目实践	郑道友	"十二五"职业教育国家规划教材
26	冷冲模具设计与项目实践	丁友生	"十二五"职业教育国家规划教材
27	塑料模设计基础及项目实践	褚建忠	"十二五"职业教育国家规划教材
28	机械设计基础	李银海	"十二五"职业教育国家规划教材
29	过程控制仪表	金文兵	"十二五"职业教育国家规划教材